SCHÄFFER
POESCHEL **myBook**

Ihr Online-Material zum Buch
Ausgewählte Werkzeuge zur Unterstützung und Handhabbarkeit des betrieblichen Übergangsmanagements

So funktioniert Ihr Zugang

1. Gehen Sie auf das Portal sp-mybook.de und geben den Buchcode ein, um auf die Internetseite zum Buch zu gelangen.
2. Oder scannen Sie den QR-Code mit Ihrem Smartphone oder Tablet, um direkt auf die Startseite zu kommen.

SP myBook:
www.sp-mybook.de
Buchcode: 5124-demo

Demografischer Wandel und betriebliches Übergangsmanagement

Wilhelm Baier/Brigitta Gruber

Demografischer Wandel und betriebliches Übergangs-management

Arbeitsfähigkeit erhalten, Wissen sichern, Menschen begleiten

1. Auflage

Schäffer-Poeschel Verlag Stuttgart

Bibliografische Information der Deutschen Nationalbibliothek

Die Deutsche Nationalbibliothek verzeichnet diese Publikation in der Deutschen Nationalbibliografie; detaillierte bibliografische Daten sind im Internet über http://dnb.dnb.de/ abrufbar.

Print: ISBN 978-3-7910-5124-6 Bestell-Nr. 14140-0001
ePub: ISBN 978-3-7910-5125-3 Bestell-Nr. 14140-0100
ePDF: ISBN 978-3-7910-5126-0 Bestell-Nr. 14140-0150

Wilhelm Baier/Brigitta Gruber
Demografischer Wandel und betriebliches Übergangsmanagement
1. Auflage, November 2021

© 2021 Schäffer-Poeschel Verlag für Wirtschaft · Steuern · Recht GmbH
www.schaeffer-poeschel.de
service@schaeffer-poeschel.de

Bildnachweis (Cover): © Dmytro Zinkevych, shutterstock

Produktmanagement: Dr. Frank Baumgärtner

Dieses Werk einschließlich aller seiner Teile ist urheberrechtlich geschützt. Alle Rechte, insbesondere die der Vervielfältigung, des auszugsweisen Nachdrucks, der Übersetzung und der Einspeicherung und Verarbeitung in elektronischen Systemen, vorbehalten. Alle Angaben/ Daten nach bestem Wissen, jedoch ohne Gewähr für Vollständigkeit und Richtigkeit.

Schäffer-Poeschel Verlag Stuttgart
Ein Unternehmen der Haufe Group SE

Sofern diese Publikation ein ergänzendes Online-Angebot beinhaltet, stehen die Inhalte für 12 Monate nach Einstellen bzw. Abverkauf des Buches, mindestens aber für zwei Jahre nach Erscheinen des Buches, online zur Verfügung. Ein Anspruch auf Nutzung darüber hinaus besteht nicht.

Sollte dieses Buch bzw. das Online-Angebot Links auf Webseiten Dritter enthalten, so übernehmen wir für deren Inhalte und die Verfügbarkeit keine Haftung. Wir machen uns diese Inhalte nicht zu eigen und verweisen lediglich auf deren Stand zum Zeitpunkt der Erstveröffentlichung.

Vorwort

Unsere Zeit, rasch und weitaussehend, verschmäht die Übergänge;
die Übergangspunkte aber sind die Lebenspunkte.
Ernst von Feuchtersleben (1806 – 1849)

Der aktuell stattfindende demografische Wandel der Belegschaften wird in den Unternehmen mehr wahrgenommen als früher und kritisch bewertet. Das mag erstaunen, weil diese Veränderungsprozesse prinzipiell nicht neuartig und überraschend sind. Ein ausschlaggebendes Kriterium der Beschreibung dieses demografischen Wandels ist das Alter und das Altern der Beschäftigten. Gleichzeitig ist das Älterwerden den Menschen bekannt. Auch die garantiert auftretenden alters-, sozial- und entwicklungsbedingten wechselnden Lebensphasen während dem Erwerbsleben der Mitarbeiter sind Unternehmensverantwortlichen nicht fremd. Teilweise werden Übergänge zwischen den drei klassischen Lebensstadien,

- Kindheit, Schulalter und Adoleszenz,
- Erwachsensein, Familien- und Erwerbsarbeit und
- spätes Erwachsensein,

schon heute ernsthaft, erwartungsvoll und institutionell begleitet.

Den ersten Lebensabschnitt haben Institutionen wie Kindergarten und Schulen stark in der Hand. Die verantwortliche Steuerung hier kommender Lebensphasen liegt vorrangig in den Händen und in der Einschätzung der Eltern/Erziehungsberechtigten. Der weitere, wichtige und interessante Übergang zum nächsten Lebensabschnitt mit Erwerbstätigkeit und Familienarbeit der zu diesem Zeitpunkt noch jungen Erwachsenen wird oftmals von mehreren Institutionen beider Lebensstadien aufgegriffen und beiderseits nutzbringend gestaltet. Besonders die Einführungsphase ins Berufsleben erhält auch von Wirtschaftsorganisationen und ihren Stakeholdern (Unternehmensverantwortliche, Arbeitnehmervertretern, Berufsverbänden, Arbeitsmarktservices u.v.a.m.) Aufmerksamkeit und Unterstützungsangebote. Die »lebensphasenorientierte Personalarbeit«, die hier stattfindet, wird gerne zum wechselseitigen Nutzen als Einarbeitungsprogramm im Rahmen der betrieblichen »Onboarding-Phase« bezeichnet.

Hingegen ist festzustellen, dass es derzeit noch an fokussierter Gestaltung von Übergängen für und während späterer Berufsphasen mangelt. Zweifellos finden sich zahlreiche Betriebe, die zeitpunktgenau beim Berufsausstieg »in den Ruhestand« den scheidenden Mitarbeiter mit würdigem Ritual verabschieden. Die späte Berufsphase, die ca. ein Drittel unseres Arbeitslebens betrifft, ist jedoch nicht nur durch das bevorstehende Ausscheiden des Beschäftigten gekennzeichnet, sondern v.a. durch das Nützen von Entwicklungs- und Lebenschancen im Privat- und Berufsleben. Damit einhergehende Übergänge und daran gekoppelte Herausforderungen tragen wesentlich zum Produktiv- und Arbeitsfähigbleiben bei. Interesse an einer gelingenden Übergangsgestaltung haben sowohl Beschäftigte als auch Unternehmen, die früher wenig bis gar keine Aufmerksamkeit dieser Berufsphase schenkten. Durch den spürbarer gewordenen demografischen Wandel findet eine wirtschafts-, personal-, und gesellschaftspolitische Wende statt in dessen Folge es ein verstärktes betriebliches Zuwenden an erfahrene, ältere Beschäftigte gibt bzw. in Zukunft noch verstärkt geben wird. Dies ist absolut notwendig, um sowohl individuelle als auch ökonomische Potenziale zu entfalten.

Arbeitgebende können für betriebliches und partnerschaftliches Übergangsmanagement interessiert bzw. dazu motiviert werden, um »das Engagementpotenzial (der Beschäftigten) vollumfänglich bis zum Pensions-/Renteneintritt zu erhalten, ›motivationale Sinkflüge‹ zu verhindern, gute Kräfte auch über das (Pension-) Rentenalter zu binden« (Bury, 2019, S. 444).

Diesen individuellen und kollektiven Wandel- und Veränderungsprozessen und ihren gestaltbaren und unterstützungsnotwendigen Übergangszonen wollen wir dieses Buch widmen. Wir wollen Sie für die Beantwortung von Fragen an sich selbst und an sich als Unternehmensverantwortlichen zur individuellen und kollektiven Zukunftssicherung und -entwicklung gewinnen. Das Buch soll Sie im Sinne einer Navigationshilfe unterstützen und ermutigen, Wege zur Gestaltung von Übergängen weiterzugehen, auszubauen oder auch neu anzulegen.

Im ersten Kapitel beschäftigen wir uns mit den Herausforderungen des demografischen Wandels und des individuellen Lebensverlaufs: Werden diese nicht gemeistert, wachsen Risken. Es stellen sich die Fragen:

- Mit welchen Risiken ist zu rechnen, wenn der demografische Wandel ein Unternehmen ohne Vorsorgestrategie und -programm überrascht?
- Mit welchen Herausforderungen hat der ältere Mensch zu rechnen, wenn das Lebensstadium »Erwachsensein im Erwerbsleben« verlassen und das neue Lebensstadium »spätes Erwachsensein« betreten wird?

Im zweiten Kapitel stellen wir die Grundlagen und praktischen Zugänge für betriebliches Übergangsmanagement vor. Es baut auf wissenschaftlich empirisch belegten Fakten auf, ist praktisch bewährt und umsetzbar beschrieben. Es soll Ihnen Anregung geben und Sicherheit vermitteln, mit den betrieblichen Angeboten partnerschaftlich Nutzen und Chancen zu eröffnen.

Das dritte Kapitel enthält Steckbriefe von Instrumenten und Werkzeugen des betrieblichen Übergangsmanagements und soll Sie dazu einladen, erhaltene Anregungen auch anzuwenden.

Im vierten Kapitel wollen wir Sie ermutigen, Voraussetzungen und Rahmenbedingungen für betriebliches Übergangsmanagement in Ihrer Organisation zu überlegen und ein auf Ihre Organisation abgestimmtes Vorgehen umzusetzen.

Die Schilderungen des Übergangsmanagements enthalten Antworten auf folgende Fragen:

- Welche Chancen können ältere Mitarbeitende ergreifen, um ihre Übergänge zukunftssichernd zu meistern?
- Welche Chancen erschließen sich aus der Umsetzung betrieblichen Übergangsmanagements für die Leistungs- und Zukunftsfähigkeit des Unternehmens?

Das Buch hat folgenden Aufbau:

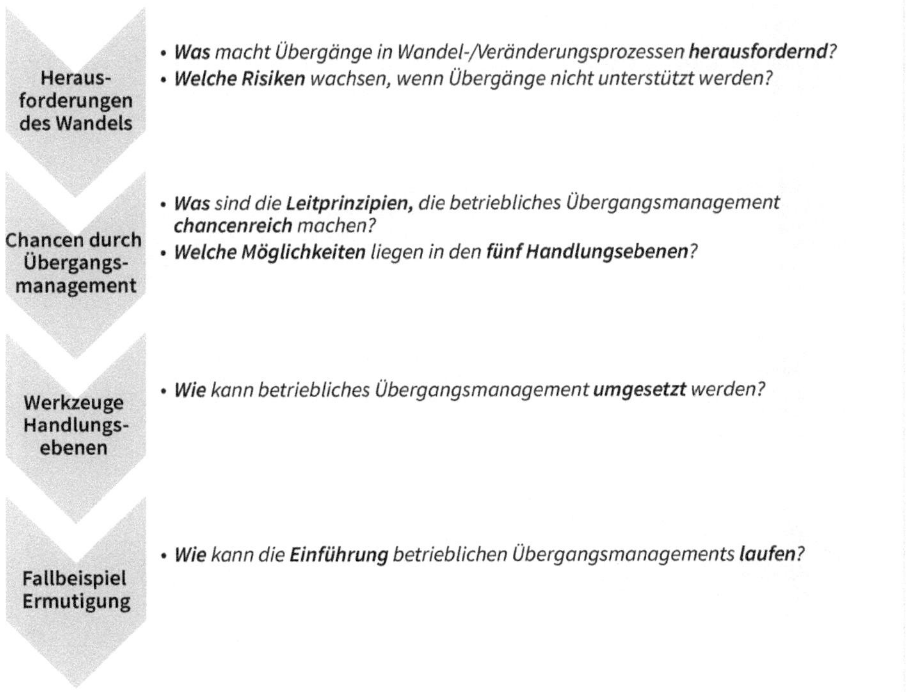

Herausforderungen des Wandels

- ***Was*** *macht Übergänge in Wandel-/Veränderungsprozessen* ***herausfordernd****?*
- ***Welche Risiken*** *wachsen, wenn Übergänge nicht unterstützt werden?*

Chancen durch Übergangsmanagement

- ***Was*** *sind die* ***Leitprinzipien,*** *die betriebliches Übergangsmanagement* ***chancenreich*** *machen?*
- ***Welche Möglichkeiten*** *liegen in den* ***fünf Handlungsebenen****?*

Werkzeuge Handlungsebenen

- ***Wie*** *kann betriebliches Übergangsmanagement* ***umgesetzt*** *werden?*

Fallbeispiel Ermutigung

- ***Wie*** *kann die* ***Einführung*** *betrieblichen Übergangsmanagements* ***laufen****?*

Abb. 1: Der Aufbau des Buches

Neben den sachlichen Notwendigkeiten und unserem fachlichen Interesse gibt es auch persönliche Motive, dass wir uns dieser Thematik widmen. Wir wollten ein besseres Verständnis von Veränderungsprozessen und Antworten für das eigene Älterwerden erlangen. Unsere erste Erkenntnis: Es lohnt sich!

Anmerkung: Aus Gründen der einfacheren Lesbarkeit wird bei Personenbezeichnungen und personenbezogenen Hauptwörtern nur die männliche Form verwendet. Entsprechende Begriffe gelten im Sinne der Gleichbehandlung grundsätzlich für alle Geschlechter. Die verkürzte Sprachform hat nur redaktionelle Gründe und beinhaltet keine Wertung.

Inhaltsverzeichnis

Verzeichnis der Abbildungen

1 Herausforderungen des kollektiven demografischen Wandels und des individuellen Lebenslaufs

Wir stellen in diesem Kapitel die Rahmenbedingungen und Herausforderungen dieser Wandel- bzw. Veränderungsprozesse in den Mittelpunkt. Dies soll Belege und Ansatzpunkte liefern, um davor zu warnen, es nicht bewusst wahrzunehmen. Die Schilderungen sollen Hinweise enthalten, um organisationale Bewältigungsstrategien und individuelle Umgangsweisen zu entwickeln und auch umzusetzen, die Risiken eher vorbeugen und Chancen potenziell eröffnen.

Im Zuge des demografischen Wandels rückt die Personalpolitik in den Mittelpunkt des Unternehmens. Die Personalpolitik wird durch die Grundsätze und Entscheidungen der Unternehmensleitung bestimmt. Ihre getroffene Ausrichtung hat praktisch Einfluss auf unternehmensrelevante und mitarbeiterbeeinflussende Personalwirtschaft und Personalleitung. Dies ist also ein bedeutsames Handlungsfeld der Wirtschaft und der Unternehmen geworden, mit dem der derzeit spektakuläre demografische Wandlungsprozess der Belegschaften mit ihren Auswirkungen auf die Betriebswirtschaft begegnet wird.

Gleichzeitig wirkt die umgesetzte Personalpolitik des Unternehmens auf den Wandlungsprozess des einzelnen Erwerbstätigen. Es bestimmt die Rahmenbedingungen für den Lebensverlauf der Einzelperson und beeinflusst seine Fähigkeiten sich an neue Bedingungen anzupassen. Damit begegnet betriebliche Personalpolitik und Personalarbeit den Lebensphasenübergängen und Übergangsweisen der Mitarbeiter, die je nach Art und Weise betrieblich riskant oder chancenreich sein können.

Dieses Kapitel widmet sich diesen Wandlungsprozessen und den Auswirkungen, wenn sie nicht durch Aufmerksamkeit, vorsorgliche und entwicklungsfördernde Umgangs- und Handlungsstrategien gelenkt wurden. Wir benennen die möglichen Risiken, Fehlbelastungen und Fehlentwicklungen in Organisationen, Unternehmen und für die Menschen.

1.1 Die Wirtschafts- und Arbeitswelt spüren den aktuellen demografischen Wandel

Fragen zum Einstieg

1. Was kann der immer mehr spürbare demografische Wandel in der Personalwirtschaft der Betriebe anrichten?
2. Wann und wie streift der demografische Wandel in Betrieben den Lebensverlauf des Mitarbeiters?

Der demographische Wandel müsste auch unser Denken wandeln.
Helmut Glaßl (*1950), Dipl.-Ing., Maler, Aphoristiker

Der aktuelle Bevölkerungswandel ist der Politik, der Wirtschaft und den Menschen in hohem Maße bekannt: Einerseits durch jahrzehntelange mediale Bekanntmachung der Bevölkerungsprognose und andererseits nun durch von Betrieben und Einzelpersonen selbst gemachten Erfahrungen und Erlebnissen. Grundlage ist die Demografie, die Bevölkerungswissenschaft, die sich statistisch und theoretisch mit der Entwicklung der Bevölkerung und ihren Strukturen wie z. B. nach dem Alter u.v.a.m. befasst. Zentrale Einflussfaktoren auf die Zusammensetzung und damit auch auf künftige Strukturen der Bevölkerung sind die Zu- oder Auswanderungs-, die Geburten- und die Sterblichkeitsrate. Jeder Strukturwandel der Bevölkerung verändert spürbar und fortschreitend Gesellschaft und Wirtschaft. Genauso greifen gesellschaftliche und wirtschaftliche Strategieveränderungen in spätere Strukturen der Bevölkerung ein. Das produziert kontinuierlich individuelle, gesellschaftliche und wirtschaftliche Übergangsphasen und -weisen, die sich in Sachen Zielerreichung und Bewältigungsmöglichkeit wechselseitig beeinflussen.

Wir konzentrieren uns im Folgenden auf den aktuellen demografischen Wandel mit seinen Ursprüngen und Entwicklungen, die zum Großteil im 20. Jahrhundert stattfanden und sich bis Mitte des 21. Jahrhunderts ereignen. Im 20. Jahrhundert gab es gravierende gesellschaftliche und wirtschaftliche Tiefs und Hochs mit langfristigen Auswirkungen auf die Demografie unserer Jetztzeit und der anstehenden demografischen Wende. Tiefpunkte waren die Weltkriege mit Menschenvernichtung und -schädigung sowie die zwischenzeitlichen Wirtschafts- und Gesellschaftskrisen. Zu einem Demografiehöhepunkt kam es während dem geförderten Wirtschaftswachstum in den 1950er- und 1960er-Jahren. Die gesellschaftliche Wende nach Krieg, Armut sowie Perspektivlosigkeit und nach hartem Wiederaufbau erlaubte dann wieder und mehr Familiengründungen. So wurden besonders die Geburtsjahrgänge von 1962 bis 1969 die größten jährlichen Nachwuchsgruppen. Sie bilden die Hauptgruppe der sogenannten Baby-Boomer-Generation.

Auf den Babyboom folgte der sogenannte Babybust[1]. Erstmalig zeigte sich der gesellschaftlich angeregte Geburtenrückgang in den 1970er-Jahren und dies wirkt bis heute. Dabei stellte

1 »Bust« übersetzt im Sinne von »Pleite«.

Babybust nicht nur eine individuelle Entscheidung für Zeugung und Geburt weniger Kinder dar. Demografisch dokumentiert verstärkte sich Babybust rund um die Jahrtausendwende in einer Eigendynamik aufgrund der geringeren Anzahl von zeugungsfähigen Erwachsenen, die in den 1970er-Jahren geboren waren.

Wenn wir nun die Entwicklung der Generationen aus den Babyboomer- und Babybust-Zeiten fokussieren, führt es uns zum Kern des aktuellen demografischen Wandels. Es verändert die Zusammensetzung der Gesellschaft und verändert die sozialen Rahmenbedingungen auch in der Wirtschaft. Die Betriebe und die Beschäftigten stehen in Übergängen, wo sich das bekannte Frühere nicht mehr in der Zukunft andeutet und erwartbar ist. Wenn sich Rahmenbedingungen und der strategische Umgang damit verändern, dann trifft dies auch die Wandlungs- bzw. Entwicklungsprozesse samt ihrer Übergänge der Einzelpersonen. Das bringt ...

- Wohlbefindens- und Leistungsrisiken für Menschen und
- Personal- und Produktivitätsrisiken für Betriebe.

Betriebe werden ihre Mitarbeitenden der Baby-Boomer-Generation verlieren und händeringend Nachfolger suchen

Bis heute und damit eine lange Zeit sorgte der Babyboom der 1950er- und insbesondere 1960er-Jahre für ein großes Erwerbspersonenpotenzial. Die Arbeitskräfte der Babyboom-Jahrgänge waren und sind starke Belegschaftsgruppen in den Unternehmen.

In den nächsten 1 ½ Jahrzehnten werden alle Babyboomer nach und nach das reguläre Pensions-/Renteneintrittsalter erreichen. Bis 2034 wird der österreichische Arbeitsmarkt mehr als 750.000 Menschen in die reguläre Pension verlieren (Wolf et al., 2014) und gleichzeitig stehen deutlich weniger Personen, die in den 2000er-Jahrgängen geboren sind, für den Einstieg in Erwerbsarbeit bereit. Im Jahr 2021 gibt es schon mehr Senioren über 65 als Kinder und Jugendliche unter 20 Jahren. Das ist auch der Fall, wenn die österreichische Bevölkerung durch Zuwanderung wächst. Ab 2030 nimmt Statistik Austria an, dass nahezu jede vierte Person über 65 Jahre alt sein wird. Dadurch wird die Erwerbsaltersgruppe zwischen 20 und 65 Jahren anteilsmäßig an der Gesamtbevölkerung – von 61,7 % im Jahr 2011 auf 57,5 % im Jahr 2030 – sinken[2].

Tendenziell ähnlich dokumentiert Deutschland: Dort wurde der beginnend spürbare demografische Wandel von 2006 bis 2019 mit einem Anstieg des Arbeitskräfteangebots durch Einbeziehung von Migranten, steigende Erwerbsbeteiligung von Frauen und auch durch späteren Renteneintritt bzw. Verlängerung des Erwerbslebens von älteren Arbeitskräften ausgeglichen. Schon zu dieser Zeit stellten Unternehmen fest, dass Personalrekrutierung wohl strategisch durchführbar, aber zeit- und kostenintensiver wird. Auch wenn während der Pandemiekrise im Jahr 2020 und dem Folgejahr personal- bzw. arbeitsmarktpolitische Ausnahmen und Beschäftigtenreduktion auftraten, warnt aktuell das Deutsche Statistische Bundesamt die Unter-

2 Siehe Statistik Austria, http://www.statistik.at/web_de/statistiken/menschen_und_gesellschaft/bevoelkerung/index.html Abrufdatum: 20.05.2021.

nehmen, dass anschließend die oben genannten zusätzlichen Arbeitskräfte nicht mehr die vermehrten Berufsaustritte bzw. Renteneintritte von täglich ca. 2500 Arbeitskräften aus der Baby-Boomer-Generation ausgleichen können. Das Erwerbspersonenpotenzial schrumpft. In den nächsten 15 Jahren muss trotz laufender Migration und Einbindung von Kinder- bzw. Angehörigenbetreuenden (insbesondere Frauen) am Arbeitsmarkt noch eine bis 16-prozentige Senkung des Erwerbspersonenpotenzials – d. h. bis zu insgesamt 7,5 Millionen Arbeitskräften in Deutschland – erwartet werden[3] (vgl. Klinger et al., 2020). Somit könnten Betriebe in Personalengpässe mit betriebswirtschaftlichen Folgeschwierigkeiten geraten.

Betriebliches Fallbeispiel: »Zukunft PFLEGEN ist weiterhin nötig«

Pflegefachkraft Peter arbeitet schon mehr als ein Jahrzehnt auf der geriatrischen Abteilung eines österreichischen Krankenhauses. Insgesamt besteht das Pflegeteam schon seit Längerem aus 39 Mitarbeitern mit unterschiedlichen Ausbildungen und in Voll- und Teilzeitbeschäftigung. Die Jahre 2015/2016 deuteten sich für Pflegefachkraft Peter als laufbahnaufregende und personalintensive Arbeitsjahre an: vier Personen oder 10 % des Pflegeteams stiegen in Pension mit einem Abschlag ein. Dabei war auch die Stationsleiterin, deren Nachfolger Peter wurde. Sein Kontakt mit der Pflegedirektion und der Personalverwaltung intensivierte sich in dieser Zeit, weil die Nachfolge für vier Kollegen gefunden und gut eingeführt gehörte. Es gelang nochmals gut, forderte aber auch eine arbeitsreiche und sensible Personalarbeit zur Einführung der Stationsneuen und zur Neubildung des Teams. Eine Unterstützung und anfangs auch eine Mehrarbeit kamen von einem europäischen Förderprogramm, das Pilotunternehmen suchte und zu Alternsmanagement überzeugen wollte. Das Krankenhausmanagement stellte fest, dass der demografische Wandel sich eindeutig zeigte. Gleichzeitig merkten sie auch, dass in den davorliegenden Jahren die Ausbildung zu Pflegekräften im eigenen Haus und in der Region abgenommen hat. Die Pflegedirektion befürchtete damals personalwirtschaftliche Engpässe in der Zukunft.

Das Vor-Ort-Pilotprojekt erhielt den Titel »Zukunft PFLEGEN« und der Pflegestationsleiter Peter war sich als Erster bewusst, dass das bisher relativ fixe Pflegeteam sich künftig ständig im Wandel befinden wird. So folgten jährlich wohl weniger als 2016, aber anschließend wieder mehrere Kollegen, die den regulären oder eine mit Abschlag genehmigte Pension erreichten und das Team verließen. Im Jahr 2020 waren es drei Personen (7,7 %). Das war insgesamt eine Übergangsphase für 25 % des Teams. Die Personalnachfolge hat sich als schwierig erwiesen. Das Förderprojekt beinhaltet »Arbeitsbewältigungs-Coaching« für alle Beschäftigten und Führungskräfte. Nach der Förderung endete die Fortführung des Alternsmanagements; die Sensibilität der Beteiligten blieb. Die Evaluation des Förderprojekts und der gewählten guten Maßnahmen für gesundheitsgerechtes Arbeiten in allen

3 Siehe Statistisches Bundesamt, https://www.destatis.de/DE/Themen/Querschnitt/Demografischer-Wandel/_inhalt.html Abrufdatum: 20.05.2021.

Lebensphasen war stimmig. Dennoch führte Personalengpass auch wieder zum Aussetzen von Arbeitsgestaltungen und in weiterer Folge zu Überlastungen mit relativ hohen Fehlzeiten im Pflegeteam. Das alles strengt an: das Pflegeteam, die Pflegedienstleitung, das interprofessionelle Team, die Pflegedirektion und die Patienten und ihre Angehörigen. Das Pandemiejahr 2020 hat die Pflegekräfte wieder in mehrfacher Hinsicht auf die erforderlichen neuen Pflege-, Arbeits- und Umgangsformen geschärft. Hier ist auch wieder der demografische Wandel der nächsten Jahre in den Fokus getreten. Ausgehend von der Altersstrukturanalyse und voraussichtlichen Prognose des Jahres 2015 des Stationsleiters Peter war nun klar, dass es so weitergeht: In den nächsten fünf Jahren werden mit Glück und guten Maßnahmenangeboten fünf Personen oder 12,8 % des Pflegeteams sich in der Ausgleitphase befinden. Der Stationsleiter will ihren Übergang zwischen Lebensstadien wahrlich nicht kürzen, sondern proaktiv erhalten und wenn es glückt für Verlängerung einladend machen. Um seine weiteren Mitarbeiter dafür zu gewinnen oder mindestens für das Krankenhaus nicht zu verlieren, wird der Stationsleiter – so wie er damals selbst – auch von der Personalentwicklung unterstützt: Etwa 23 % oder neun Pflegekräfte des Teams befinden sich im mittleren Erwachsenenalter mit ihren ca. 50 – 55 Lebensjahren. Für keinen der Kollegen soll sich die emotional und körperlich anstrengende Arbeit nur zeitlich befristet bewältigen lassen. Stationsleiter Peter und die Personalentwicklung wollen auf Orientierungsgespräche und Fortbildungen als Förderangebote für den menschlichen und professionellen Lebenslauf setzen. Dieses Programm wurde von der Pflegedirektion genehmigt und mit einer gewissen Zeitressource ausgestattet.

Risiken liegen in Personalengpass und Produktivitätseinschränkung

Der demografische Wandel verursacht heute und künftig Personalengpässe und in weiterer Folge Produktivitätseinschränkungen in Unternehmen. Eine Befragung des Deutschen Industrie- und Handelskammertages zeigt, dass knapp die Hälfte der 23.000 befragten Unternehmen (47 %) im Herbst 2019 Schwierigkeiten bei der Personalbesetzung hatten. Daraus erwuchsen bei knapp zwei Drittel der Unternehmen (62 %) Mehrbelastungen mit Auswirkungen:

- Belegschaften bzw. die einzelnen Beschäftigten erleben Schwierigkeiten, die Arbeit gesundheitsgerecht zu meistern, und
- Betriebe ringen um die Erfüllung der Beauftragungen bzw. die Gewährleistung wachstumsfähiger Produktivität. Zu diesem Zeitpunkt befürchtete mehr als jedes dritte Unternehmen, »dass es mit Blick auf Fachkräfteengpässe Aufträge ablehnen und/oder sein Angebot einschränken muss« (Deutscher Industrie- und Handelskammertag e. V., 2020, S. 4).

Das Deutsche Institut für Mittelstandsforschung (vgl. Kranzusch et al., 2010) fand schon vor mehr als einem Jahrzehnt heraus, dass 45 % deutscher Unternehmen ab fünf Beschäftigten vom demografischen Wandel gehört haben, aber sich zu diesem Zeitpunkt noch nicht mit den möglichen Auswirkungen und/oder Vorsorgestrategien auseinandergesetzt haben. Jedes sechste Unternehmen (17 %) hat sich noch gar nicht mit dem Thema befasst. Hingegen hat sich damals schon ein gutes Drittel der Unternehmen (37 %) mit möglichen Auswirkungen des demografischen Wandels beschäftigt. In der Folgebefragung (vgl. Kay et al., 2018) ist ein besserer Informations- und Beschäftigungsstand zum demografischen Wandel festzustellen. Jedoch wird ebenso eine verstärkte Wirkung von personalpolitischen Folgen des demografischen Wandels erwartet. Zur Verdeutlichung werden die Ergebnisse und Veränderungen von 2007 und 2017 angeführt. Die Befragten erwarteten ohne angepasste betrieblichen Strategien betriebskritische Folgen wie

- Mangel an Fach-/Führungskräften 49 % → 59 %,
- steigende Personalkosten 45 % → 55 %,
- starke Alterung der Belegschaft 38 % → 44 %,
- Mangel an Auszubildenden 29 % → 43 %,
- steigender Fortbildungsbedarf 26 % → 29 %,
- höheren Krankenstand 17 % → 35 %.

Es scheint, dass besonders Handwerksbetriebe und Klein- sowie mittelgroße Betriebe von solchen Risiken durch Nichtbeachtung des demografischen Wandels betroffen sind oder werden (vgl. Fuchs et al., 2018). Damit zeigt sich, dass aufgrund fehlender betrieblicher, wirtschaftlicher und sozialer Vorsorgestrategien Risiken auftauchen:

- zahlreiche Ausbildungsstellen bleiben unbesetzt,
- in vielen, ausgewählten Branchen und Berufsfeldern gibt es einen harten Konkurrenzkampf um Arbeitskräfte.

In dieser so prognostizierten und erlebten Zeit wurden schon gewisse einzelbetriebliche und auch nationalpolitische Strategien ergriffen:

- Personalrekrutierungsmaßnahmen, die verstärkt Arbeitsmigranten und Frauen als Arbeitskräfte bewerben, suchen und finden,
- betriebliche Maßnahmen in gewissen vorsorgeorientierten Betrieben zur Senkung der Kündigungs- und Frühpensionierungsrate älterer Beschäftigten,
- Reformen des Pensions-/Rentengesetzes und Anpassungen der Alterssicherungssysteme, die auf die verlängerte Lebenserwartung der Bevölkerung mit einer Verlängerung des Erwerbslebens bzw. einem späteren Pensions-/Rentenantrittsalter reagiert,
- neue Initiativen wie Einladungen von Arbeitgebern an Mitarbeiter vor dem Pensions-/Renteneintritt bzw. an ehemalige Mitarbeiter zur Weiter- oder Wiederbeschäftigung mit gleichzeitiger Inanspruchnahme regulärer Pension/Rente.

Hier sind erste unterschiedliche Übergangssituationen und -strategien zur Bewältigung des demografischen Wandels auf nationalpolitischer und betriebswirtschaftlicher Ebene aufgezeigt. Dafür werden Umsetzungs- und Vorsorgemaßnahmen durch Personalpolitik und Personalpflege der Betriebe gebraucht. Sie werden dann wirksam, wenn die betroffenen Menschen bzw. Arbeitskräfte in verständliche und bewältigbare Übergangssituationen gelangen und zu Selbstmanagement befähigt und ermutigt sind. So haben viele nationale Programme und Forschungen für Gesundheits- und Alternsmanagement dieses betriebliche und persönliche Herangehen gefördert. Dennoch wird betriebliches Gesundheits- und Alternsmanagement aufgrund betrieblicher wie persönlicher Unaufmerksamkeit oftmals nicht kontinuierlich praktiziert oder durch noch herrschende Altersdiskriminierung behindert.

Der betrieblich nicht gemeisterte demografische Wandel wirkt riskant auf den Lebensverlauf des Mitarbeiters

Die IST-Analyse und Zukunftsprognose des demografischen Wandels sind sowohl Signale für Betriebe hinsichtlich ihrer Zukunftsfähigkeit als auch für Beschäftigte hinsichtlich ihrer eigenen Arbeitsbewältigungsfähigkeit. Es gibt also ein Zusammenspiel von Bevölkerungs- und persönlichem Wandlungsprozess, ihrem Erleben und den Umgangsweisen. Jahrzehntelang haben Wissenschaften wie Demografie, Gerontologie, Soziologie bis hin zu Arbeits- und Betriebswissenschaft auf diese sich wechselseitig beeinflussenden Wandlungsprozesse hingewiesen. Es scheint, dass wenige Unternehmen und Menschen dies vorsorglich wahrgenommen haben. Viele haben zwar die Information aufgenommen, jedoch diese von vornherein als Erschwernis interpretiert, der man spontan auszuweichen versucht: »Dann nahmen sich die Medien dieses Themas an und schon war es ein Katastrophentheater. Die ›Altenlawine‹ kommt ...« (Amann, 2004).

Eines der Verständnismodelle vom menschlichen Lebenslauf und damit vom Älterwerden ist von der Defizitdynamik bestimmt. Dieses Defizitmodell begünstigt Altersdiskriminierung in der Gesellschaft und Wirtschaft und umgekehrt gefährden interessensgeleitete Altersvorurteile in der Gesellschaft und Wirtschaft bei Einzelpersonen die Entwicklung des eigenen Lebenslaufs. In diesem Sinne nutzte eine New-Economy-Strategie zur Unternehmensoptimierung defizitäre, benachteiligende Argumente zur Ausmusterung älterer Beschäftigter. Auch wenn dies den Unternehmen kurzfristig Restrukturierungen mit betriebswirtschaftlichen Gewinnen brachte, hilft es heute und künftig diesen Unternehmen nicht, den demografischen Wandel zu meistern. So etwas führt zu emotionalen Zusammenstößen und vulnerablen Übergängen, denen sich ältere Erwerbstätige ausgesetzt fühlen:

- Personalengpässe führen zu Überlastung und Überforderung bei der Arbeitsbewältigung durch knapp besetzte Arbeitsteams und unangepasste Arbeitsabläufe.
- Altersdiskriminierung führt zu ausgrenzender Personalpolitik und Unternehmenskultur, die Arbeitsmotivation gefährden.
- Wechselseitige Vorurteile gegenüber den Berufslebensphasen erhöhen das Konfliktpotenzial zwischen Kollegen der Mehrgenerationenbelegschaft, was Arbeitszufriedenheit zerstört.
- Eine Mitarbeiterführung, die von Vorurteilen gegenüber älteren Mitarbeitern bestimmt ist, erschwert Vorgesetzten-Mitarbeiter-Beziehungen und beeinträchtigt Personalpflege zum Erhalt von Wohlbefinden und Gesundheit bei Beschäftigten mit gewandelten Wünschen, Bedürfnissen und Erwartungen beim Übergang in die nächste Lebensphase.

Ein geläufiger Spruch – »Der Mensch ist seines Alters Schmied« – kann konstruktiv und positiv aufgefasst werden. Gleichzeitig erzeugt die Aussage »Der Mensch ist selbst schuld, wenn es ihm nicht gelingt ›jung‹ zu bleiben« eine Abwertung älterer Beschäftigter. Diese Stimmung birgt das Risiko, Arbeitsbewältigungsfähigkeit, Wohlbefinden, Laufbahnplanung und Arbeitszufriedenheit objektiv und subjektiv zu beeinträchtigen. Dieser Risikofaktor kann schlussendlich zu Erkrankungen und Arbeitsunfähigkeit führen und/oder die Beschäftigungsdauer verkürzen.

Das Lebensstadium »Erwerbsleben« endet offiziell zu einem bestimmten kalendarischen Alter, das mit dem politisch festgesetzten Pensions-/Renteneintrittsalter zusammenhängt. In einer Befragung im Auftrag der Oberösterreichischen Arbeiterkammer[4] zweifelt etwa die Hälfte der 50plus-jährigen Beschäftigten daran, bis zur Pension durchzuhalten. Eine weitere auch in Österreich kontinuierlich stattfindende Erhebung[5] findet Belege, dass meist Gesundheitsgründe Menschen vor dem 60. Lebensjahr in die Pension treiben. Krankheit und gesundheitliche Beeinträchtigungen wie auch der Wunsch nach Schutz der eigenen Gesundheit veranlassen Beschäftigte, den frühesten Zeitpunkt des Pensions-/Rentenantritts zu wählen (Schmiederer, 2020). Aber auch subjektive Umstände haben objektive Auslöser: Menschen, die ihr Arbeitsumfeld nicht positiv und insbesondere daraus nicht ausreichend Anerkennung erleben, erfahren höchstwahrscheinlich negative Auswirkungen auf ihre psychische Gesundheit. Weitere Treiber eines vorzeitigen Berufsausstiegs sind Wünsche nach Freizeit und/oder, gemeinsam mit dem/der Partner/in »in den Ruhestand« gehen zu wollen und/oder Sorgepflichten für betreuungsbedürftige Angehörige zu haben.

Kurzum: Der regulär geplante Arbeitslebensverlauf und seine rechtlichen Rahmenvorgaben alleine sichern noch nicht die Zukunft, weder eine zukunftssichere Personalwirtschaft noch die persönlich gewünschte Arbeits- und Lebensbewältigung. Wenn soziale und arbeitsbedingte Faktoren für die Menschen nicht passend sind, nicht vorsorglich bzw. fördernd wirken, dann verkürzt sich oftmals unvorhergesehen oder schleichend das Erwerbsleben. Für Unternehmen wachsen damit Personal- und Wirtschaftsrisiken und für Menschen Arbeitsbewältigungsrisiken, unangenehme Arbeitsgefühle und kränkende Lebensereignisse.

Daher ist es für das Meistern des demografischen Wandels sinnvoll, den Wandel- aber auch Entwicklungsprozess der einzelnen Beschäftigten auch im späteren Berufsleben aus eigenem und/oder äußerem Anlass mit Aufmerksamkeit und Unterstützungsangeboten für die Lebensphasenübergänge zu begegnen.

Diese Übergänge können bei Beschäftigten bereits nach der Mitte ihrer Erwerbslaufbahn entstehen. Es ist ein Zeitpunkt, zu welchem Menschen ihre Stimmungslage sowie ihre Bedürfnisse und Erwartungen von ihren Antworten auf Entwicklungsfragen wie »Wo stehe ich?« und

4 Siehe https://ooe.arbeiterkammer.at/beratung/arbeitundgesundheit/arbeitsklima/arbeitsklima_index/Arbeitsklima_Index_2020_Februar.html Abrufdatum: 20.05.2021.

5 Es handelt sich um das Forschungsnetzwerk für Gesundheit, Alterung und Ruhestand in Europa (SHARE). Siehe http://www.share-austria.at.

»Wohin will ich mich entwickeln?« abhängig machen. Sie schätzen die Entwicklungschancen für die zweite Lebenshälfte ein, prüfen die Realisierungsmöglichkeiten ihrer Wünsche und Befriedigungsmöglichkeiten ihrer Bedürfnisse, nehmen die Resonanzen aus dem Lebensumfeld wahr u.v.a.m. Positive und prinzipiell annehmbare Einschätzungen eröffnen die Chance anhaltender Arbeitsbewältigung oder Sinn gebender Tätigkeitsveränderung. Gleichzeitig steigt damit die betriebliche Chance für die rechtlich vorgesehene oder sogar längere Tätigkeitsdauer der Mitarbeitenden. Hingegen können betriebliche Defizite und nicht ausreichende Vorsorge- und Entwicklungsmaßnahmen nicht nur bei älteren Beschäftigten – zu innerer Kündigung und/oder Unwohlsein und damit zu verminderter Arbeitsbewältigungsfähigkeit führen. Dies blockiert eine befriedigende Laufbahnplanung der Menschen und eine produktive Personalwirtschaft des Betriebes.

Ein wechselseitiges Aufeinander-Bezug-Nehmen und die Möglichkeit sowie Nutzung zufriedenstellenden Arbeitens ist also ein Trumpf für Mensch und Betrieb. Dabei kann eine betriebliche Strategie, wo subjektive Vorteile und günstige Eigenschaften von älteren Beschäftigten ausgewählt, wertgeschätzt und durch Förderangebote erhalten werden, alleine nicht objektive Hindernisse der Arbeit durch persönliche Stärken ausgleichen. Es finden sich Berufsgruppen mit hohen körperlichen Anforderungen, geringem Qualifizierungsgrad und geringerer Flexibilitäts- und Veränderungsbereitschaft in der Berufslaufbahnplanung, die ungünstigere Voraussetzungen für ein langes Erwerbsleben aufweisen als Berufsgruppen mit qualitativ-kognitiven Arbeitsanforderungen und hohem Sozialprestige. So zeigte sich exemplarisch, dass etwa die Hälfte der Maurer wegen verminderter Arbeitsbewältigungsfähigkeit vorzeitig aus dem Erwerbsleben ausscheiden und etwa nur 6% der Ärzteschaft dies mit ihrer Arbeitstätigkeit widerfährt (Morschhäuser, 2003).

Wie sehr die Nicht-Beachtung und die eingeschränkten Reaktionen auf den demografischen Wandel betriebliche und persönliche Risiken bergen können, haben wir aufgezeigt. Nun machen wir erste Hinweise, wie sich Unternehmen auf den Wandel der Belegschaft vorbereiten können und damit einzelnen Beschäftigten bzw. älteren Beschäftigtengruppen, Chancen und Erleichterung für das Meistern von Wandel und Übergang zu schaffen. Betriebliche Aufmerksamkeit für den stattfindenden Wandel und betriebliche Vorsorgestrategien zum Meistern der damit verbundenen Übergänge, die idealerweise partnerschaftlich erarbeitet und umgesetzt werden, ermöglichen starke und anhaltende »betrieblich-demografische und individuell-biografische Fitness«. Diese Fitness sichert betriebliche Zukunfts- und Wettbewerbsfähigkeit. Dies kann zu Arbeitszufriedenheit, Beschäftigungs- und Leistungsfähigkeit der Menschen während der Erwerbarbeit beitragen und anschließend erlaubt es den Menschen fortlaufendes Wachstum, tiefgreifende Erneuerung und ein weiterhin erfülltes Leben im dritten Lebensstadium.

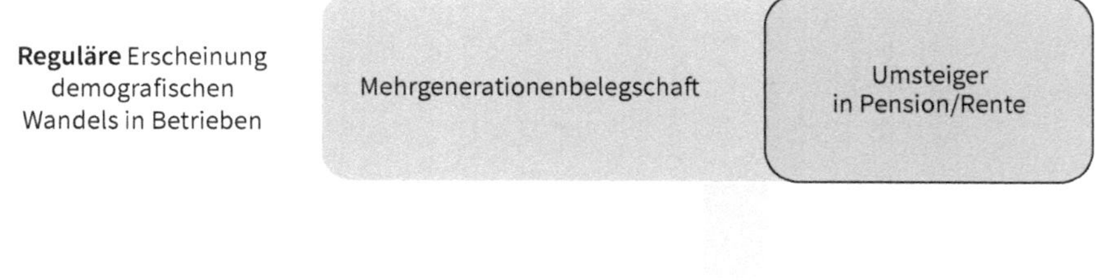

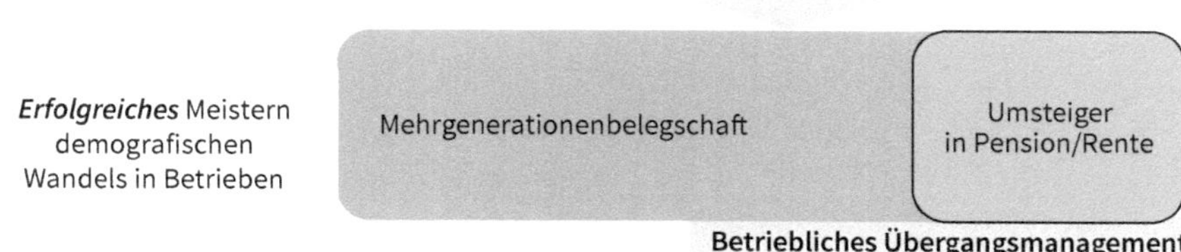

Abb. 2: Regulär anstehende Belegschaftsveränderung und Wirkung erfolgreichen Meisterns des demografischen Wandels mithilfe betrieblichen Übergangsmanagements

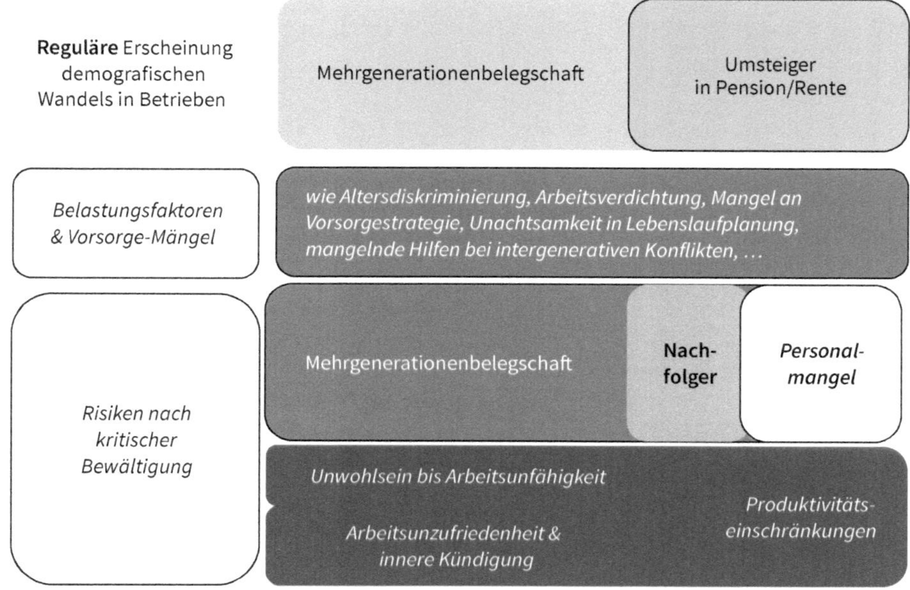

Abb. 3: Regulär anstehende Belegschaftsveränderung und mögliche Belastungsfaktoren für kritische Entwicklung des demografischen Wandels

Kurzum und zusammengefasst: Lassen Betriebsakteure – von Führungskraft bis zu Kollegen und betroffenen Beschäftigten – Diskrepanzen zu oder produzieren diese, dann akzeptieren sie – unwissentlich oder kurzfristig bewusst – Arbeitsressourcenverluste mit Folgen für das Unternehmen und den Mitarbeiter selbst.

Was sind im Überblick die direkten Risiken für Betrieb und die indirekten Risiken für den Mitarbeiter?

Risiken für Personalwirtschaft des Betriebes	Risiken für Lebensverlauf des einzelnen Mitarbeiters
• Gewachsene Personalabgänge und schwierige Personalrekrutierungen • Personalengpässe • Hohe Arbeitsaufwände und Unsicherheiten durch unvorhergesehene Personaleinsatzplanung, vorzeitigen Personalabgang und unausreichender Personalnachfolge • Unsichere Erfüllung bestehender oder wachsender Aufträge	• Arbeitsüberlastung und -überforderung durch Personalengpässe und damit Beeinträchtigungsrisiko der Arbeitsbewältigungsfähigkeit, des Wohlbefindens und der Gesundheit • Vernichtung von Arbeitszufriedenheit und Unternehmensbindung durch Altersdiskriminierung

Tab. 1: Risiken für Betrieb und Mitarbeiter

1.2 Der Lebenslauf des Beschäftigten im Zusammenspiel mit der Wirtschafts- und Arbeitswelt

Fragen zum Einstieg

1. Welche Herausforderungen stecken im individuellen Lebensverlauf?
2. Welche Bedeutung hat der Übergang in die Pension/Rente für Beschäftigte?
3. Unter welchen Bedingungen wird der Übergang in die Pension/Rente zur Belastung? Was kann für den Einzelnen riskant werden?

»Es wird das Leben in zehn Stufen seit langer Zeit schon eingetheilt,
die sich euch hier in Bildern zeigen, wenn gern der Blick darauf verweilt.«
Unterschrift eines Wandbilddrucks aus 1852–1864

Die Einteilung des menschlichen Lebenslaufs in verschiedene Phasen oder Stufen hat eine lange Tradition, die weit bis in die Antike zurückreicht. Seit Jahrhunderten wird dem Menschen eine Lebenstreppe zugeschrieben. Die »Lebenstreppe« des 19. Jahrhunderts besteht aus zehn Stufen, deren erste Hälfte aufsteigt und die zweite absinkt. Die wissenschaftliche Entwicklungspsychologie konzipierte anfänglich die menschliche Biografie entlang einer Dreiteilung von Wachstums-, Konsolidierungs- und Abbauphase[6]. Diese Annahmen wirken auch heute noch in unserem landläufigen Verständnis des Lebensverlaufs. Potenziale, die im Alter entstehen, wurden dabei wenig berücksichtigt. Der Lebenslauf ist dadurch charakterisiert, dass sich zu bestimmten Zeiten typische Lebensaufgaben ergeben (z. B. Gehen lernen, Erwerbstätigsein, ...), die das Individuum zu aktiver Auseinandersetzung herausfordert. Werden diese Aufgaben erfolgreich bewältigt, tragen sie zur Zufriedenheit des Menschen, zu seiner Bestätigung in der Gesellschaft und zur Bewältigung späterer Lebensphasen bei[7]. Liegen ungünstige Rahmenbedingungen oder geringe Bewältigungskapazitäten vor, die eine erfolgreiche Bewältigung der Lebensaufgaben behindern, wie z. B. geringe Entwicklungsförderung bei Kindern oder verminderte berufliche Bildungschancen, so erhöht sich die Wahrscheinlichkeit für die Entstehung und dem Wirksamwerden von gesundheitlichen und sozialen Risiken. Obwohl die Lebensstadien und auch deren Übergangszeiten prinzipiell vorhersehbar sind, werden insbesondere die Übergänge im späteren Berufsleben oftmals übersehen, was weiter anhaltende Irritationen und negative Entwicklungsverläufe begünstigt.

Der Übergang in die Pension/Rente, einer der markantesten Statusveränderungen, wurde in der Vergangenheit in der gesellschaftlichen und betrieblichen Wahrnehmung eher unterbelichtet und geringwertig betrachtet, da dem kein oder nur ein geringer gesellschaftlicher und betrieblicher Mehrwert zugeschrieben wurde. Es wurde auch angenommen, dass das individuelle Erleben dieser bedeutsamen Phase der Arbeitsbiografie meist als ersehnte Befreiung von der Last der Arbeit gesehen wurde. Auch eine Haltung, dass sich Investitionen in zukünftige »Ruheständler« nicht lohnen, förderte keine vertiefte Beschäftigung mit dem Thema und dieser Beschäftigtengruppe.

Gesellschaftlich intensiver wurde hingegen die planbare Lebensphase Pension/Rente als eine Errungenschaft in den Wohlfahrtsstaaten, vorwiegend im Zusammenhang mit sozialrechtlichen Fragestellungen und den damit verbundenen volkswirtschaftlichen Konsequenzen, thematisiert. Durch die veränderten und sich weiter verändernden Pensions-/Renten-Anspruchsbedingungen und einer dadurch verlängerten Erwerbsphase ergab sich im Lebenslauf von Beschäftigten eine Verschiebung des Übergangs in die Pension/Rente nach hinten. Jedoch den direkten, regulären Übergang aus der Erwerbstätigkeit in die Pension machen in Österreich ca. nur die Hälfte (vgl. Hauptverband der österr. Sozialversicherungsträger, 2019) bzw. in Deutschland ca. ein Viertel der neuen Rentenbezieher aus (Bundeszentrale für gesundheitliche Aufklärung, 2017, S. 30). Bei zahlreichen Personen wird dieser Übergang durch Altersteilzeitmodelle, Erwerbsunfähigkeit oder aus der Arbeitslosigkeit bestimmt. Dies hat wiederum vielfältige Auswirkungen für Gesellschaft, Betriebe und Menschen. Wobei hier insbesondere geschlechts-, branchen- und betriebsgrößenspezifische Unterschiede feststellbar sind. So traten Frauen in Österreich, die in Kleinbetrieben beschäftigt waren, nur zu einem Drittel direkt ihre Pension an. In Großbetrieben sind es hingegen zwei Drittel (Mayrhuber et al., 2021). Der

6 Modell nach Charlotte Bühler (1893 – 1974).
7 Modell nach Paul Baltes (1939 – 2006) & Margret Baltes (1939 – 1999).

Anteil der Direktpensionsübertritte ist insbesondere in der Gastronomie und in der Reinigung mit 28 % signifikant niedrig (ebenda, S. 153).

Das Ausscheiden aus dem Erwerbsleben stellt jedoch eine zentrale Veränderung mit Auswirkungen für Gesundheit und Wohlbefinden im Lebenslauf jedes Beschäftigten dar. Pensions-/Renteneintritt und Gesundheit stehen dabei in einer Wechselbeziehung: Es beeinflusst der Gesundheitszustand den Zeitpunkt, die Erwerbstätigkeit aufzugeben, ebenso wie der Pensions-/Renteneintritt Auswirkungen auf Gesundheit, Gesundheitserleben und Gesundheitsverhalten wirken kann (Bundeszentrale für gesundheitliche Aufklärung, 2017, S. 29).

Unternehmensleitung und Personalverantwortliche hatten immer schon die Aufgabe, sich mit den kontinuierlich wandelnden Lebensphasen ihrer Mitarbeiter zu beschäftigen, oftmals mit dem ausschließlichem Ziel der kurz- bis mittelfristigen individuellen Leistungsaktivierung und -beurteilung und in einem geringeren Ausmaß für die langfristige Erhaltung der Arbeits- und Beschäftigungsfähigkeit.

Durch den demografischen Wandel wird nun das sogenannte späte Erwerbsleben, das eine Zeitspanne von ca. 15–20 Jahre umfasst, in den Vordergrund gerückt. Wir wissen, dass sich Menschen nicht erst wenige Jahre vor dem Austritt mit ihrer Berufsvergangenheit und Arbeits- und Lebenszukunft beschäftigen. Das klassische Modell des Erwerbslebenszyklus und Beschäftigtenbefragungen zeigen, dass schon kurz nach der Erwerbslebensmitte bzw. rund um das 45. Lebensjahr Neuorientierungswünsche und -bedarfe auftauchen, die die Beschäftigungsfähigkeit tangieren. Der Übergang in das dritte Lebensstadium und die hauptsächlich nacherwerbliche Phase mit Alterssicherungssystem ist nicht nur das Überschreiten einer zeitlichen Frist alleine. Dieser Meilenstein des Lebenslaufs hat Vorzeichen, Prozess- und Entwicklungszeiten. Der Übergangsprozess vom Erwerbs- in das Nacherwerbsleben kann in schon bekannten Personalentwicklungsmodellen (vgl. Graf, 2008) lokalisiert werden:

1. Phase der Einführung,
2. Phase des Wachstums,
3. Phase der Reife,
4. Phase der Sättigung,
5. Phase des Austritts/Wechsels.

Die Personalpolitik, ihre Umsetzungsbereiche und damit die Personalverantwortlichen kennen die fünf beruflichen Phasen des Erwerbslebens. Die fünfte Phase trägt die dominanten Geschehnisse des Übergangs in den nächsten Lebensabschnitt im Titel. Die Phasendauer ist meist unbenannt und fokussiert meist eine kurze Zeit, oftmals nur die Abschiedsveranstaltung. Beschäftigte sind jedoch schon ab ihrer Erwerbslebensmitte mit aktuellen und langfristig wirksamen Wandel- und Veränderungsthemen beschäftigt. Die Phase der »Sättigung« deutet indirekt auch auf den Wunsch oder den Bedarf nach Veränderung hin. Im Verständnis eines produktiven Älterwerdens wird diese Phase daher von uns mit »Neuorientierung« bezeichnet und unter diesem Vorzeichen für das betriebliche Übergangsmanagement betrachtet.

Neuerdings bekommt aufgrund des demografischen Wandels und wegen Personalkrisen eine sechste Phase Raum. Sie wird »Tätigkeitsphase nach Pensions-/Rentenantritt« benannt. In punktgenauer Zuordnung mag es der Neubeginn des dritten Lebensabschnitts, des sogenannten »Ruhestandes«[8], sein. Der dritte Lebensabschnitt ist nicht nur durch das Zurückziehen aus dem aktiven Arbeitsleben und durch die ruhende Erwerbsarbeit charakterisiert, sondern – im Gegenteil – für zahlreiche Menschen beginnt eine aktive Phase mit anderen Inhalten und Schwerpunkten. Tätigsein wird dabei nicht nur im Sinne der ökonomischen Verwertbarkeit verstanden, sondern beinhaltet auch das Aktivieren und Einbringen von Potenzialen und Ressourcen die anderen Personen und der Gesellschaft zugutekommen und ebenso auch dem Erhalt der eigenen Lebensqualität. Auf diese Phase wird in Kapitel 2 näher eingegangen.

Jede der erwähnten Arbeits- und Lebensphasen wird durch ein Übergangsgeschehen begleitet. Übergänge beinhalten und bewirken Veränderungen, Umbrüche, Neuordnungen und Wandlungsprozesse, die einerseits mit Entwicklungschancen und andererseits mit Risiken verbunden sind. Abhängig von den jeweiligen individuellen, organisationalen und gesellschaftlichen Voraussetzungen und Rahmenbedingungen können Übergangsphasen und -prozesse eine förderliche Entwicklung nehmen oder zur Belastung sowie zum gesundheitlichen Risiko werden. Einen wesentlichen Beitrag zur individuellen Lebensqualität in den späten Berufsphasen trägt eine befriedigende und gelingende Gestaltung der Übergänge bei.

Auf die individuellen Herausforderungen und Risikofaktoren des Übergangsprozesses wird im nachfolgenden Teil eingegangen. Es werden Einflussfaktoren vorgestellt, die Übergänge bestimmend mitbeeinflussen und -gestalten. Wenn der Einzelne für sich selbst und die betriebliche Personalarbeit für ältere Mitarbeiter das Übergangsgeschehen nicht ausreichend beachten und nicht vorsorglich damit umgehen, dann entstehen individuelle und kollektive Risiken. Blicken wir dazu auf ein eindrückliches Fallbeispiel.

Individuelles Fallbeispiel: »Habt's mi gern«

Die Mitarbeiterin an der Empfangstheke in einer bayerischen Gesundheitseinrichtung war gerade mit dem Check-out eines Gastes beschäftigt, als der langjährige Kollege, Herr A. aus der Haustechnik, auf sie zukam und den Schlüsselbund mit den Worten »Habt's mi gern, ihr könnt's mir alle den Buckl runterrutschen« auf die Theke knallte und sich mit »Endlich bin ich fertig mit diesem Laden« in die Rente verabschiedete. Der Kurgast fragte die verdutzte Mitarbeiterin: »Was ist denn bei euch los?« »Da ist irgendwas schiefgelaufen«, so die Antwort.

Vier Jahre nach diesem unglücklichen Abschluss einer fast 50-jährigen Berufstätigkeit und 25-jährigen Betriebszugehörigkeit wurde diese Geschichte, die mittlerweile fast jeder im

8 Auf die vertraute Bezeichnung »Ruhestand« verzichten wir so weit wie möglich, da damit eine dominierende Passivität assoziiert wird, die der Lebensrealität vielfach nicht (mehr) entspricht.

Unternehmen kannte, im Rahmen eines Personalentwicklungsprojekts als Erstes auf die Frage, wie Verabschiedung von Mitarbeitern im Unternehmen gelebt wird, geschildert. Was war geschehen, dass sich der Mitarbeiter so aus dem Erwerbsleben verabschiedete? Herrn K., dem ehemaligen Vorgesetzten und Abteilungsleiter von Herrn A., hat sich die Geschichte im Gedächtnis eingeprägt und er berichtet: Herr A., der gelernte Installateur und Elektriker, war bis zur Erneuerung der Energieversorgungsanlage vor zehn Jahren ein engagierter und versierter Mitarbeiter, der auch bei außerplanmäßigen Arbeitseinsätzen an Wochenenden und bei Krankenstandsvertretungen immer zur Stelle war. Im Zuge des Umbaus der Energieversorgungsanlage wurde ein junger Techniker ins mittlerweile in die Jahre gekommene Haustechnik-Team aufgenommen, der sehr kompetent die digital gesteuerte Anlage überwachen und bedienen konnte. Im Haustechnik-Team wurden die neue Anlage und der hinzugekommene Kollege mit gemischten Gefühlen aufgenommen: Einerseits reduzierten sich die langen Kontrollgänge auf ein Minimum, da u. a. jede Pumpe und jedes Ventil jetzt elektronisch überwacht wurde, andererseits war die Bedienung der Überwachungsmonitore in der Steuerungswarte für einige Mitarbeiter sehr aufwendig zu lernen und sie fühlten sich überfordert. Manche, so auch Herr A., überließen diese Tätigkeiten dem jungen und den lernwilligeren Kollegen und führten lieber einfachere Arbeiten aus, wo sie sich auskannten und wo sie nichts falsch machen konnten. Ebenso erwähnenswert ist, so Herr K., dass beim Kauf der Anlage auch ein Wartungsvertrag mit einem Unternehmen abgeschlossen wurde, welcher sich langfristig in Summe vorteilhaft auf die Gesamtkosten auswirken sollte. Dieser Wartungsvertrag sollte zur Personalkostenreduktion beitragen. Bei Anlagenstörungen wurde ab diesem Zeitpunkt das Wartungsunternehmen automatisch informiert und erst nach interner Abklärung mittels Fernwartung wurde eine Beauftragung mit einem »Ticket« erstellt und dann durften die hauseigenen Techniker zur Störungsbehebung aktiv werden. Für Herrn A. und einen Teil seiner Kollegen war dies eine grundlegende Änderung der Zuständigkeiten und sie fühlten sich herabgesetzt und eines Teils ihres Verantwortungsbereichs beraubt, so Herr K. Früher hatten sie bei ihren regelmäßigen Kontrollgängen an der Vibration und am Geräusch der Pumpe gespürt und gehört, ob eine Funktionsstörung vorlag und eine Reparatur notwendig war. Wenn jetzt etwas nicht stimmte, meldete das der Sensor bzw. die Wartungsfirma.

In mehreren Teamgesprächen, sogar einmal mit der hausinternen Psychologin, wurden diese Veränderungen besprochen. Die ablehnende Haltung bei einem Teil des Teams, u. a. auch bei Herrn A., gegenüber der neuen Arbeitssituation veränderte sich nicht wesentlich. Unflexible und alte »sture Böcke«, die nicht mit der Zeit gehen, seien sie, wurde einmal von Kollegen aus der Verwaltung bei der Weihnachtsfeier über sie gesagt. In diese Zeit fällt auch ein aktenkundiges Gespräch, da Herr A. mehrmals mit einer Alkoholfahne den Nachmittagsdienst antrat. Seit diesem Zeitpunkt war die bisher gute Beziehung zu Herrn A. abgekühlt. Wie Herr K. später erfuhr, zog in diesem Zeitraum die sich bereits in Rente befindliche Ehefrau von Herrn A. aus dem gemeinsamen Haus aus, um ihre pflegebedürftige Mutter zu betreuen. Herr A. war ab dieser Zeit immer wieder in Krankenständen und nahm seinen ersten Kuraufenthalt in Anspruch. Er äußerte bei zahlreichen Gelegenheiten, dass er sich überflüssig und zum alten Eisen gehörend fühle, und meinte, dass ohnehin alle froh seien, wenn er endlich weg sei. Auf ein Nachfragen, was mit ihm los sei, sagte er, dass es sowieso keinen interessiere, wie es ihm gehe. Herr K. nahm das ernst und kontaktierte einige Zeit darauf nochmals die Psychologin, die mit Herrn A. ein Gespräch führte. In seinem Spind, so berichteten Kollegen, habe Herr A. einen Kalender gehabt, in dem von ihm die aktuell noch verbleibenden Arbeitstage bis zum geplanten Rentenantritt vermerkt wurden. Auch eine Abschiedsfeier, so wie im Unternehmen üblich, quittierte Herr A. mit der Aussage »es gäbe ja nichts zu feiern, denn was jetzt komme, ist nicht so lustig«. Das obligatorische Abschiedsgeschenk, eine Jahreskarte für das hauseigene Hallenbad, wurde nie eingelöst.

Im Nachhinein betrachtet, so die Führungskraft Herr K., wäre es wahrscheinlich besser gewesen, die Veränderungen in Zusammenhang mit der Anlagenerneuerung frühzeitiger mit dem Team zu besprechen und sie besser darauf vorzubereiten. Das habe er einfach unterschätzt und die sich daran anschließende persönliche Krise von Herrn A. zu spät erkannt. Es beschäftigt ihn nach wie vor, ob er mehr hätte tun sollen.

Diese individuelle Fallgeschichte zeigt die Komplexität der Einflussfaktoren und deren Wirksamkeit für das persönliche Erleben und Bewältigen in einer betrieblichen Veränderungssituation in zeitlicher Überlagerung mit den Übergangsphasen in die Pension/Rente. Mehrere Faktoren spielten dabei eine Rolle: erlebte Einschränkung des Handlungs- und Entscheidungsspielraumes, Qualifikationsnotwendigkeit mit geringerer Bedeutsamkeit des Erfahrungswissens, geringere Einbindung ins Team, abwertende Aussagen über die Veränderungsbereitschaft durch Organisationsmitglieder, persönliche Lebensumfeldveränderungen und ebenso die persönlichkeitsspezifischen Voraussetzungen. Unterschiedliche und verdichtete Veränderungs- und Wandlungssituationen erfordern – ggf. hohe – Anpassungsleistungen mit großer emotionaler Kraftanstrengung. Unterstützungsangebote für Veränderungs- und Wandlungsprozesse wären sinnvoll. Wenn sie fehlen, dann entstehen individuelle Risiken mit Auswirkungen auf organisationaler Ebene.

Übergang als Entwicklungsaufgabe

Als Brücke zwischen den Lebensstadien bietet die Übergangsphase in die Pension/Rente bzw. zur Tätigkeitsphase nach Erreichen des Pensions-/Rentenantrittsalters verschiedenste Entwicklungsthemen und -aufgaben. Das spätere Berufsleben bringt Übergangszeiten mit intensiven, oftmals gleichzeitigen Wandlungen auf der sozialen, biologischen und psychischen Ebene des Beschäftigten. Dies wird, je nach biografischem Hintergrund und aktueller Lebens- und Arbeitssituation, als stimulierende oder belastende Herausforderung erlebt. Die jeweils persönlichen Antwort- und Bewältigungsmuster auf Anforderungen haben ihre Grundlage im Wechselspiel der ausgebildeten und sich ein Leben lang weiterentwickelnden psychischen Strukturen und in den verschiedenen, auch arbeitsbezogenen Umfeldbedingungen. Menschen erleben vergleichbare Lebensphasen bzw. Lebensereignisse oft äußerst unterschiedlich. So auch im Übergangsgeschehen in die Pension/Rente. Jedoch haben bestimmte Persönlichkeitsmerkmale, wie ein geringes Selbstwertgefühl und ein geringes Selbstwirksamkeitserleben ein höheres Risiko für ein erschwertes Bewältigen des Übergangs in die Pension/Rente (vgl. Antonovsky/Sagy, 1990). Dass sich in der Ausgleitphase mit dem vorweggenommenen und tatsächlichen Übergang in die Pension/Rente für jeden Beschäftigten auch eine herausfordernde Lebensaufgabe stellt, ist unbenommen. Geht doch die längste Phase des Lebens, die Erwerbsphase, zu Ende, öffnen sich die Türen ein Stück weiter zur Beschäftigung mit existenziellen Lebensfragen wie z. B. »Was will ich noch mit meiner verbleibenden Lebenszeit machen?« und »Welche Lebenschancen will ich mir eröffnen und nützen?«

Wenn der Beruf am Ende des Lebensstadiums »Erwachsensein mit Erwerbsarbeit« abgeschlossen wird, dann muss sich der Einzelne in andere Richtungen neu orientieren und neu entwickeln. Die Erweiterung eines neuen Selbstverständnisses nach dem Ausstieg aus dem regulären Erwerbsleben und beim Eintritt in die neue Lebensphase spielt dabei eine wichtige Rolle. Eine weitere sich aufdrängende Frage »Wer bin ich noch?« stellt sich v.a. für jene Menschen, die sich umfassend mit der Berufsrolle identifizieren. Das Ziel dabei ist, eine befriedigende Anpassung zu erreichen, damit die neue Lebensphase akzeptiert und ins eigene Selbstverständnis integriert werden kann (Pinquart/Schindler, 2007 zit. nach Schmitt, 2018).

Die skizzierten Entwicklungsanforderungen und damit zusammenhängende Gedanken- und Gefühlswelten entfalten ihre Wirkkraft jedoch nicht nach dem Abschluss der regulären Erwerbstätigkeit, sondern beschäftigen Menschen in unterschiedlicher Intensität schon zahlreiche Jahre vorher. In der österreichischen Umfrage der Plattform »Seniors4Success« (2019) antworteten die Teilnehmer auf die Frage »Überwiegt für Sie persönlich beim Gedanken an die Pension die Vorfreude oder die Angst?« wie folgt:

- 39% antworteten »weder noch/neutral«,
- 5% antworteten »eher Angst«,
- 1,5% kennen »auf jeden Fall Angst« und
- 54 % hatten eher und auf jeden Fall Vorfreude.

Im Rahmen der deutschen lidA-Studie[9] mit über 3000 Teilnehmern gaben 10 % der Befragten an, dass sie mit einer Verschlechterung ihres Lebens rechnen, und 44 % mit einer Verbesserung (Hasselhorn et al., 2019). Einsamkeit in der Pension/Rente wird zwar von einem Teil der Befragten erwartet aber das Erleben von Einsamkeitsgefühlen ist überraschend hoch. So zeigt sich im Rahmen der lidA-Studie eine signifikante Vervierfachung des Prozentanteils der erwarteten zur tatsächlich erlebten Einsamkeit bei Frührentnern. Damit wird die bedeutsame soziale Funktion von Arbeit sichtbar. Auf das Risiko der sozialen Isolation nach Ende der Erwerbstätigkeit weisen verschiedene Untersuchungsergebnisse hin. So leiden zwischen 6 bis 11 % der 60- bis 85-jährigen Bevölkerung unter Einsamkeit (Körber-Stiftung, 2019).

Ebenso kann eine geringe Auseinandersetzung und Beschäftigung mit der kommenden neuen Lebensphase als Risikofaktor im Übergangsgeschehen wirken. Ungenügende Vorbereitung

9 Es handelt sich um die Kohortenstudie des Lehrstuhls für Arbeitswissenschaft an der Bergischen Universität Wuppertal (seit 2009): »lidA-leben in der Arbeit«. https://arbeit.uni-wuppertal.de/de/home.html Abrufdatum: 20.05.2021.

kann negative Auswirkungen auf die psychische und körperliche Gesundheit haben. Eine gute Planung des »Ruhestands«, so eine US-Studie, kann die Stabilität im Wohlbefinden nach dem Übergang in den »Ruhestand« positiv vorhersagen (Wang, 2007 zit. nach Schmitt, 2018). Dabei geht es um die konkrete sowie mentale Vorbereitung insbesondere auch in Bezug auf die inhaltliche Ausgestaltung der neuen Lebensphase, und nicht nur im Hinblick auf finanzielle Aspekte. Daraus kann abgeleitet werden, dass es nutzbringend und sinnvoll ist, Angebote zur Übergangsgestaltung systematisch in die Personalentwicklungsarbeit zu integrieren. Derzeit ist dies eher die Ausnahme. Eine gezielte Vorbereitung auf die Pension hielten 66 % der Befragten als »sehr/eher sinnvoll«, so die Ergebnisse aus der angeführten Studie (Seniors4Success & Telemark Marketing, 2019).

Die geforderte Neuausrichtung des persönlichen Selbstverständnisses stellt eine große Entwicklungsaufgabe dar und die Entwicklungsthemenfelder sind vielfältig. Sie reichen vom veränderten Stellenwert der Berufsrolle und der professionellen Identität, der potenziellen Veränderung der individuellen Leistungsfähigkeit und eventuell veränderter Gesundheit bis zur Akzeptanz der eigenen beruflichen Lebensleistung und möglicherweise auch mit der Versöhnung mit beruflich Nichtgelungenem. Die Vorbereitung auf neue gesellschaftliche Rollen und die Beschäftigung mit existenziellen Lebensfragen wie der Endlichkeit und des Abschiednehmens und dabei auch noch einer Haltung, »ein Minimum an Verzweiflung zu entwickeln« (nach Erikson 1966), bietet eine Fülle an Entwicklungschancen, jedoch auch Potenzial zur Überforderung.

Die erlebten Anforderungen im Übergangsprozess können, so wie auch in anderen Entwicklungsphasen, »Entwicklungsstress« verursachen, indem bewährte Denk- und Handlungsmuster ihre Gültigkeit verlieren und gleichzeitig oftmals noch keine neuen Bewältigungsstrategien ausgebildet und vorhanden sind. Dadurch können Gefühle der Unsicherheit, Zweifel, Angst etc. ausgelöst werden. Unter sogenannten »verdichteten Entwicklungsanforderungen«, also wenn in relativ kurzer Zeit vielfältige Anforderungen einströmen, berufliche und private Situationen sich verändern, Entscheidungen zu treffen und Weichen zu stellen sind, werden oftmals auch die individuellen Anpassungs- und Belastbarkeitsgrenzen spür- und sichtbar. Diese Herausforderungen können zu Belastungssituationen führen.

Welche Richtung der Entwicklungsverlauf nimmt, hängt wesentlich von den individuellen Voraussetzungen, Erfahrungen mit Veränderungen, Anpassungsfähigkeiten und -leistungen, vorhandenen oder fehlenden Vorbildern, jedoch auch von den erlebten Einstellungen und Handlungen der Beteiligten im privaten und beruflichen Umfeld ab.

Übergang zwischen Heraus- und Überforderung

Das Übergangsgeschehen soll im Folgenden dahin gehend beleuchtet werden, welche Bewertungs- und Gefühlsprozesse ausgelöst werden können und wodurch ein Belastungserleben entstehen kann. Ausgehend von der Annahme, dass die Identität eines Menschen wesentlich über seine vorhandenen vielfältigen Ressourcen geprägt wird und dass Menschen danach streben Ressourcen zu erlangen, sie aufrechtzuerhalten und zu beschützen ist es insbesondere im Übergangsprozess bedeutsam, unter welchen Bedingungen sich ein Gefühl von Gewinn oder Verlust einstellen kann. Dabei ist unter dem Begriff Ressource zu verstehen, dass alles, was einem Menschen wichtig ist, einen hohen persönlichen Stellenwert hat und ihm hilft, die an ihn gestellten Lebens- und Arbeitsanforderungen zu bewältigen. Dies kann im Arbeitszusammenhang z.B. der konkrete Arbeitsplatz wie das persönlich gestaltete Büro oder die Werkstätte, die Unterstützung von Kollegen und Führung, der soziale Status, der Entscheidungsspielraum, der Firmenwagen, die Fortbildungsmöglichkeit etc. sein. Dabei kann sich der Wert je nach persönlicher Situation und Erfahrung unterscheiden und die Bedeutung kann sich ebenso in den jeweiligen Lebens- und Arbeitsphasen verändern. So besitzt z.B. die Arbeitsplatzsicherheit bei vielen älteren Beschäftigten einen höheren Stellenwert als bei jüngeren. Neben den angeführten sog. äußeren Ressourcen sind ebenso die sog. inneren Ressourcen, also durch die Persönlichkeit bestimmte Eigenschaften wie die persönlichen Haltungen und Einstellungen, Fähigkeiten, Kompetenzen wie z.B. der Umgang mit schwierigen Lebenssituationen, entscheidend für das Bewältigen von Anforderungen.

Veränderungen, wie die absehbare Pensionierung/Verrentung können einen bedrohenden Einfluss auf das Ressourcenerleben ausüben. Stresserleben im Zusammenhang mit Ressourcen entsteht dadurch, wenn

- sich Ressourcenverluste abzeichnen,
- ein tatsächlicher Ressourcenverlust eingetreten ist oder
- ein erwarteter Ressourcengewinn ausbleibt, nachdem Ressourcen investiert wurden[10].

Menschen sind demnach bestrebt, Ressourcen zu schützen, zu erhalten bzw. neue dazuzugewinnen und Ressourcenverluste zu vermeiden, wobei ein Ressourcenverlust eine höhere Bedeutung als ein Ressourcengewinn hat. Dabei gelingt es Personen mit mehr Ressourcen eher weitere Ressourcen zu gewinnen, während Personen mit einer geringeren Ressourcenausstattung ein höheres Risiko haben, vorhandene Ressourcen zu verlieren. Diese entstehenden Gewinn- oder Verlustspiralen sind auch in den späten Berufsphasen bedeutsam. Wenn z.B. ein älterer Mitarbeiter nach einem längeren Krankenstand erlebt, dass seine bisher ausgeübte Tätigkeit mittlerweile von einem jüngeren Kollegen in kürzerer Zeit erledigt wurde, und er eine Versetzung an einem anderen Arbeitsplatz als Sanktion und Kränkung erlebt, so kann dies eine Verlustspirale in Gang setzen. Indem möglicherweise die Arbeitsmotivation sinkt, steigt die Wahrscheinlichkeit, dass er eine negative Leistungsrückmeldung von seinem Vorgesetzten erhält. Dies wiederum hat eine potenzielle negative Wirkung auf den Selbstwert und stellt ein Stresserleben dar, welches wiederum das Krankheitsrisiko erhöht. Natürlich – so hoffen wir es – kann es sich auch anders entwickeln, indem dem Mitarbeiter bei seinem Wiedereinstieg vermittelt wird, dass er gefehlt hat und das Team froh ist, dass er wieder zurück ist. Er wird über

10 In Anlehnung an »Conservation of Resources Theory« von Hobfoll, S.E. zit. nach Eisele, F., 2016.

die Änderungen der Arbeitssituation von seinem Vorgesetzten informiert und es wird mit ihm besprochen und abgestimmt, in welchem Ausmaß er belastbar ist.

Ressourcenbezogene Gewinn- und Verlustspiralen sind zu einem wesentlichen Teil beeinflussund gestaltbar und haben große Wirkkraft in der Arbeitsbiografie, insbesondere in der Ausgleitphase und für die nächste Lebensphase in der Pension/Rente.

Ein Gefühl eines Ressourcengewinns im Übergang in die Pension/Rente kann sich u. a. dadurch einstellen:

- dass die Lebensgrundlage im Alter gesichert ist und ein Leben ohne Rechtfertigungsdruck möglich ist,
- dass Arbeitsbedingungen, die als nicht zufriedenstellend und belastend, sinnentleert oder krankmachend erlebt werden, beendet werden können,
- dass in der Pension/Rente mehr selbstbestimmter Gestaltungsspielraum verfügbar ist,
- dass neue Sinnbezüge u. a. durch familiäre Unterstützung oder gemeinschaftlich-solidarisches Handeln entdeckt werden und
- indem der Status als Pensionist/Rentner bei längerer Erwerbsunfähigkeit oder Arbeitslosigkeit eingenommen werden kann und dadurch ein sozialer Prestigegewinn verbunden ist.

Erhöhte Bewältigungsrisiken, ein Gefühl eines Ressourcenverlustes und negative Auswirkungen im Übergang in die Pension/Rente können sich einstellen, durch ...

- den Zeitpunkt des Übergangs. Pensionierung/Verrentung ist in soziale Normen und Vorstellungen über den »richtigen« Zeitpunkt des Abschlusses des Erwerbslebens eingebettet. Je früher sie im Vergleich zur eigenen Bezugsgruppe (Status, Branche, ...) erfolgt, umso mehr fehlt der Sinnbezug und umso höher ist das Bewältigungsrisiko (Bender, 2012 zit. nach Franke et al., 2017, S. 40). Die fehlende Möglichkeit zum Erreichen gesteckter beruflicher Ziele und ein Nichterreichen eines damit verbundenen erwarteten Erfolgserlebens verstärkt eine belastende Entwicklung;
- die Art und Weise, wie der Übergang erfolgen wird bzw. erfolgt. Übergänge können abrupt oder graduell, geplant oder ungeplant, freiwillig oder unfreiwillig, erwünscht oder unerwünscht sein. Insbesondere der Faktor »Unfreiwilligkeit« stellt dabei ein erhöhtes Risiko für gesundheitliche Belastungen dar (ebenda, S. 40), indem die Einflussmöglichkeiten als gering oder nicht vorhanden erlebt werden;
- eine absehbare nicht würdige Verabschiedung. Wird die Erwartung einer entsprechenden betrieblichen Würdigung der erbrachten Leistung mit Ritual nicht erfüllt, so wird dadurch ein Gefühl der Enttäuschung bis Kränkung verursacht. Die Auftretenswahrscheinlichkeit hat sich v.a. in der COVID-19-Pandemie massiv erhöht;
- den Statusverlust der Berufsrolle und des beruflichen Kompetenzerlebens;
- den Verlust beruflicher Wertschätzung;
- das Gefühl, ersetzbar zu sein und nicht mehr gebraucht zu werden. Dadurch kann ein Gefühl der Angst vor der Leere entstehen. Das sog. »Empty-desk-Syndrom« trifft mit höherer Wahrscheinlichkeit insbesondere bei Personen mit Führungsverantwortung zu;

- das Nivellieren des sozialen Status auf den des Pensionisten/Rentners. Insbesondere Personen mit großem Verantwortungsbereich und hohem sozialen Statuserleben können dadurch einen Prestigeverlust erfahren;
- geringere finanzielle Mittel in der Pension/Rente;
- das Fehlen der Zeitstruktur und zielgerichteter Tätigkeit;
- den Abbruch von emotional bedeutsamen arbeitsbezogenen Sozialkontakten;
- die Angst vor sozialer Isolation und Einsamkeit;
- das Fehlen von intellektuellen Herausforderungen und beruflichen Lernmöglichkeiten.

Vor allem für sozial benachteiligte Beschäftigte erhöht sich durch Kumulation von Risikofaktoren – wie geringerer Gesundheit oder Gesundheitskompetenz, Beschäftigungsunsicherheit, ungünstigeren Arbeitsbedingungen, geringeren finanziellen Spielräumen – die Wahrscheinlichkeit einer Verstärkung negativer Auswirkungen im Übergang.

Indem Bewältigungsrisiken sowohl individuell, gesellschaftlich und betrieblich nicht gleich verteilt sind, gibt es Beschäftigtengruppen mit zusätzlich erhöhtem Risiko für einen krisenhaften Übergang in die Pensionierung/Verrentung. Das sind insbesondere (in Anlehnung an Franke et al., 2017):

- Personen mit einem niedrigen sozio-ökonomischen Status und hohen finanziellen Belastungen. Dabei sind insbesondere auch die zu dieser Zielgruppe gehörenden älteren Migranten und deren spezifischen Bedürfnisse zu beachten;
- Personen mit geringen Unterstützungsressourcen in Partnerschaft, Familie und sozialem Umfeld wie z. B. Alleinlebende oder Menschen in konfliktreichen Partnerschaften;
- chronisch Kranke und Personen mit Erwerbsminderung aufgrund gesundheitlicher Einschränkungen;
- Personen, die die Pensionierung/Verrentung unvorbereitet, unfreiwillig und in vergleichsweise frühem Alter trifft;
- Personen mit besonders hoher Berufsbindung.

Diese Beschäftigtengruppen sind als Zielgruppen im betrieblichen Übergangsmanagement zu berücksichtigen, um bedarfsgerechte Angebote zum Ressourcenerhalt bzw. -gewinn bereitzustellen. Konkret umsetzbar kann dies beispielhaft dadurch werden, indem ein unfreiwilliger und ungeplanter »Ruhestand« verhindert wird, dass ein Gefühl von Selbstbestimmung bei der Planung des Pensions-/Rentenantritts ermöglicht wird, dass Gelegenheiten zur Wissensweitergabe geschaffen und Raum zur Reflexion der Arbeitsbiografie und Perspektivenentwicklung für die nächste Lebensphase angeboten werden.

Gesundheitsrisiken im Übergang

Die verschiedenen Voraussetzungen und individuellen Bewältigungsformen haben Auswirkungen auf Gesundheit und Wohlbefinden. Forschungsbelege geben eindeutige Hinweise, dass der

Übergang in die Pension/Rente mit einer Verschlechterung der körperlichen und psychischen Gesundheit einhergeht (Hübner, 2017), ...

- wenn ein unfreiwilliger Eintritt in die Pension/Rente erfolgt,
- bei Frühpensionierung/-verrentung insbesondere von Männern,
- bei vorangegangener Arbeitslosigkeit und Nichterreichen des regulären Pensions-/Rentenantrittsalters,
- wenn vorher ein hoher Arbeitseinsatz in Form von langen Arbeitszeiten mit vielen Überstunden erbracht wurde.

Andererseits können vorzeitige Erwerbsunfähigkeitspensionen/-renten aufgrund bestehender Erkrankungen später eine Verbesserung des subjektiven Gesundheitsempfindens bringen.

Die Übergangssituation zeichnet sich durch einen ambivalenten Charakter aus: Ob der Übergang als förderlich, einschränkend, gesundheitsunterstützend erlebt wird oder sich als kritisches Lebensereignis entwickelt, hängt einerseits davon ab, welche individuellen Voraussetzungen, Bewältigungsformen und andererseits welche Rahmenbedingungen vorhanden sind. Da sich in der späten Berufsphase auch die Wahrscheinlichkeit des Auftretens von anderen kritischen Lebensereignissen erhöht, wie u. a. der Pflegebedürftigkeit innerhalb der Familie, Auszug der Kinder oder Tod von nahen Angehörigen, so erhöht sich dadurch das Risiko für erschöpfte Ressourcen. Das Stresserleben kann durch dieses Zusammenwirken von mehreren Belastungsfaktoren im Übergangsgeschehen bedeutend verstärkt werden. Eine Führungs- und Organisationskultur, die sich wenig an den Lebensphasen ihrer Beschäftigten orientiert, und die individuellen Voraussetzungen und Berufs- und Lebensplanung während der Ausgleitphase der Beschäftigten nicht oder wenig beachtet, riskiert dadurch oftmals unbeabsichtigte Konsequenzen, die ein breites Wirkungsspektrum besitzen. Dies reicht von reduzierter Arbeits- und Weiterbildungsmotivation bis zu eingeschränkter Arbeitsbewältigungsfähigkeit.

Individuelle Umgangsweisen im Übergang zur Pension/Rente

Im Übergangsgeschehen mit verschiedenen Zonen der Stabilität und Instabilität sowie Sicherheit und Unsicherheit werden auch die persönlichen Bewältigungs-, Umgangs- und Kommunikationsmuster sichtbar und liefern einen Hinweis auf das individuelle Erleben. Persönliche Umgangsstrategien werden in Bezug darauf wahrgenommen, inwieweit sie sich zwischen den Polen »aktiv und passiv« und »konstruktiv und destruktiv« bewegen. Da es eine Vielzahl an unterschiedlichen, sich auch immer wieder verändernden Erlebens- und Verhaltensweisen gibt, kann diese Betrachtung v.a. auch im Hinblick auf eine kritische und risikoreiche Bewältigung dienen.

Umgangsweise	ist u. a. wahrnehmbar durch ...
aktiv-konstruktiv	Mitarbeiter redet über Pläne, kümmert sich um Arbeitsaufgaben und aktive Wissensweitergabe, nimmt an sozialen Aktivitäten teil, interessiert sich für Weiterentwicklung der Abteilung.
passiv-konstruktiv	Mitarbeiter redet wenig darüber, nimmt sich oft zurück, ist teilweise interessiert, wie es weitergeht, hat gute Arbeitsmotivation.
passiv-destruktiv	Mitarbeiter teilt erlebte Abwertung (Fremd- oder Selbstabwertung) mit (»man wird nicht mehr benötigt«), schließt sich von sozialen Aktivitäten aus.
aktiv-destruktiv	Mitarbeiter betreibt bei allen sich bietenden Gelegenheiten die Abwertung der »Verbleibenden« und der Arbeitssituation und betont, wie froh er ist, das Unternehmen zu verlassen, verweigert Kooperation bei der Wissensweitergabe.

Tab. 2: Individuelle Umgangsweisen in der Übergangsphase

Jene Übergangsformen, die sich v.a. durch »aktiv- oder passiv-destruktives« Verhalten zeigen, verweisen auf die Notwendigkeit eines verstärkten, gezielten Wahrnehmens, Ansprechens und Erfassens von möglichen Hintergründen und Motiven. Das Anbieten von Gesprächen und Unterstützungsangeboten kann ein aktives Selbstmanagement und somit einen Ressourcengewinn für die betroffenen Beschäftigten im Lebenslaufübergang bedeuten.

Kurzum und zusammengefasst: Der Übergang in Pension/Rente ist in der Arbeitsbiografie ein markantes Ereignis und besitzt das Potenzial, sich als kritisches Lebensereignis zu gestalten. Durch den ambivalenten Charakter des Übergangsgeschehens können sowohl Gewinn- als auch Verlustspiralen in Gang gesetzt werden. Ausschlaggebend dafür sind die individuellen Einstellungen und Fähigkeiten sowie die gesellschaftlichen und betrieblichen Rahmenbedingungen. Das Übergangsgeschehen erfordert eine hohe Anpassungsleistung von den Beschäftigten. Betriebliche Angebote der Personalentwicklung und Personalpflege können dabei unterstützen.

Was sind im Überblick die direkten Risiken für Mitarbeiter und die indirekten Risiken für den Betrieb

Risiken für den Betrieb	Risiken im Lebensverlauf des einzelnen Mitarbeiters
• Reduzierte Beschäftigungsmotivation • Negative Wirkungen auf das soziale Arbeitsumfeld • Verschlechterung des Unternehmensimage • Eingeschränkte Arbeits- und Leistungsfähigkeit • Erhöhte krankheitsbedingte Abwesenheiten	• Verlust des Lebensbereiches Arbeit • Notwendigkeit, eine neue Rolle und Tagesstruktur zu finden • Zurückgeworfen-Sein auf sich selbst • Reduktion der finanziellen Mittel • Sorgen aufgrund des Beginns des letzten Lebensabschnitts

Tab. 3: Überblick der Risiken des Betriebs und des Mitarbeiters

1.3 Erfahrungswissen geht in Pension/Rente

Fragen zum Einstieg

1. Was riskieren Unternehmensverantwortliche und was riskieren Mitarbeiter für sich selbst, wenn Wissen in Umbruch- und Übergangszeiten vernachlässigt wird?
2. Wie macht der demografische Wandel betriebliche Wissens- und Erfahrungsbestände erfolgsriskant? Geht es um »Experten-Spezialwissen« oder um »Erfahrungswissen«?
3. Wissens- und Erfahrungsträger in der Neuorientierungs- und Ausgleitphase: Was kann den Mitarbeitern und dem Betrieb misslingen? Welche Konsequenzen hat der Verlust von Wissen und Erfahrungen?

Alles Wissen stammt aus der Erfahrung.
Immanuel Kant (1724–1804)

Im Jahr 2005 proklamierte die UNESCO im World Report die »Wissensgesellschaft«. Was ist nun das Besondere an der »betrieblichen Wissensgesellschaft«, auf die wir uns hier konzentrieren? Die Aufmerksamkeit darauf erfolgte durch den Erfolg und die Verbreitung der Informationstechnologie, die die Sammlung und Archivierung, Verarbeitung und Nutzbarmachung gigantischer Informationsmengen ermöglichte. Dadurch wurden Fakten- und Fachwissen als angewandte Informationen ein Produktionsfaktor, der heute »die Bedeutung der herkömmlichen Ressourcen Rohstoffe, Arbeit und Kapital übertrifft« (Erlach et al., 2013, S. 14). Konsumenten schätzen Dienstleistungen, die mit ausreichend Wissen und Erfahrung ausgeführt werden. Wissen wurde so allgemein gesprochen zum immateriellen Unternehmenskapital. Auch wenn es in Unternehmensbilanzen schwer erfassbar ist, bestimmen das von den Beschäftigten eingesetzte Wissen und die ausgeübte Erfahrung einen wesentlichen Teil des Unternehmenswertes.

Diese Wissensbestände im Betrieb braucht es, weil sie die Säule der aktuellen Produktivität und gleichzeitig Ausgangsbasis und Motor sind, um Innovationen für künftige Produktivität effizient zu entwickeln. Wissen und Erfahrungen treiben Wirtschaft voran. Somit stellen Wissen und Erfahrungen der Organisations- und Betriebsmitglieder von der Produktions- bzw. Dienstleistungsbasis bis zur Führungsspitze Wert- und Werkstoffe, also Ressourcen bzw. Kapital dar.

Auch wenn sich die Halbwertzeiten von Wissen angesichts rasanter Veränderungen von Technologien verkürzt haben und laufend Erlernen und Erfinden von neuem Wissen erforderlich ist, benötigt der Betrieb dazu die wissens- und erfahrungsbasierten Kompetenzen ihrer Beschäftigten. Kompetentes Verhalten äußert sich darin, wie ein Individuum seine persönlichen Möglichkeiten und Fähigkeiten mit seinem Umfeld effektiv und effizient kombiniert und seine Erfahrungen zur Erreichung (neuer) Ziele nützt (North, 2005). Der Großteil des organisationalen Wissens ist implizit in den Arbeitenden gebunden. Wissensmanagementforscher gehen von einem Anteil von 90 % aus (Wah, 1999). So erhalten Führungskräfte zwei Drittel ihrer Informationen durch persönliche Gespräche oder Telefonate und nur 2 % dieser Informationen, obwohl es in der Praxis vielmehr erscheint, werden verschriftlicht (Davenport/Prusak, 1998).

Es zeigt sich, dass das Wissensmanagement nicht erst durch den demografischen Wandel ein dynamisches Handlungsfeld geworden ist. Doch der spürbarer gewordene personalwirtschaftliche Einfluss des demografischen Wandels hat die älteren Wissensträger mit ihren spezifischen Wissenskörpern und Erfahrungsschätzen auffälliger gemacht.

Das unternehmensrelevante Wissen hat in den späten 1990er-Jahren den Sprung in die Schlagzeilen der Wirtschaftspresse geschafft. Die Botschaft war, den »Schatz in den Köpfen« der Mitarbeitenden (Palass, 1997) doch wertzuschätzen und mehr zu nutzen. Etwa zu dieser Zeit vertrat der Wirtschaftsphilosoph Charles Handy die Meinung, dass der Wert des intellektuellen Kapitals den Wert ihres materiellen Kapitals bereits in zahlreichen Fällen übertrifft (zit. nach Probst et al., 2010). Es folgten die ersten Versuche zur Erstellung von Wissensbilanzen. Trotz zahlreicher Publikationen zum und der vielen Dienstleister für betriebliches Wissensmanagement ist aber die Umsetzung und die allgemeine Praxis des Wissensaustauschs in den Betrieben erstaunlich gering: Die Nordakademie & Unternehmensberatung Von Studnitz berichtete bereits im Dezember 2008[11], dass etwa zwei Drittel der deutschen Unternehmen das Wissen ihrer scheidenden Mitarbeiter nicht systematisch erfasst. Drei Jahre später stellte die Technische Universität Chemnitz im Auftrag des Bundeswirtschaftsministeriums fest, dass nur ein Viertel der Unternehmen für die Weitergabe des Erfahrungswissens ausscheidender Mitarbeiter an die Nachfolgenden sorgt (Pawlowsky et al., 2011). Im Rahmen der 2014 durchgeführten Weiterbildungserhebung des Instituts der deutschen Wirtschaft mit 1325 Unternehmen bejahten 50 % der Großunternehmen und 24 % der Kleinunternehmen, dass wertvolles Betriebswissen durch das Ausscheiden von Mitarbeitern verloren gegangen ist[12]. Ähnliche Befunde zeigen sich auch bei einer Untersuchung des Fraunhofer-Instituts für Arbeitswirtschaft und Organisation und des IT-Branchenverbandes Bitkom: 42 % der Befragten gaben an, dass der altersbedingte Austritt von Mitarbeitern ein Hauptgrund für den Wissensverlust in der Zukunft sein wird (Schnalzer et al., 2012, S. 26).

Die Bedeutung der betrieblichen Wissensbasis ist für Wettbewerbs- und Zukunftsfähigkeit ungebrochen, und seit den 2020er-Jahren bekommt diese Wissensbasis durch den natürlichen Abgang einer großen Anzahl von Wissensträgern aus der Erwerbsarbeit wieder verstärkt Aufmerksamkeit. Auf die Betriebe kommt nicht nur die Herausforderung der Personalrekrutierung zu. Wenn Nachfolger bzw. Neueinsteiger in den Beruf bzw. in das Unternehmen gefunden werden, dann bereichern diese neuen Mitarbeiter mit frischem Ausbildungs- oder anderswo angeeignetem Wissen das Unternehmen und gleichzeitig müssen sie sich zu Beginn der Tätigkeit die vorhandene spezifische Unternehmens- und Handlungs-DNA aneignen, sofern die Arbeit wirkungsvoll fortgeführt und nicht neu aufgesetzt werden soll. Besonders herausfordernd wird dies für Unternehmen die noch keine demografisch ausgerichteten Personalmanagementstrategien und auch kein entsprechendes Risikobewusstsein für Wissenstransfer haben. Während das Risikomanagement in verschiedenen Organisationsbereichen längst etabliert ist, gewinnt das Wissens-Risikomanage-

11 Siehe https://docplayer.org/13237550 – Studie-wissensmanagement.html Abrufdatum: 20.05.2021.
12 Siehe https://www.iwd.de/artikel/wissen-wer-was-weiss-290843 Abrufdatum: 20.05.2021.

ment erst in letzter Zeit an Bedeutung. Mitverantwortung für den zum Teil noch geringen Stellenwert von Wissenstransfer hat auch die verbreitete Annahme, dass nur wertvoll ist, was man messen und dadurch auch managen kann. Dabei ist es entscheidend, welches Engpasswissen, also Wissen mit hoher Einzigartigkeit und strategischer Bedeutsamkeit, und Hebelwissen, welches mit erfolgskritischen Wissensinhalten und erheblichem Einfluss auf die Leistungserstellung bei den Mitarbeitern wirkt, vorhanden bzw. in absehbarer Zeit nicht mehr verfügbar ist. Dementsprechend ist es für Unternehmen wichtig, das Potenzial und die Konsequenzen des Wissensverlustes bewusst, sichtbar und so weit wie möglich auch monetär einschätzbar zu machen.

Durch den Wissens- und Kompetenzverlust – entweder durch Jobwechsel oder in Rente gehen – entgehen jährlich rund 11 Milliarden Euro deutschen IT-Unternehmen, so die Studie des Fraunhofer-Instituts für Arbeitswirtschaft und Organisation und des IT-Branchenverbandes Bitkom. Der Umgang mit Wissensrisiken wird dadurch immer mehr zum betrieblichen Hotspot und veranlasst oftmals Unternehmensverantwortliche zum Ausruf: »Hilfe: Unser Wissen geht in Pension/ Rente« oder »Wie können wir auf die Schnelle unseren wissenden Mitarbeiter klonen?«

Welche Herausforderung stellen Verlust von Wissen und Erfahrung für den Betrieb und älteren Beschäftigten dar?

Alle Unternehmen verfügen über breite und spezifische Wissensbestände, die für die erfolgreiche Gegenwart, für die Weiterentwicklung in eine leistungsfähige Zukunft, für einen zunehmend wissensintensiver werdenden Wettbewerb und auch für wirtschaftliche Krisenbewältigung notwendig sind. Nicht alle ausscheidenden Mitarbeiter haben ein umfassendes Fakten- und Fachwissen, aber alle älteren Mitarbeiter haben angesammeltes Zusatzwissen durch Erfahrungen aus langjährigen Anwendungen und kontinuierlichem Lernen. Dadurch sind Beschäftigte selbst Mitproduzenten von betrieblichen Wissensbeständen.

Doch die Wertigkeit von Wissen, Erfahrungen und die persönliche Reife wurden lange gar nicht ausreichend in Unternehmen erkannt und gewürdigt. Auch wenn Wissensmanagement in den letzten Jahrzehnten in vorrangig großen Betrieben mit technokratischen, digitalen Instrumenten hoch aktiv war, gab es oftmals eine Fokussierung und Einschränkung auf eher wenige Mitarbeiter mit Expertenspezialwissen. Das wirtschaftlich attraktive Wissensmanagement orientierte sich dadurch in seinen Entstehungsjahren selten an der gesamten Belegschaft. Es führte dazu, dass sich zahlreiche Mitglieder einer Organisation vom Wissenstransfergeschehen ausgeschlossen fühlten und indirekt zur nicht-wirksamen Wissensgemeinschaft erklärt wurden. Dadurch erhöht sich das Risiko, dass bewährte, routinierte und Erfolg versprechende Fähigkeiten, Fertigkeiten und Erfahrungen von Beschäftigten beim Berufsausstieg dem Betrieb verloren gehen. Die Nachfolgenden finden wenig Anknüpfungspunkte für rasche fundierte Weiteranwendung des gesammelten Erfahrungswissens und für Weiterentwicklung.

Nicht nur für die Organisation ist es ein Risiko, Wissen nicht zu sichern. Auch der ältere betroffene Mitarbeiter selbst kann damit Riskantes erleben: Die sich im Übergang befindlichen Beschäftigten erleben vielfach die geringe betriebliche Aufmerksamkeit für ihr Erfahrungswissen und ihre Kompetenz bei der Leistungserbringung als mangelnde Anerkennung und fehlende Wertschätzung. Dies kann bei Beschäftigten zu einer spannungsreichen Haltung und letztlich fatalen Entwicklung führen: Der so »gekränkte« Mitarbeiter könnte auf seinem Monopolwissen beharren. In diesem Zusammenhang stellt sich eine verdeckte oder auch offen verweigerte Wissensweitergabe als »der letzte Trumpf« im organisationalen Wechselspiel des »Gebens und Nehmens« dar. Aussagen wie »die (Verbleibenden) lasse ich blöd sterben« oder »mein Wissen nehme ich mit ins Grab« verweisen auf eine hohe emotionale Bedeutung von Wissensweitergabe. Diese Reaktionen, in der Psychologie als Reaktanz bezeichnet, sind nachvollziehbar, geht es doch darum, dass Menschen versuchen, ihre Enttäuschung zu kompensieren, indem sie Handlungen setzen, um wieder ein Gefühl der Kontrolle und der Handlungswirksamkeit über eine Situation zu erlangen, in der sie sich ansonsten eingeschränkt fühlten.

Oftmals überwogen in der Vergangenheit diese ungünstigen sozialen Arbeitsumweltbedingungen. Es bewirkte für den Großteil der älteren Mitarbeitenden in der Neuorientierungs- und/oder Ausgleitphase, dass mehr über ihr Alter und mögliche Defizite als über ihr Erfahrungswissen gesprochen wurde. Die schlichte Bezeichnung als »älterer Kollege bzw. Mitarbeiter« überwog. Dies ist oftmals mit einem negativen Altersbild verknüpft, das dieser Lebensphase mehr persönliche Verluste als Gewinne zuschreibt. Es fehlt vielfach die wertschätzende Wahrnehmung und Bezeichnung als »Advanced Professional« bzw. »reifer Berufstätiger«. Dieses betriebliche Verhalten durch Unachtsamkeit und Festigung negativer Zuschreibungen älterer Beschäftigter führt oftmals auch zu einer Übernahme dieser Zuschreibungen durch die Betroffenen selbst. Z. B. wird an der eigenen Lernfähigkeit im Alter gezweifelt und auf die eigenen Kompetenzen wird nicht würdig und ausreichend gesetzt. Im Sinne einer »sich selbst erfüllenden Prophezeiung« werden dadurch die eigene Selbsteinschätzung und der Selbstwert beeinträchtigt. Mit einer beschädigten Selbsteinschätzung gestalten sich jedoch die Zusammenarbeit und der Wissensaustausch in generationenübergreifenden Teams schwierig, da dem eigenen Wissen kein entsprechender Wert beigemessen wird. In weiterer Folge werden die vorhandenen Vorurteile bestärkt und die Negativspirale bleibt in Bewegung.

Wir haben skizziert, dass Erfahrungswissen unternehmens- und menschenbezogen wertvoll ist. Wenn aus Unachtsamkeit, Zeitmangel, geringer Priorität personalpolitischer Strategie oder Unkenntnis des Stellenwerts von Erfahrungswissen kein Transfer stattfindet, so entfaltet dies unterschiedliche Wirkungen. Das folgende Fallbeispiel wirft ein Licht auf die auftauchenden Schwierigkeiten eines wenig beachteten Mitarbeiterwechsels. Wir geben der Geschichte den Titel »Daten-Account, Wissen und Mensch gelöscht!« und deuten damit schon die vielschichtigen Folgen an, von denen nicht nur beteiligte Menschen, sondern auch das Unternehmen belastet sind.

Fallbeispiel: »Daten-Account, Wissen und Mensch gelöscht!«

Mehrere Monate nachdem Frau Huber das Unternehmen – doch nicht ganz in Harmonie – verlassen hat, bekommt sie von dort einen Anruf. Ihre Nachfolgerin ist am Telefon und formuliert umständlich die Bitte um Unterstützung. Was war geschehen, dass die

Nachfolgerin – nun sogar im Verborgenen und mit erheblichem Aufwand – den Kontakt zur Vorgängerin sucht? Frau Huber war mit einem spezifischen Unternehmensprojekt betraut. Sie hat es konzipiert, die Strukturen dafür gelegt und von Anfang bis zum vorläufigen Abschluss durchgeführt. Die Abgabe und Abnahme des Endberichts war dann auch der Zeitpunkt, wo sie mit einem guten Gefühl ihr Engagement in diesem Unternehmen abschloss und guten Gewissens, einen neuen Lebensabschnitt antrat. Alle ihre Informationen, Daten, die Beschreibung der Instrumente sowie die Zwischen- und Endergebnisse waren sowohl physisch in Ordnern als auch digital in ihrem Daten-Account am Unternehmensserver – nach ihrer Meinung – wohl aufbereitet und gespeichert. Im Telefonat mit ihrer Nachfolgerin erfährt sie, dass die Materialien in den Ordnern doch nicht verständlich genug und die elektronischen Daten am Server allesamt und kurzerhand beim Zeitpunkt des Unternehmensaustritts gelöscht wurden. Diese Schilderung löst auch noch nachträglich bei Frau Huber ein unangenehmes Gefühl aus, dass sie selbst und ihr Werk als null und nichtig bewertet wurden. Sie lässt es aber ihre Nachfolgerin nicht merken, denn in diesem Moment überwiegt die nachträgliche Würdigung ihrer Leistung, Kompetenzen und Erfahrung. Und Frau Huber bemerkt, in welch schwierigen Situation sich ihre Nachfolgerin befindet. Sie war betraut mit der Pflege der Projektergebnisse, ohne ihren Entstehungszusammenhang zu kennen. Der Berufseinstieg war für sie alles andere als angenehm und leicht. Die im Projekt installierten Prozesse fanden keine Fortsetzung und gingen wieder verloren. Prüfstellen und Betroffene bemerkten diesen Bruch und richteten Beschwerden an die Nachfolgerin und ihre vorgesetzte Stelle. Es schloss sich ein immenser Mehraufwand an, der dann auch nicht mehr durch nachträgliche Erläuterungen und Hilfestellungen ganz eingeholt werden konnte. Auch dieses Ereignis, dass Frau Huber punktuell zur Beratung kontaktiert wurde, liegt nun schon wieder zwei Jahre zurück. Die Verbindung blieb aufrecht u. a. auch, weil die erste Nachfolgerin nach diesem konflikthaften Einstieg nach 1,5 Jahren wieder die Abteilung verließ. Die nun zweite Nachfolgerin hat von ihrer Vorgängerin den Rat bekommen, doch Frau Huber eher früher denn später zu kontaktieren.

Es zeigt sich: Ältere Beschäftigte haben allein aufgrund der zeitlich längeren Verweil-, Erlebnis- und Verarbeitungszeit im Berufsleben ein größeres Erfahrungswissen. Es kann ihnen im Vergleich zu den Jüngeren in dem jeweiligen Beruf und Unternehmen ein Vorteil sein (Erlach et al., 2013, S. 51 ff.). Obwohl ältere Mitarbeitende z. B. an Schnelligkeit in manchen motorischen Dingen nachlassen – wobei dies individuell unterschiedlich ist –, zeigen beispielhaft Studien mit Fluglotsen und mit Bankmanagern (vgl. Strauch, 2011), dass Ältere mit dem Erfahrungswissen schneller, bewältigungsfähiger und sicherer assoziative Verknüpfungen herstellen können, die sich Anfänger erst Schritt für Schritt aneignen und erarbeiten müssen. So wirkt das Wissen der Älteren wie ein alltagspraktischer Erfahrungsschatz und wie ein Einführungs-/Einarbeitungsfilter, um in der Fülle der verfügbaren Informationen die relevanten Momente zu entdecken (vgl. Spitzer, 2012). Potenziell brauchen Jüngere mehr Zeit für die Erfassung arbeitsrelevanter

Sachlagen. Zusätzlich können Jüngere – auch bei mehr zugestandener Zeit – Gefahr laufen, dass sie innerhalb der großen Fülle die entscheidende Richtung aus dem Auge verlieren und Strukturen nicht mehr klar erkennen. Neben der Filterfunktion des Erfahrungswissens stellt es auch eine Art Fähigkeit für »Erfahrung-Machen« dar. Es kann den Umgang mit Neuem unterstützen; es wird in der Auseinandersetzung mit Neuem erworben und weiterentwickelt (Böhle, 2004). Es verhilft allen Beschäftigten zu breiter Problemlösefähigkeit und in kritischen Situationen zur Problemlösung.

Kurzum und zusammengefasst: In den nächsten 1,5 Jahrzehnten bringt der gebündelte Abgang der Babyboomer-Generation aus dem Erwerbsleben den Betrieben eine große Personalbewegung und bewirkt einen Drehtüreffekt. Das Ausmaß dieses demografischen Wandels der Belegschaften macht den Bedarf nach generationenübergreifenden Wissens- und Erfahrungsaustausch offensichtlicher. Hier keine Verantwortung und Vorsorge zu ergreifen, kann also Risiken für Betrieb und Beschäftigte verursachen. Im Rahmen des betrieblichen Übergangsmanagements wird die Bedeutung von Wissenstransfer und die damit verbundenen Risiken und Chancen bewusst gemacht und gezielt zur Bearbeitung gebracht.

Was sind im Überblick die direkten Risiken des Betriebes und die indirekten Risiken des Mitarbeiters?

Risiken für den Betrieb	Risiken für den einzelnen Mitarbeiter
• Mit einem frühen oder auch regulären Ausstieg von älteren Beschäftigten geht bislang im Betrieb vorhandenes und relevantes Wissen verloren. • Nachfolger oder Mitarbeiter an neuer Arbeitsposition, die Abgänger vorher länger besetzten, erfahren keine schnelle pragmatische, zielgerichtete Einarbeitung. • Intergenerative Zusammenarbeit mit wechselseitigem Austausch von Fachkenntnissen und Praxiserfahrungen wird behindert oder findet nicht produktiv statt. • Auftreten von Kosten durch längere Einarbeitungszeiten und höherer Wahrscheinlichkeit für anfängliche Fehler und Doppelarbeit durch mangelnde Vorsorge und Wissensweitergabe. • Unaufmerksamkeit und geringe Wertschätzungssignale verringern bei der gesamten Wissensgemeinschaft Zufriedenheitsquellen bei der Arbeit und Bindungspotenzial mit dem Unternehmen.	• Unternehmensbindung verringert sich. • Negative Auswirkungen auf das Selbstwerterleben werden erlebt. • Arbeitszufriedenheit schmälert sich. • Arbeitsbewältigungsfähigkeit sinkt. • Konfliktpotenzial und intergenerative Spannungen werden mehr erlebt und empfunden.

Tab. 4: Überblick der Risiken des Betriebs und des Mitarbeiters

1.4 Gesundheit, Arbeits- und Leistungsfähigkeit älterer Beschäftigter

Fragen zum Einstieg

1. Welchen Einfluss haben Arbeitsbedingungen auf die Arbeits- und Leistungsfähigkeit in den Lebensphasenübergängen?
2. Mit welchen Themen hat sich die Personalwirtschaft in demografie-turbulenten Zeiten zu beschäftigen? Was geschieht, wenn nicht?

Krankheiten befallen den Menschen immer dann,
wenn er mit Veränderungen konfrontiert wird.
Herodot, griechischer Geschichtsschreiber (5. Jh. v.Chr.)

Der demografische Wandel trifft die Unternehmen und könnte sie risikoreich verändern. Das kann Personalengpass nach Pensionierung/Verrentung vieler Mitarbeiter und zu geringe Personalrekrutierung sein, was Produktivitätserschwernisse mit sich bringt. Diese Voraussetzungen haben Betriebe kurzfristig zu innovativen arbeitsmarkt- und personalpolitischen Entscheidungen und Handlungen wie Aufnahme von Migranten und Frauen wie auch potenzielle Akzeptanz gegenüber verlängerter Beschäftigung älterer Mitarbeitenden geführt.

Die Volkswirtschaft befürchtet ebenfalls ein Risiko: Das Verhältnis der weniger werdenden Beitragszahlenden zu den mehr werdenden Pensions-/Rentenempfängern könnte zu einem massiven Ungleichgewicht bzw. zu einem Kollaps im Sozial- und Alterssicherungssystem führen. So sind schon Anpassungen der Pensionsauszahlungsmodelle wie die Änderung der Pensionsantrittsvoraussetzungen und insbesondere die Hinaufsetzung des regulären Pension-/Renteneintrittsalters erfolgt. Als Begründungen werden nicht nur die Vermeidung von Risiken, sondern auch die empirischen positiven Entwicklungen der Bevölkerung zu längerer Gesundheit und damit deutlich gestiegener Lebenserwartung angeführt.

Damit gewinnen Arbeits- und Leistungsfähigkeit der älteren Beschäftigten breite Aufmerksamkeit. Die Hoffnung der Volkswirtschaft ist groß, dass die Beschäftigungsdauer durch einen vorrangig verbesserten Alterungsprozess länger wird. Für Unternehmen ergibt sich daraus entweder die Erwartung oder die Verpflichtung, Ältere länger zu beschäftigen.

Auch wenn das bisher Angeführte dazu verleiten könnte, sind Arbeits- und Leistungsfähigkeit keine ausschließlich personenbezogenen Eigenschaften des Menschen. Die statistisch dokumentierte höhere Gesundheits- und Lebenserwartung bewirkt nicht automatisch eine bessere Arbeitsbewältigung und macht Beschäftigte nicht von alleine produktiver und leistungsfähiger. Arbeitsbewältigung und Leistungserbringung hängen nicht nur von der Kondition und der Fähigkeit der Person ab, sondern auch von den Anforderungen der Arbeitsbedingungen. Das zeigte sich auffällig in der zweiten Hälfte des 20. Jahrhunderts: Hier erhöhte sich signifikant die durchschnittliche Lebenserwartung um ca. ein Drittel. Als ein wesentlicher Faktor dazu wird die Veränderung der Arbeitszeiten angenommen: Bis Ende der 1950er-Jahren galten in zahlreichen europäischen Ländern noch lange Arbeitswochen mit 60 und 48 Stunden und knappe Jahresurlaube von bis zu 12 Tagen (Lehr, 2003, S. 44). Es folgten branchenspezifische Arbeitszeitverkürzungen auf ca. 40 Stunden und Urlaubsansprüche von 20 bis 30 Werktagen.

Diese Entwicklungen bewirkten volkswirtschaftliche und wohlfahrtsstaatliche Anpassungen: Die positive Entwicklung der Lebenserwartung der Bevölkerung verlangt Reformen des Alterssicherungssystems durch Verlängerung des Erwerbslebens. Die Angebote zur Frühpensionierung endeten in den späten 1980er-Jahren. Zu Beginn des 21. Jahrhunderts fanden Pensionssicherungsreformen in verschiedenen Ländern durch Verlängerung des Erwerbslebens statt. Das reguläre Pensionseintrittsalter erfuhr in Österreich eine Festlegung auf das 65. Lebensjahr der Männer und für die Frauen beginnt diese Anpassung ab 2024 in mehreren Umsetzungsschritten bis 2033. In Deutschland wird das reguläre Renteneintrittsalter bis 2029 für beide Geschlechter auf das 67. Lebensjahr angehoben. Ebenso wird die Angleichung des Pensionsantrittsalters in der Schweiz für Männer und Frauen an das 65. Lebensjahr erfolgen.

Wieder stellt sich die Frage, ob die festgestellte höhere Lebenserwartung und die politisch ausgedehnte Berufstätigkeitsdauer eine Beständigkeit guter Arbeits- und Leistungskapazitäten automatisch mit sich bringen könnte. Eine Antwort ist, dass die angesprochenen positiven Entwicklungen auch mögliche Schattenseiten beinhalten. Denn ein verlängertes Erwerbsleben kann gewandelte Gesundheits- und damit Arbeits- und Leistungskapazitäten zutage bringen, und wirkt v.a. auf die Motivation, bis zum gesetzlich vorgesehenen Renteneintrittsalter erwerbstätig sein zu wollen. Nur 9 % der Befragten im Rahmen der lidA-Studie (Hasselhorn et al., 2019) wollen bis zum Regelrenteneintrittsalter arbeiten. Über die Hälfte der Befragten will so früh wie möglich aus dem Erwerbsleben ausscheiden. Arbeiten bis 65 zeigt sich in Deutschland bislang als Ausnahmeerscheinung. So gingen 2018 in Deutschland 18,4 % aller 64-Jährigen einer sozialversicherungspflichtigen Beschäftigung nach. Die Datenlage in Österreich liefert ein ähnliches Bild, jedoch unter anderen gesetzlichen Vorzeichen für den Pensionsantritt, indem im Jahr 2020 in der Altersgruppe der 55–64-Jährigen nur 16 % erwerbstätig waren.[13]

Die ausgewählten Fehlzeiten- und Gesundheitsreporte 2020 bzw. 2021 zeigen, dass ältere Beschäftigte nicht öfter, aber länger krank sind als jüngere. Die Krankenstandsquoten nach dem Lebenszyklus der Erwerbstätigen zeichnen ein »leichtes U-Muster« (Leoni et al., 2020, S. 21 f.): Während der Einstiegsphase des Erwerbslebens fallen die Altersgruppen bis 19 Jahre und der 20- bis 24-Jährigen mit überdurchschnittlich vielen Krankheitsvorfällen auf. Sie können vorrangig mit beruflichen Belastungen und gesundheitsschädigenden Verhaltensweisen wie risikofreudiges Verhalten im Verkehr oder beim Sport zusammenhängen. Auch wenn ihre Krankenstandsdauer deutlich kürzer als bei anderen Altersgruppen ist, erweist sich die Kran-

13 Siehe Statistik Austria, https://www.statistik.at/web_de/static/erwerbstaetige_nach_alter_und_geschlecht_seit_1994_062875.pdf Abrufdatum: 20.05.2021.

kenstandsquote der jüngeren Erwerbstätigen relativ hoch. Die 25- bis 44-Jährigen haben die niedrigsten Krankenstandsquoten. Ab dem 45. Lebensjahr steigt die Quote leicht und noch unter dem Gesamtdurchschnitt liegend an. Aktuell beträgt derzeit in Österreich die Krankenstandsquote aller Erwerbstätigen 3,6 % und beschreibt damit den krankenstandsbezogenen Anteil an der Arbeitszeit. Erst ab 50 Jahren steigt nur die Summe der Krankenstandstage und damit die Krankenstandsquote stärker an. Bei Beschäftigten zwischen 60 und 64 Jahren wird die höchste Krankenstandsquote von 7,4 % erreicht.[14] Diese Krankenstandsdaten zeigen, dass mit zunehmendem Alter die Wahrscheinlichkeit von gesundheitlichen Problemen und Einschränkungen steigt. Gleichzeitig sind diese Zahlen aktuell günstiger als in den 1980er-Jahren. Seit damals dürfte der Fokus auf Gestaltung äußerer Einflussfaktoren für Gesundheitsentwicklung und indirekt auch für Steigerung der Lebenserwartung wirksam geworden sein – möglicherweise noch nicht ausreichend genug.

Die beschriebenen Krankenstandsquoten entlang dem Lebenszyklus von Erwerbstätigen ist eine Auffälligkeit und kann zu betrieblicher und persönlicher Aufmerksamkeit veranlassen. Die Fehlzeitenreporte geben aber weitere Einblicke über Zusammenhänge. Die Krankenstandsquoten stehen nicht nur in Zusammenhang mit dem Älterwerden, sondern z. B. mit äußeren Einflussfaktoren wie der beruflichen Stellung oder der Branchentätigkeit. Die krankheitsbedingten Fehlzeiten sind bei Arbeitern deutlich höher als bei Angestellten. Mehrere Betrachtungsperioden zeigen, dass die Krankenstandsquote der Arbeiter etwa 2–3 Prozentpunkte höher als jene der Angestellten ist. Dies ist nicht nur in Österreich, sondern auch in Deutschland der Fall. Dafür werden Erklärungsgründe angeführt (Leoni, 2020, S. 30 f.):

- Das gleiche Krankheitsbild kann je nach beruflichen Anforderungen in einem Fall zu einer ggf. längeren Arbeitsunfähigkeit führen, in einem anderen nicht. Bei (schweren) körperlichen Tätigkeiten und keinen oder nur geringen ergonomischen Anpassungsmöglichkeiten können gesundheitliche Beeinträchtigungen eher Arbeitsunfähigkeit verursachen als etwa im Falle von Bürotätigkeiten oder bei anschließend ergonomisch angepassten Arbeitsbedingungen (vgl. Badura et al., 2008). Äußere Faktoren können nicht nur im Anlassfall einer Beeinträchtigung einen Einfluss auf Wiederherstellung von Arbeitsbewältigungsfähigkeit haben. Allgemein und über einer längeren Zeit können Tätigkeiten mit unangepassten körperlichen Anstrengungen im späten Erwerbsleben die Arbeits- und Leistungsfähigkeit verunmöglicht oder verringert haben. Im Vergleich bringen Berufe mit vorrangig kognitiven Arbeitsanforderungen längere Gesundheit, höhere Lebenserwartung und damit Arbeits- und Leistungskapazitäten – unabhängig vom kalendarischen Alter.
- Neben der unterschiedlichen Form und dem unterschiedlichen Ausmaß der Arbeitsbelastungen tragen auch verschiedene Gesundheitsverhalten der Beschäftigten ein unterschiedlich ausgeprägtes Erkrankungs- und Arbeitsunfähigkeitsrisiko in sich. Die Fehlzeitenstatistik findet dazu Auffälligkeiten je nach Tätigkeit, Bildung, Beruf und Branche.

14 Im Vergleich liegt die durchschnittliche Krankenstandsquote aller Beschäftigten bei 3,6 % im Jahr 2019. Diese Muster findet man mit leichten Werteabweichungen auch in Deutschland, wo die durchschnittliche Krankenstandsquote mit 4,3 % im Jahr 2020 zu Buche schlägt.

- Bei der Ausformung motivationsbedingter Fehlzeiten finden sich weniger Altersgruppenunterschiede als berufliche Statusunterschiede. Der höhere berufliche Status von Angestellten beeinflusst die tendenziell niedrigere Krankenstandsquote gemeinsam mit der Zuschreibung von Verantwortung und Verfügbarkeit von Handlungsspielraum bei der Arbeit (Badura et al., 2008).
- Die höchsten Krankenstandsquoten werden in der Branche der Erbringung wirtschaftlicher Dienstleistungen verzeichnet (4,6 %), der einen hohen Anteil an niedrig qualifizierten Berufen umfasst (Leoni, 2020, S. 33 f.). Die zweithöchste Quote findet sich in der Branche Gesundheits- und Sozialwesen (4,3 %). Auch Verkehr und Lagerei sowie die Wasserwirtschaft liegen mit einer Quote von 4,2 % deutlich über dem gesamtwirtschaftlichen Durchschnitt von 3,6 % im Jahr 2019 in Österreich. Ein ähnliches Bild findet sich in Deutschland: Banken und Versicherungen haben die geringsten Krankenstandsquoten, während Energie- und Wasserwirtschaft, öffentliche Verwaltung sowie verarbeitendes Gewerbe die höchsten Fehlzeiten mit sich bringen.

Arbeitsbewältigung und Leistungserbringung entstehen also aus dem Zusammenspiel einer Vielzahl an Einflussfaktoren sowohl aus personen- als auch betriebsbezogenen Quellen. Personennahe Ursprünge sind Kompetenzen, Einstellungen, Einsatzbereitschaft, physische/psychische Kräfte. Arbeitsbedingungen, Arbeitsaufgabe, Arbeitsorganisation, Arbeitsmittel und Arbeitszeit genauso wie Arbeitsbeziehungen zwischen Kollegen und zwischen Führung und Mitarbeiter sind betriebsnahen Ursprungs und nehmen ebenso Einfluss auf persönliche Gesundheits- und Gesundungskapazitäten und auf die Erreichung des Lebensziels, Arbeit zu bewältigen und Leistung zu erbringen.

Dieses Zusammenspiel ist empirisch belegt und wird schon länger in der Personalarbeit zur Entwicklung der Mitarbeiter in den frühen und mittleren Erwerbslebensphasen zur Kenntnis und in Anwendung genommen (z. B. wie Mentorenbegleitung der Neuen bis zu Karriereangeboten für die gereiften Beschäftigten im mittleren Erwerbsleben). Unkenntnis über diese Zusammenhänge und einfache Erklärungen darüber führten in der Vergangenheit jedoch immer wieder dazu, dass älteren Beschäftigte ihre gewandelte Leistungsfähigkeit vorrangig als persönliche Unzulänglichkeit vermittelt wurde. Dadurch wurde nicht nur ein gezieltes altersgerechtes Gestalten der Arbeitsbedingungen verhindert, sondern Beschäftigte begannen bei sich zu prüfen,

- ob sie sich noch am »richtigen« (Arbeits-)Platz befinden,
- wo sie die Jahre sinnvoll bis zum nächsten Lebensabschnitt (Ausstieg aus Beruf/Einstieg in Pension/Rente) ausführen können,
- welche Möglichkeiten vorhanden sind, um vorzeitig die Erwerbstätigkeit zu beenden und damit einer drohenden Arbeitsbewältigungskrise zu entgehen.

Das Risiko, das gesetzliche Pensions-/Rentenantrittsalter nicht gesund zu erreichen, ist vor allem in bestimmten Branchen erhöht. In Arbeitsbewältigungskrisen sind längere krankheitsbedingte Fehlzeiten ein massiver psychischer Belastungsfaktor, der oftmals gekoppelt ist mit der

Angst um Arbeitsplatzverlust oder mit der Sorge, ob die Arbeitsanforderungen künftig wieder bewältigt werden können. Eine Entlastungsfunktion für Beschäftigte stellt dabei die systematische Wiedereingliederung in den Arbeitsprozess nach längerer Krankheit dar. Im Rahmen des betrieblichen Eingliederungsmanagements, welches vorwiegend in größeren Unternehmen etabliert ist und in den europäischen Ländern unter unterschiedlichen gesetzlichen Rahmenbedingungen durchgeführt wird, können gezielt kurative und präventive Maßnahmen zur Stabilisierung, Förderung und Wiederherstellung von Arbeitsfähigkeit entwickelt und umgesetzt werden. Die nationalen Gesundheitspolitiken für den Arbeitsmarkt sind trotz gemeinsamer europäischer Leitlinien zum Teil sehr unterschiedlich organisiert und zahlreiche Institutionen werden im Krankheitsfall aktiv, die jedoch oft nur im Ansatz bzw. gar nicht verschränkt sind. Dies erhöht das Risiko einer weniger erfolgreichen Wiedereingliederung. Genauso ist die Kenntnis der diesbezüglichen landesspezifischen Unterstützungsrechte und ihre Anwendung notwendig für Wirksamkeit: In Österreich ist dies die Wiedereingliederungs-Teilzeit (WIETZ) und in Deutschland das betriebliche Eingliederungsmanagement (BEM).

Spätes Erwerbsleben kann also ein sensibler Übergang werden, weil es übermäßige Beanspruchung und keine anpassungsfähige Arbeitsgestaltung oder keine entsprechende begleitende Personalarbeit gibt. Das kann das Arbeitserleben und die Arbeitsbewältigung der Beschäftigten beeinträchtigen und zu innerer Kündigung, hohem Belastungsniveau mit Auswirkungen auf Leistungskapazitäten, Wohlbefinden, Zufriedenheit und Gesundheit der Beschäftigten, Krankheitsbegünstigung und frühem Berufsausstieg führen.

Die mitunter noch verbreitete Annahme, dass Altern und eine damit eingeschränkte Arbeits- und Leistungsfähigkeit nur einen personenbezogenen defizitären Alterungsprozess darstellt, ist auch im Zusammenhang mit den wirtschaftlichen und betrieblichen Entwicklungsverläufen zu sehen. In Zeiten betriebswirtschaftlich motivierter Restrukturierungsvorhaben wurde ein Teil von Beschäftigten im Wirtschaftsleben einfach nicht benötigt. Ältere und dadurch »teurere« Beschäftigte wurden oftmals aus Kostengründen entlassen, nur mehr unter bestimmten Voraussetzungen eine Weiterbeschäftigung ermöglicht oder durch entsprechende geschaffene Pensionsanspruchsmodelle eine Alternative zur Erwerbstätigkeit eröffnet. Die Äußerung und das Erleben, dass man als Person nicht gebraucht wird, empfinden viele Menschen als eine massive persönliche Kränkung. Es behindert Beschäftigungsfähigkeit und -chancen älterer Erwerbstätiger. Es zeigt sich auch darin, dass ältere Beschäftigte bei ihren Lebensphasenübergängen nicht begleitet wurden.

Fallbeispiel: »Kleiner Handwerksbetrieb merkt die Folgen anhaltender Arbeitsbelastungen«

Herr Günter, 52, gelernter Dachdecker und Spengler ist seit 20 Jahren im 15-köpfigen Team im Familienbetrieb einer Dachdeckerei beschäftigt. Das Unternehmen hat sich gut entwickelt, die Auftragslage ist sehr gut. Doch jetzt kommt es auch dazu, dass Aufträge nicht angenommen werden können und Kunden abgewiesen werden müssen, da es an Fachpersonal fehlt. Günter schätzt seine Tätigkeit, das Arbeiten im Freien, das familiäre Betriebsklima und das in ihn gesetzte Vertrauen. In der Vergangenheit hat er einige Jobangebote von Konkurrenzbetrieben abgelehnt. Günter fühlt sich im Großen und Ganzen gesund und leistungsfähig. Jedoch seit mehreren Jahren hat er zunehmend Knie- und Hüftbeschwerden, die ihn immer wieder auch bei der Arbeitsausführung beeinträchtigen. Er ist öfter gezwungen, Pausen einzulegen bzw. er organisiert sich Arbeiten, die nicht kniend zu erledigen sind. Die Veränderungen beschäftigen ihn, da ihn jüngere Kollegen schon ein paar Mal darauf angesprochen haben. Er führt seine Beschwerden auf die seit seinem 15. Lebensjahr andauernden körperlichen Belastungen zurück. Vorwiegend das oftmalige Knien und gebücktes Arbeiten sieht er dafür verantwortlich. Günter kann sich nicht vorstellen, dass er bis zur Pension seine Arbeit, wie sie jetzt ist, ausführen kann. Mittlerweile hat er auch die langjährigen in seiner Freizeit durchgeführten »Pfuscharbeiten« beendet, da er längere Erholungszeiten benötigt. Im Rahmen eines Mitarbeitergespräches mit dem Junior-Chef Herrn L. formuliert Günter den Wunsch nach einem Tätigkeitswechsel: Sein Wunsch ist, in der Werkstätte oder für das Lager zuständig zu sein. Herr L. hört sein Anliegen und teilt ihm mit, dass er gerade vor zwei Wochen einem anderen älteren Mitarbeiter eine Stelle in der Werkstätte zugesichert hat und er sein Versprechen einhalten werde. Aus diesem Grund kann er ihm keine Zusage machen. Er verstehe sein Anliegen, aber er könne ihm jetzt nicht helfen. Herr L. versicherte ihm, dass er ihn, sofern verfügbar, leichtere Baustellen zuteilen werde. Günter sagt ihm auch, dass er überlege, den Job zu wechseln bzw. einen Kuraufenthalt ins Auge fasse. Herr L. fühlt sich dadurch unter Druck gesetzt und eine Lösung konnte im Gespräch nicht erreicht werden. Günter fasst die Stellenausschreibung eines größeren Metallproduktionsunternehmens ins Auge und entscheidet nach einigen Überlegungen mit seiner Frau, seinen Beruf als Dachdecker und Spengler aufzugeben und als Produktionsmitarbeiter in der Serienfertigung im Zweischichtbetrieb zu beginnen. Die Kollegen von Günter sind von seiner Beendigung der Tätigkeit wenig überrascht und eine Diskussion über Arbeitsbelastungen wird kurz geführt. Für eine intensivere Auseinandersetzung ist keine Zeit mehr vorhanden, da die Aufträge warten.

Kurzum und zusammengefasst: Aufgrund der demografischen Entwicklung und einer längeren Beschäftigungsdauer gewinnt die Arbeits- und Leistungsfähigkeit von älteren Beschäftigten zunehmend an volkswirtschaftlicher und betrieblicher Bedeutung. Oftmals vorherrschende defizitäre Altersbilder und wirtschaftliche Rahmenbedingungen, in denen ältere Beschäftigte vielfach vom Arbeitsmarkt ausgeschlossen wurden, begünstigten in der Vergangenheit eine mangelnde Berücksichtigung und Anpassung der Arbeitsbedingungen an die Bedürfnisse älterer Beschäftigter. Dies stellt für Unternehmen und Beschäftigte ein Risiko dar, welches aktuell erst zum Teil im betrieblichen Alltag erkannt und berücksichtigt wird.

Was sind im Überblick die Risiken des Mitarbeiters und des Betriebes?

Risiken für den Betrieb	Risiken für den einzelnen Mitarbeiter
• Missinterpretationen der Krankensstandsquoten 50plus-jährigen Mitarbeiter, indem individuelle Faktoren für Fehlzeiten in den Vordergrund gerückt werden • Höherer Aufwand für Krankenstandsvertretungen von älteren Beschäftigten, obwohl ältere Beschäftigte weniger oft krankheitsfallbedingt fehlen • Personalwirtschaftliche Fehlzeiten- oder Invaliditätsfolgen bei fehlenden Wiedereingliederungsmaßnahmen • Fehlende Arbeitsgestaltung fördert Verschleiß von Gesundheit, Arbeits- und Leistungsfähigkeit • Personalfluktuation • Geringere Arbeitgeberattraktivität	• Erkrankungsrisiko • Beeinträchtigung von Wohlbefinden • Geringe bis wenig Wiederherstellungschancen nach Arbeitsunfähigkeit • Dequalifikation nach erzwungenem Tätigkeitswechsel

Tab. 5: Überblick der Risiken des Betriebs und des Mitarbeiters

1.5 Warum braucht es Übergangsmanagement im demografischen Wandel?

Die Veränderungen sind nicht das Problem.
Bridges & Bridges, 2018

Nach dem bisher Diskutierten drängen sich die Fragen auf,

- ob demografischer Wandel und Übergänge überhaupt gemanagt werden können und
- warum es ein betriebliches Übergangsmanagement im demografischen Wandel und im Lebenszyklus der Beschäftigten benötigt?

Sowohl der reguläre Wandel im Lebenslauf jeder Einzelperson als auch die anlassbezogenen Veränderungen des gesellschaftlichen Zusammenwirkens und der Zusammenarbeit in Betrieben stehen aktuell unter dem Einfluss des spektakulären demografischen Wandels. Grundsätzlich stellen diese Wandel- bzw. Veränderungsprozesse kontinuierliche, natur- wie sozialgemäße Evolutionsprozesse dar. Sie verlangen von allen damit betroffenen und darin beteiligten Personen Umgangsweisen, sich mit Änderungen zurechtzufinden, sie zu bewältigen bis hin sich damit zu entwickeln. Die individuellen und betrieblichen Umgangsweisen entscheiden darüber, ob und in welchem Ausmaß (vermeidbare) Risiken Wirklichkeit werden und ungünstige Folgen auftreten oder das Potenzial von (künftigen) Möglichkeiten erkannt und genutzt werden. Wandel bzw. Veränderung bringt immer eine Phase des Übergangs mit sich, wo Vorhergehendes von Nachfolgendem abgelöst wird. Wenn wir hier für betriebliches Übergangsmanagement sowie für Selbstmanagement in Übergängen plädieren, dann betonen wir und schließen uns der Unterscheidung von »Veränderung« und »Übergang« (Bridges & Bridges, 2018, S. 3 ff.) an.

Der Übergang ist eine Phase der Umstellung zwischen

- dem Zustand vor einer Veränderung und
- dem Zustand nach einer Veränderung.

Sich im Übergang zu befinden, heißt demzufolge, einen Prozess des Wechsels zwischen Zuständen und Welten zu erleben und sich in einem »Raum des Dazwischen« (Merleau-Ponty, 1966, S. 285) wiederzufinden, der weder der einen noch der anderen Seite zugeordnet werden kann. Man befindet sich zwischen zwei Welten. Dabei wird auch die widersprüchliche Funktion des Zustandes »Übergang« sichtbar: »etwas zu trennen bzw. auch zu verbinden« (Saeverin, 2003, S. 137).

Bei persönlicher oder organisationaler Aufmerksamkeit für Veränderungsprozesse konzentriert man sich meist nicht so sehr auf das »Dazwischenliegende«, sondern auf das (mögliche und vorweggenommene) Ergebnis dieses Prozesses und wie es in Zukunft sein soll. Ebenso ist oftmals die Erwartung damit verknüpft, dass ein punktuelles Umschalten vom vorherigen zu einem anderen Zustand erfolgen soll und muss, da vielleicht nicht ausreichend Zeit oder Bereitschaft vorhanden ist oder man sich nicht in (zusätzlichen) unsicheren emotionalen Zonen aufhalten will. Dabei wohnt aufgrund der Prozess- und Ergebnisoffenheit dieses Geschehens den Übergängen immer ein Spannungserleben inne, welches sich in verschiedenste Richtungen orientieren kann. So sind emotionale, gedankliche und körperliche Zustände wie Angst, Zweifel, Ärger, Erschöpfung, Gedankenkreisen, Trauer, Herbeisehnen von Vergangenem und Künftigem, Hoffnung, Zuversicht usw. treue und immer wieder aufs Neue auftauchende Begleiter in Übergängen – sowohl bei betroffenen Beschäftigten als auch bei tangierten Führungsverantwortlichen und Arbeitgebern. Dieses »gleichzeitige Beschäftigt- und Innerlich-Tätigsein« ist vielfach mit einem hohen Energieaufwand verbunden und erfordert dadurch auch immer wieder ein Innehalten und Pausieren, ein Nachdenken und ein Finden wie Umsetzen geeigneter Umgangsweisen bzw. Strategien.

Das Wechseln von einer Ebene auf eine andere bzw. von einem Zustand in einen anderen leitet sich aus dem lateinischen »transire = hinübergehen« ab und meint damit, dass eine Schwelle bzw. eine Brücke überschritten wird, die je nach innerer und äußerer Beschaffenheit Zeit benötigt und aus zahlreichen Übergangsschritten besteht. Dies erfordert ein aufmerksames, überlegtes, Bedürfnisse berücksichtigendes und proaktives Überqueren einer Übergangsbrücke durch Beschäftigte und im betrieblichen Umfeld Beteiligte. Dabei kann das Tempo nicht willkürlich bestimmt werden, sondern hängt von den jeweiligen individuellen und organisationalen Voraussetzungen ab.

Erst wenn die Schwelle überschritten ist, wie der Rollenwechsel am Tag des Pensions-/Rentenantritts oder der Übergabe der vorherigen beruflichen Funktion, ändern sich die Zustände, Reaktions- und Erlebensmuster und es wird deutlich spür- und erkennbar, dass man sich mitunter auch lange in einer Übergangszone befunden hat. Begünstigend wirkt bei der Transition jedoch eine Angst mindernde, stärkende und Mut machende Atmosphäre. Fehlt hingegen diese und auch die Wahrnehmung und Beachtung sowie der bewusste Umgang mit dem anstehenden oder stattfindenden Übergang, dann sind Ergebnisse zu erwarten, die ungünstige, negative, risikoreiche Auswirkungen für Mensch und Organisation, spontan bis lange Zeit wirkend mit sich bringen.

Übergänge sind im Allgemeinen in der Lebens- und Arbeitsbiografie gewissermaßen abseh- und planbar. Die einem Übergang vorausgehenden inneren Prozesse sind im Gegensatz dazu oftmals nicht immer ein eindeutig wahrnehm-, zuorden- und markierbares Geschehen. Obwohl das ganze Leben als Reihe von Übergängen und Schwellenzuständen bezeichnet werden kann, ist es wichtig, eindeutig erkennbare arbeitsbiografische Veränderungen, wie die von uns fokussierten Übergänge und die damit verbundenen Veränderungsprozesse in der späten Berufsphase, verstärkt zu beachten.

Bewusstes Gestalten von Übergängen durch Rituale im sozialen, gesellschaftlichen und insbesondere auch im arbeitsbezogenen Bezugsrahmen helfen die individuellen, sozialen und zeitlichen Veränderungsprozesse zu bewältigen. Sie erleichtern, den Übergang zu meistern, und sind für den betreffenden Menschen wie auch für das soziale Umfeld von großer Wichtigkeit und stärken die psychische Stabilität und reduzieren Verunsicherung bei allen Beteiligten. Übergangsmanagement bietet durch das gezielte Thematisieren, Bewusstmachen und Bearbeiten einen Rahmen und liefert entsprechende Impulse. Erfolgreicher Umgang mit Übergängen bringt fortlaufende Entwicklung, wieder Erneuerung und Potenzial für produktives Leben und zukunftsfähiges Unternehmen. Übergänge eröffnen demnach Chancen für den Einzelnen, für die Gesellschaft und für das Unternehmen.

Uns ist bewusst, dass individuelle und organisationale Übergangsprozesse ein hochkomplexes Geschehen darstellen, in dem viele Faktoren zusammenspielen, ständig im Fluss und nicht umfassend bekannt und planbar sind. Was jedoch bekannt ist, sind Erkenntnisse aus der betrieblichen Praxis, Arbeitsforschung und anderen Disziplinen, die sich mit den Wechselwirkungen von Arbeit, Gesundheit und Leistungsvermögen beschäftigen, und die dazu aufrufen, auch in der späten Berufsphase Aufmerksamkeit auf die Bedürfnislagen von Menschen, die sich in Veränderungsprozessen befinden, zu lenken. Damit verbundene Herausforderungen für Betroffene und Beteiligte befriedigend oder zumindest leichter zu bewältigen, ist das übergeordnete Ziel des Managens von betrieblichen Übergangsprozessen. Von diesen Überlegungen ausgehend nehmen wir eine offene und flexible Haltung gegenüber dem Übergangsgeschehen und dem Begriff des »Managen« ein. In unserem deutschsprachigen Verständnis wird der Begriff Management meist im Zusammenhang mit betriebswirtschaftlichen Vorgängen verwendet, um Organisationen zu lenken und zu leiten. »To manage« bedeutet im Englischen »neben geschäftlichen und führungsbezogenen Aufgaben auch, dass ein Vorhaben gelingt, dass man ein Werkzeug beherrscht und/oder sich geschickt bei der Bewältigung einer schwierigen Herausforderung anstellt« (Reinmann, 2008, S. 12). Wenn also vom betrieblichen Übergangsmanagement die Rede ist, dann sind damit zwei Aspekte gemeint:

- zum einen soll, je nach individuellem Bedürfnis und individueller Entscheidung, die persönliche Bewältigung der Übergangsprozesse unterstützt werden und
- zum anderen sollen die vielfältigen betrieblichen Herausforderungen, die sich im Zusammenhang mit dem demografischen Wandel im späten Berufsleben der Arbeitenden ergeben, von den handelnden Akteuren für effektive, effiziente und Chancen eröffnende Veränderungen bewusst wahrgenommen und zum gemeinsamen Nutzen gestaltet werden.

Wirkungsvolle Zugänge und Umgangsweisen für das Gestalten und Begleiten später Berufsphasen stellen wir im nächsten Kapitel vor. Dadurch sollen Übergänge und Veränderungsprozesse für Betroffene und Beteiligte handhabbarer werden als wie bisher.

2 Chancen für Menschen und Betriebe durch betriebliches Übergangsmanagement

... und jedem Anfang wohnt ein Zauber inne,
der uns beschützt und der uns hilft, zu leben ...
Hermann Hesse (1877 – 1962)

Die vorangegangenen Überlegungen lassen eine notwendige Strategie, das »Betriebliche Übergangsmanagement«, entstehen. Eine Strategie ist ein genauer Plan für ein Verhalten auf individueller wie organisationaler Ebene, um Ziele zu erreichen. In der Zeit des markanten demografischen Wandels soll diese Strategie dazu beitragen, dass Menschen als Betroffene und als Unternehmensverantwortliche, gemeinsam Chancen und Nutzen erreichen und Hindernisse und Risiken vermeiden. Dies geschieht insbesondere durch ...

- Erhaltung der Arbeitsbewältigungsfähigkeit für produktiven und befriedigenden Verbleib im regulär vorgesehenen und gewünschten Erwerbsleben mit Arbeitsgestaltung und Kapazitätsstärkung,
- Sicherung betriebsrelevanten Wissens mit wertschätzendem und wertschöpfendem Transfer zwischen wechselnden Mitarbeitern und
- Begleitung und Ermutigung von Menschen, sich im Übergang vom späteren Berufsleben in das Pensions-/Rentenleben zu rüsten.

Mit einem betrieblichen Übergangsmanagement können dafür Impulse gesetzt und Handlungs- und Entwicklungsräume geöffnet werden. Dazu braucht es gezielte Aufmerksamkeit, vorurteilsfreie Haltung, einen betrieblichen Auftrag und Kompetenzen für die Handlungsschritte des betrieblichen Übergangsmanagements. Damit sind Unternehmer, Topmanagement, alle Führungsverantwortlichen und insbesondere das Personalmanagement in der Lage, im eigenen sowie im Interesse der Beschäftigten mit den Mitarbeitern, dem Unternehmen und den damit verbundenen Entwicklungsnotwendigkeiten – auch in herausfordernden Zeiten – vorausschauend und nachhaltig umzugehen.

Verschiedene Ansätze der Personal- und Organisationsentwicklung wie »Age-Management, Aging workforce, alter(n)sgerechtes lebensphasenorientiertes Arbeiten, demografierobuste Unternehmen u. a.m.« zeigen, dass in unterschiedlichsten (jedoch meist größeren) Organisationen schon entsprechende Erfahrungen gesammelt werden konnten. Gleichzeitig ist noch großer Entwicklungs- und Handlungsbedarf vorhanden. Es braucht noch mehr alltagspraktisches und -taugliches Herangehen für Unternehmen und Organisation mit unterschiedlichsten Belegschaftsgrößen. Die oben erwähnten Ansätze, um den demografischen Wandel zu begleiten und zu gestalten, sind äußerst wertvolle und wirksame Zugänge. Eine fokussierte Bearbeitung der Übergangsdynamik in den späteren Berufsphasen steht jedoch bislang noch am Beginn. Eine nachhaltige Betrachtung, Beachtung und Gestaltung der späteren Berufsphasen und auch der daran anschließenden nächsten Lebens- und Tätigkeitsphase ist notwendig. Nämlich, um vorausschauend den zukünftigen Personalbedarf, die erforderlichen Kompetenzen, die Beschäftigungsmotivation und das notwendige Wissen in der Organisation im Blick zu haben.

Wir sind uns bewusst, dass der demografische Wandel nur eines von mehreren Themen – wie Digitalisierung, Kostendruck, Agilität, Flexibilisierung, Fachkräftemangel u.v.a.m. – ist, die in Organisationen derzeit anstehen.

Betriebliches Übergangsmanagement verschafft Personalverantwortlichen Zugang, Auftrag und entsprechendes Werkzeug zur Mitarbeiterführung und Personalarbeit, um die mit dem Übergang in die Pension/Rente zusammenhängenden Themen strukturiert zu betrachten, Ziele zu formulieren und Umsetzungsschritte zu setzen. Besonders in alternden Belegschaften ist betriebliches Übergangsmanagement ein wichtiger Beitrag zu einer nachhaltigen, verantwortungsvollen und erfolgreichen Personalwirtschaft.

2.1 Die Merkmale des betrieblichen Übergangsmanagements

Betriebliches Übergangsmanagement ist eine Personalmanagementstrategie und ein Mitarbeiterführungsansatz mit dem Ziel, Übergänge in den späteren Berufsphasen und insbesondere den Übergang vom Erwerbsleben in die Pension/Rente mit den Beschäftigten, dem Betrieb und der Gesellschaft befriedigend meisterbar zu machen.

Das betriebliche Übergangsmanagement fokussiert etwa die 15 Jahre im regulär vorgesehenen Erwerbsleben vor dem Austritt des Beschäftigten und optional zusätzliche Jahre in einer sich daran anschließenden Phase einer Person in Pension/Rente mit Tätigkeitsinteresse.

Die Planungs- und Handlungszeiträume orientieren sich also an den späteren Berufsphasen des allgemeinen Erwerbslebens. Das betriebliche Übergangsmanagement konzentriert sich auf …

- die Neuorientierungsphase, die vormals als Phase der Sättigung bezeichnet wurde,
- die Ausgleitphase und
- die mögliche Tätigkeitsphase nach dem Pensions-/Rentenantritt.

Die Neuorientierungsphase ist ca. 15 – 5 Jahre vor dem Pensions-/Rentenantritt angesiedelt. In Zeiten oftmals nur kurzfristiger Planungshorizonte und kontinuierlicher Planungsunsicherheit erscheint diese Zeitspanne sehr lang. Die Entwicklung, Ausformung und mögliche Veränderung von Arbeitsbewältigungsfähigkeit, Motivation, Kompetenzen, Wissen ist jedoch ein sich über längere Zeiträume und im Zusammenspiel zwischen individuellen und äußeren Einflussfaktoren entwickelndes reguläres menschliches Geschehen und benötigt eine entsprechende Entwicklungs- und Reifezeit. Aus diesem Grund ist ein gemeinsames längerfristiges vorausschauendes Betrachten und Gestalten notwendig, sofern dieser Zeitraum durch die Dauer des Beschäftigungsverhältnisses im jeweiligen Unternehmen überhaupt gegeben ist. Für Mitarbeitende, die in einem kürzeren Zeitraum vor dem geplanten Pensions-/Rentenantritt ins Unternehmen eintreten, stellt der Arbeitsbeginn praktisch auch den Start für den Übergangsprozess dar.

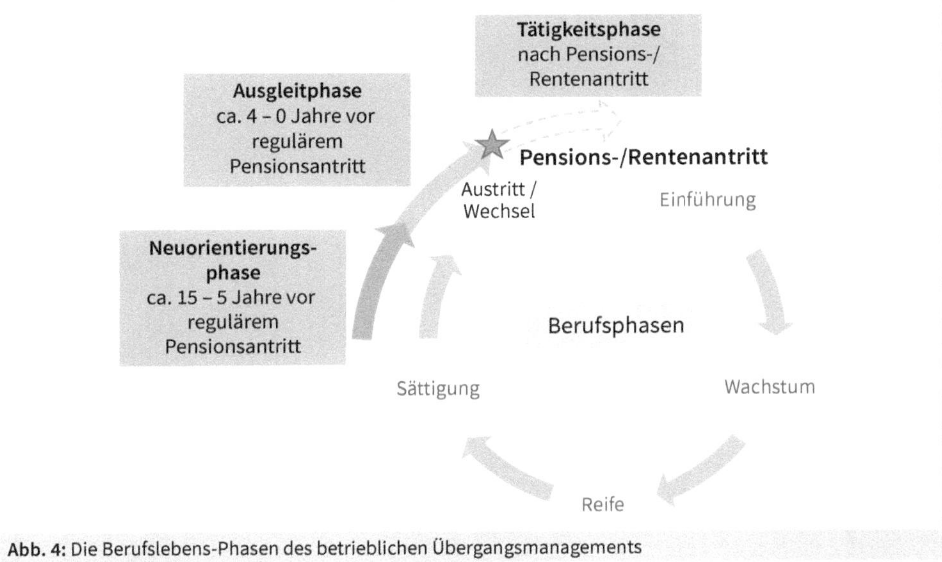

Abb. 4: Die Berufslebens-Phasen des betrieblichen Übergangsmanagements

Am Beginn der Neuorientierungsphase, die von vielen Beschäftigten und betrieblichen Akteuren noch nicht mit Pension/Rente assoziiert wird, finden Weichenstellungen hinsichtlich der Karriere- und Laufbahngestaltung und der damit einhergehenden zukünftigen Arbeitsbewältigungsfähigkeit und Beschäftigungsmotivation statt. Die Neuorientierungsphase fällt in die »Phase der Sättigung«. Menschen haben Karriere-Etappen gemeistert und oftmals stellenbezogene Ziele erreicht. Es entsteht der Raum, über die Zukunft, neue Möglichkeiten, den Sinn des Arbeitslebens und eines motivierten und gesunden Alterns im Beruf nachzudenken. Kennzeichnend in dieser Phase ist auch eine erhöhte Aufmerksamkeit in Bezug auf den Umgang der Organisation mit den Beschäftigten, die sich in der Ausgleitphase befinden: Wie wird generationenübergreifende Zusammenarbeit, Wertschätzung, Fairness und Partizipation gelebt? In der Neuorientierungsphase wird die persönliche Einstellung, die in der darauffolgenden Ausgleitphase zum Tragen kommt, vor- und mitentschieden. Die Ziele der Neuorientierungsphase sind:

- Stabilisierung bzw. Förderung der Arbeitsbewältigungsfähigkeit durch aktive Einladung und Auftrag zur gemeinsamen Gestaltung altersgerechter Arbeitsbedingungen,
- Ausbau der Übergangskompetenz und
- Unterstützung bei der persönlichen Weiterentwicklung.

Die Ausgleitphase ist ca. 4 – 0 Jahre vor dem regulären Pensions-/Rentenantritt angesiedelt. In der betrieblichen Praxis werden hier von den Beschäftigten und ihren Personalverantwortlichen konkrete pensionsbezogene und -relevante Planungen und Vorbereitungen durchgeführt.

Am Beginn dieser Zeitspanne erfolgt oftmals, sofern erwünscht und möglich, die Planung und Vereinbarung von Arbeitszeitmodellen wie Altersteilzeit. Eine verstärkte Orientierung auf bewältigungsgerechte Arbeitsgestaltung, Veränderungen von Zuständigkeiten für Arbeitsgebiete, Nachfolgeplanung sowie -übergabe und Vorbereitungen zur betrieblichen Verabschiedung sind weitere Themenfelder, die in der Ausgleitphase auftauchen. Die Entscheidung für die weitere Gestaltung der Tätigkeitsphase nach dem Pensions-/Rentenantritt und einer möglichen Aufnahme einer sogenannte »Silber-Karriere« wird in der Ausgleitphase getroffen. Durch die aktive Gestaltung der Ausgleitphase erfolgt dadurch ein »Re-Onboarding-Prozess«. Die Ziele der Ausgleitphase sind:

- Gestaltung individueller Entwicklungsperspektiven,
- Stabilisierung und Ausbau der Gesundheit, Arbeitsbewältigungsfähigkeit und Beschäftigungsmotivation und
- gelingendes Abschiedsmanagement.

In der Tätigkeitsphase nach Pensions-/Rentenantritt kann eine zielgerichtete erwerbsbezogene oder ehrenamtliche/bürgerschaftliche Tätigkeit im Mittelpunkt stehen. Aus gesundheitsstabilisierenden und -förderlichen Gründen empfehlen wir eine aktive betriebliche Diskussion über mögliche ansprechende Initiativen und Angebote. Die Ziele dieser Tätigkeitsphase sind:

- Stabilisierung und Ausbau der Gesundheit und Selbstwirksamkeit und
- Realisierung von selbstbestimmten Lebens- und Tätigkeitschancen.

In den jeweiligen Phasen stehen unterschiedliche Ziele, Vorgehensweisen, Handlungsschritte und betriebliche Akteure im Mittelpunkt. Die Neuorientierungsphase ist im betrieblichen Übergangsmanagement v.a. als strategisches Handlungsfeld für alle Beteiligten zu sehen, indem Weichen gestellt und Wendepunkte markiert werden können. Auf der strategischen Planungsebene der Organisation werden u. a. Leitlinien in Form einer Vision, Mission, Policy wie z. B. »übergangsfittes Unternehmen« entwickelt, die noch visionären Charakter haben. Über längerfristige strategische Konzepte und Programme wie »altersgerechte Arbeitsgestaltung«, »wertschätzender Wissenstransfer« u. a. erfolgt schrittweise eine Konkretisierung bis hin zur operativen Planung und Umsetzung.

An die jeweiligen Phasen angepasste Methoden und Instrumente unterstützen Führungsverantwortliche gemeinsam mit den Mitarbeitenden Rahmenbedingungen für einen gelingenden Übergang in Pension/Rente vorsorglich und damit frühzeitig zu schaffen bzw. auszubauen. Verschiedene Zugänge des Personalmanagements werden in das betriebliche Übergangsmanagement integriert. Betriebliches Übergangsmanagement ist kein starres standardisiertes und regelgesteuertes Vorgehen, sondern ist variabel an bestehende betriebliche Voraussetzungen anpassbar und unterstützt eine beziehungsunterstützende Mitarbeiterführung. Demzufolge ist betriebliches Übergangsmanagement die logische Ergänzung von Generationen-, Alter(n)s- oder Gesundheitsmanagement und ist an diese anschlussfähig. Genauso verknüpfbar ist es mit einem vorhandenen Wissensmanagement und einer internen Personalentwicklung.

Betriebliches Übergangsmanagement bietet einen handlungsorientierten Rahmen für die fünf zielführenden Handlungsebenen. Es verbindet organisationale und individuelle Bedarfe und Perspektiven für seine Akzeptanz und Wirksamkeit. Das Fundament bildet eine altersgerechte Führungs- und Organisationskultur. Die Führungsverantwortlichen sind die Impulsgeber. Vom Topmanagement wird das betriebliche Übergangsmanagement beschlossen. Das Hauptmotiv dabei liegt in der strategischen Personalplanung für die Zukunftsfähigkeit des Betriebes in Zeiten des gravierenden demografischen Wandels. Die Entscheider widmen sich dabei nicht nur um erfolgreiche Personalnachfolge und -rekrutierung, sondern sie bauen auf vorsorgliche Aufrechterhaltung der alters- und leistungsmäßig geplanten Beschäftigung des Stammpersonals. Betriebliches Übergangsmanagement wird dadurch zum Risiko- und Chancenmanagement im Unternehmen.

Hauptakteure des betrieblichen Übergangsmanagements sind neben dem Topmanagement, die taktische sowie die operative Führung und die sich in den Übergangsphasen befindlichen Beschäftigten. Weitere Akteure und Umsetzer sind im Unternehmen beschäftigte Stabsstellen oder Beauftragte – wie Arbeits- und Gesundheitsschutz, Wissensmanagement, Personalmanagement und Personalentwicklung u. a.m. Sie alle sind aufgerufen, sich aktiv an den jeweiligen betrieblichen Initiativen zu beteiligen, entsprechende Angebote zu entwickeln, umzusetzen und in Anspruch zu nehmen, um die Übergangsprozesse effektiv, effizient sowie partnerschaftlich und befriedigend zu gestalten. In einer erweiterten Betrachtung sind ebenso die betrieblichen Kooperationspartner/Kollegen der sich im Übergangsprozess befindlichen Beschäftigten als indirekt Mitwirkende zu sehen. Deren Haltungen, Einstellungen, Reaktionen, Handlungen haben ebenso einen wichtigen Einfluss darauf, inwieweit im konkreten Unternehmens- und Arbeitsalltag gelingende Übergänge gelebt werden.

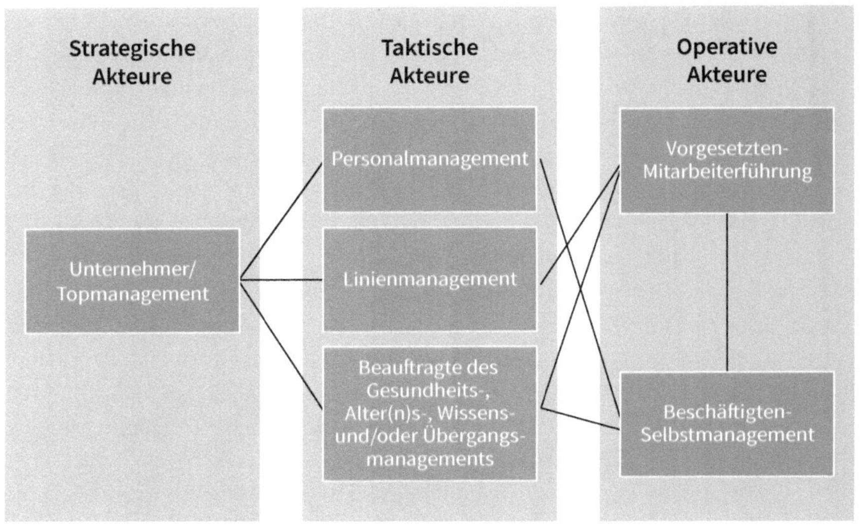

Abb. 5: Die Führungs-Ebenen des betrieblichen Übergangsmanagements

Das sind die Leitprinzipien der Strategie »Betriebliches Übergangsmanagement«

a) **Betriebliches Übergangsmanagement basiert auf fünf Handlungsebenen.**
Entgegen der Annahme, dass der Entwicklungsverlauf in den späteren Berufsphasen nicht oder nur beschränkt beeinfluss- und gestaltbar ist, gehen wir davon aus, dass es mehrere Handlungsebenen für die persönliche und betriebliche Übergangsgestaltung gibt. Die Anlassthemen im Rahmen des betrieblichen Übergangsmanagements können sehr unterschiedlich sein: Zum Beispiel hat jemand eine Tätigkeit oder ein spezifisches Anliegen, das eine Arbeitsgestaltungsmaßnahme mehr erforderlich macht als die Planung eines horizontalen Karriereschritts zum Belastungswechsel. Oder es ist anlass- und interessebezogen umgekehrt.

b) **Betriebliches Übergangsmanagement fokussiert die Zielgruppe der älteren Beschäftigten.**
Die Zielgruppe sind Beschäftigte in ihrem späteren Berufsleben, das mit etwa 50plus Jahren beginnt. Sie sind gegebenenfalls auch selbst anlassbezogen bereit und interessiert, weil sie sich am Weg zu ihrem Abschluss des Erwerbslebens und im Übergang zu einem nacherwerblichen Lebensstadium bzw. in die Tätigkeitsphase nach Antritt der Pension/Rente befinden. Eine indirekte Zielgruppe des strategisch geführten Übergangsmanagements im Betrieb sind Beteiligte – wie direkte Führungskräfte, Kollegen, personalwirtschaftlich Beauftragte –, die mit älteren Beschäftigten zusammenarbeiten.

c) **Betriebliches Übergangsmanagement setzt auf eine partnerschaftliche Strategieumsetzung zum Erreichen beiderseitigen Nutzens.**
Im Mittelpunkt der Strategie steht das Leitbild »Partnerschaftlichkeit beim Meistern der Übergänge durch die betroffenen und beteiligten Menschen«. Partnerschaftlichkeit verstehen wir insbesondere in der Weise, dass es ein gemeinsames ernsthaftes Anliegen von Führungsverantwortlichen und betroffenen Beschäftigten ist, die individuellen und betrieblichen Übergangsprozesse durch ein konstruktives Zusammenwirken zu gestalten und dass sowohl Mitarbeitende als auch Führungskräfte Verantwortung dafür haben. Im Sinne der Chancengerechtigkeit sollen alle Beschäftigten unabhängig von der hierarchischen bzw. beruflichen Stellung im Unternehmen, dem Alter, der Dauer der Unternehmenszugehörigkeit, der Nationalität u. a. die Möglichkeit haben, die betrieblichen Übergangsmanagementangebote in Anspruch zu nehmen. Eine aktive Teilhabe ist von den Führungsverantwortlichen der unterschiedlichen Ebenen, Personalvertretung, Gesundheitsbeauftragten zu fördern.
Partnerschaftlichkeit bei der Umsetzung zeigt sich ebenso durch eine gemeinsame Thematisierung und Planung einer möglichen »Silber-Karriere«. Betroffene Beschäftigte tragen im Sinne eines partnerschaftlichen Verständnisses durch ihr aktives Mitwirken im Rahmen des betrieblichen Übergangsmanagements dazu bei, dem Unternehmen und »Partner« Betrieb auch Chancen zu eröffnen. Sie helfen dadurch, personalwirtschaftliche Risiken zu minimieren.

d) **Betriebliches Übergangsmanagement widmet sich der Vorsorge und Entwicklung.**
Das bedeutet für Unternehmen, dass der demografische Wandel und damit zusammenhängende betriebliche Auswirkungen gestaltbar werden. Im Besonderen trifft dies auf

Erhalt und Förderung der Arbeitsbewältigung und den Wissenstransfer zu. Führungsverantwortliche erhalten dadurch größere Chancen für ein produktives Meistern des betrieblichen demografischen Wandels.
Betroffene Beschäftigte erfahren durch aktive Förderung altersgerechter Arbeitsbedingungen und durch Unterstützung mittels positiver Alters- und Zukunftsbilder Beiträge zur Erhaltung und Stärkung von Gesundheit und individueller Veränderungs- und Bewältigungskompetenz.
Für Gesellschaft und Volkswirtschaft entsteht durch den langfristigen Erhalt von guter Arbeitsbewältigung im langen Erwerbsleben ein Nutzen für bessere Gesundheit und verlängerte Selbstständigkeit im Alter.

e) **Betriebliches Übergangsmanagement baut auf die Übergangs-Kompetenz der Betroffenen und Beteiligten, baut diese weiter auf und setzt auf Motivation zum Meistern eigener und mitarbeiterbezogener Übergänge.**
Um den Anforderungen in den Übergangsphasen gut begegnen zu können, sind die Bereitschaften, Fähigkeiten und Kompetenzen durch Qualifikationsangebote bei Führungsverantwortlichen und betroffenen Beschäftigten zu unterstützen und auszubauen. Damit Führungsverantwortliche die Übergangsgestaltung professionell begleiten können sind Kenntnisse über die Entwicklungsdynamiken des Älterwerdens im Beruf, altersgerechte Arbeitsgestaltung, altersgerechte Führung, Erhalt der Beschäftigungsmotivation, Wissenstransfer, Abschiedsmanagement u.v.a.m. hilfreich. Für im Übergangsprozess befindliche Beschäftigte sind Angebote zum Innehalten, Neuausrichten der Entwicklungswege und zur Stärkung individueller Übergangskompetenz wesentlich.
Das Ziel des Ausbaus der Übergangskompetenz ist Empowerment der sich im Übergangsprozess befindlichen Beschäftigten und Beteiligten. Betriebliches Übergangsmanagement stärkt damit die notwendige individuelle und organisationale Bewältigungsfähigkeit der im Übergangsprozess an- und entstehenden Anforderungen.

f) **Betriebliches Übergangsmanagement erkennt und integriert vorhandene und bewährte Ansätze zur förderlichen Gestaltung von Übergängen.**
In jeder Organisation gibt es schon Routinen zur Übergangsgestaltung. Diese gilt es sichtbar zu machen und zu überprüfen, ob sie aktuell passend sind. In Abstimmung mit den sich im Übergangsprozess befindlichen Beschäftigten werden bewährte Ansätze zur Verfügung gestellt.

2.2 Der 5-Handlungsebenen-Ansatz des betrieblichen Übergangsmanagements

Aufbauend auf den Merkmalen und Leitprinzipien des systematischen Herangehens im betrieblichen Übergangsmanagement werden nachfolgend die fünf Handlungsebenen ausgeführt und beleuchtet, die individuelle und organisationale Übergangsprozesse unterstützen und zum Gelingen bringen.

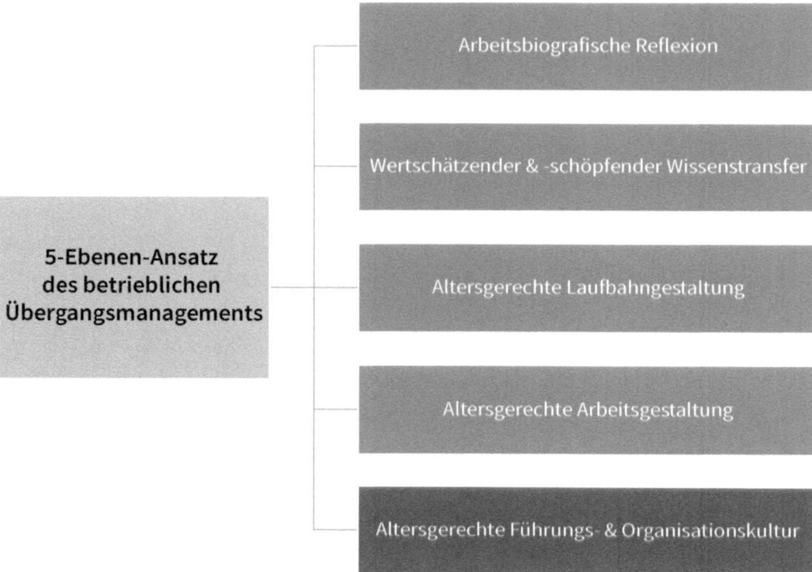

Abb. 6: Der 5-Handlungsebenen-Ansatz

Die Grundlage und das Fundament bildet die altersgerechte Führungs- und Organisationskultur, die wesentlich die weiteren Ebenen beeinflusst und demzufolge als Schlüsselfaktor zu betrachten ist. Ergänzend und aufbauend darauf steht die anforderungs-, bewältigungs- und altersgerechte Arbeitsgestaltung im Fokus. Altersgerechte Laufbahngestaltung und die damit zusammenhängenden Entwicklungsverläufe mit einer möglichen, wenn gewünschten »Silber-Karriere« ist ein weiterer wesentlicher Baustein für eine gelingende Gestaltung des Übergangsprozesses. Das äußerst bedeutsame Thema des Wissenstransfers stellt die vierte Ebene des betrieblichen Übergangsmanagements dar. Die fünfte Ebene widmet sich der Unterstützung bei der individuellen Reflexion der Arbeitskarriere und Ausrichtung von Zielen bis zum Antritt der Pension/Rente bzw. für die daran anschließende Tätigkeitsphase.

Dem 5-Ebenen-Ansatz liegt die Annahme zugrunde, dass eine gelingende Übergangsbewältigung durch ein günstiges Verhältnis von individuellen und organisationalen Ressourcen zu erlebten Risikofaktoren / Stressoren auf den fünf Ebenen gekennzeichnet ist. Unter Ressourcen sind dabei stabilisierende und fördernde Verhaltensweisen sowie Überzeugungen und Bedingungen mit schützendem Charakter zu verstehen. Dazu gehören u. a. bewältigbare Arbeitsbedingungen, soziale Beziehungen und Unterstützung, die der Bewältigung von Anforderungen im Übergangsprozess dienen. So wirkt die Aussage »Du kannst mich jederzeit ansprechen, wenn du Fragen mit dem neuen Programm hast. Ich helfe dir und du wirst sehen, du wirst es bald verstehen« eines versierten Beschäftigten zu einem Kollegen, der sich unsicher fühlt, als konkrete Bewältigung der Arbeitsanforderungen. Ebenso wird soziale Unterstützung und eine mutmachende konstruktive Haltung hinsichtlich der Kompetenzentwicklung vermittelt.

Ressourcen auf den verschiedenen Handlungsebenen können durch gezielte Interventionen sichtbar gemacht, aktiviert, gefördert und dadurch wirksam werden. Ausgehend von diesen Überlegungen kann eine gelingende Übergangsbewältigung in folgende Form gebracht werden:

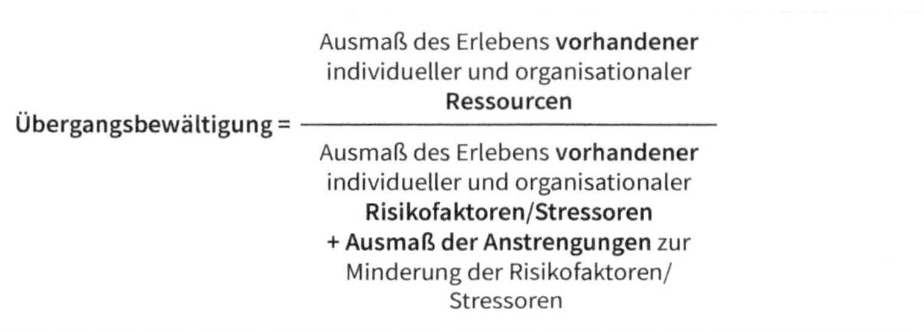

Abb. 7: Übergangsbewältigung und Verhältnis der Ressourcen und Risikofaktoren

Die unterschiedlichen Ebenen und deren Ressourcen und Risikofaktoren haben dabei je nach dem Zeitpunkt im Übergangsprozess und abhängig von den individuellen und organisationalen Voraussetzungen eine unterschiedliche Bedeut- und Wirksamkeit. Einfluss auf das individuelle und organisationale Übergangsgeschehen besitzen zahlreiche Faktoren und Bedingungen. Manche davon sind leichter erkennbar (wie z. B. ergonomische oder körperlich belastende Arbeitsbedingungen), andere hingegen sind schwerer identifizierbar (wie z. B. altersfreundliche oder altersdiskriminierende Haltungen).

Trotz der Komplexität der Einflussgrößen auf das individuelle und organisationale Übergangsgeschehen lohnt es sich für alle Beteiligten, den Fokus auf gestaltbare Einflussfaktoren zu lenken. Handlungsleitend sollten dabei einerseits die individuellen Bedürfnislagen der sich im Übergangsgeschehen befindlichen Beschäftigten und andererseits empirisch belegte Erkenntnisse zur förderlichen Gestaltung von Übergangsprozessen sein.

Die im Folgenden auf den jeweiligen Handlungsebenen angeführten und exemplarisch beschriebenen Ausführungen werden als bestimmende und beeinflussbare Wirkfaktoren im betrieblich gestaltbaren Übergangsprozess gesehen. Zugrunde liegt diesen Ausführungen ein partnerschaftliches und beziehungsorientiertes Organisations- und Kooperationsverständnis. Die Handlungsebenen basieren auf fundierten wissenschaftlichen Befunden und stellen den Rahmen für die konkrete Ausgestaltung des betrieblichen Übergangsmanagements dar.

2.2.1 Handlungsebene 1: Altersgerechte Führungs- und Organisationskultur

Wenn es überhaupt ein Rezept für den Erfolg gibt, besteht er darin,
sich in die Lage anderer Menschen zu versetzen.
Arthur Schopenhauer (1788 – 1860)

Fragen zum Einstieg

1. Was kann altersgerechte Führungskultur zum gelingenden Übergang vom späteren Erwerbsleben in die Pension/Rente oder möglicherweise in eine Tätigkeitsphase nach Pensions-/Rentenantritt beitragen? Was sind hier die Führungsaufgaben?
2. Wie sieht die altersgerechte Unternehmenskultur aus? Wer initiiert? Welche Partner braucht es zur Verwirklichung im Alltag?
3. Welchen Nutzen haben Mitarbeitende und Unternehmen von einer funktionierenden altersgerechten Führungs- und Organisationskultur?

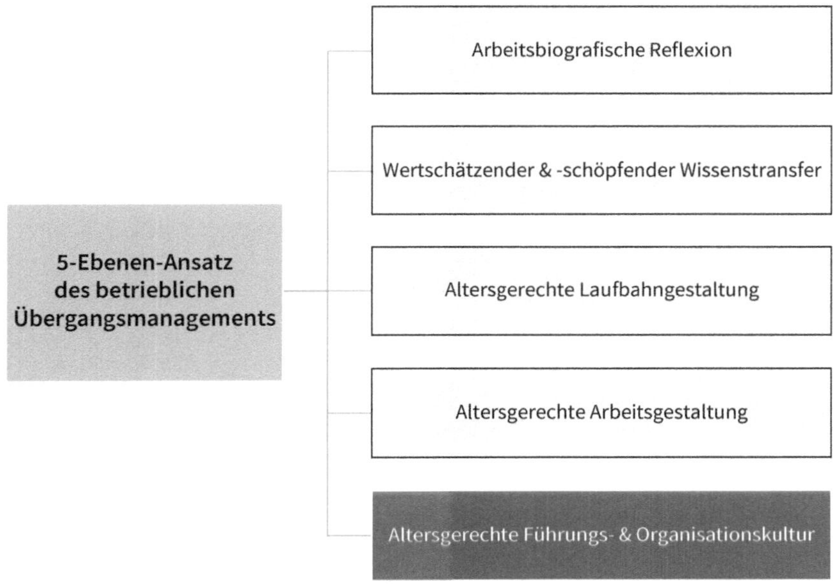

Abb. 8: Die Handlungsebene 1 – Altersgerechte Führungs- und Organisationskultur

Wenn sich Wirtschaft und Gesellschaft auf den demografischen Wandel nicht vorbereiten und dafür nicht vorsorglich handeln, drohen unternehmerische Risiken wie Personalengpässe und Produktions- bzw. Dienstleistungshindernisse. Für betroffene Mitarbeiter wächst dann das Risiko, Übergänge nicht gesundheitsgerecht und zufriedenstellend meistern zu können. Ihre Arbeitsbewältigungsfähigkeit und Lebensqualität könnten belastet werden.

Hier können Führungskräfte Vorsorge treffen. Sie werden dadurch die strategisch bis operativen Initiatoren für Verhütung von Risiken und für Eröffnung von Chancen durch Einführung, Kommunikation, Qualifizierung und partnerschaftliche Umsetzung von betrieblichem Übergangsmanagement.

Übergänge mit Mitarbeitenden zu gestalten ist eine wesentliche Aufgabe von Führungsverantwortlichen und findet sich in vielen Situationen im Führungsalltag wie z. B. bei der Einführung und Verabschiedung von Mitarbeitern, Änderung von Arbeitsmethoden, Übertragung von Aufgaben etc. Der folgende Abschnitt beleuchtet den Stellenwert von Führungskultur und Mitarbeiterführung bei Übergängen in Richtung Ausstieg aus dem Beruf oder in eine nachfolgende Tätigkeitsphase und liefert konkrete Handlungsimpulse.

Der Eintritt in die Neuorientierungs- und Ausgleitphase wird mit keinem Paukenschlag eingeläutet und findet sich selten in Kalendern, da er ein leises, langsames und unaufgeregtes Geschehen ist. Der verantwortlichen Führungskraft fällt es oftmals nur dann auf, wenn ein älterer Beschäftigter nicht mehr die unternehmerische Leistungserwartung erfüllt, gesundheitlich eingeschränkt ist, der Pensions-/Rentenantritt und Schwierigkeiten bei der Personalnachfolge anstehen und damit Wissensverlust droht. Oftmals erschweren jedoch die Vielfalt und die zu bewältigende Menge an Führungsaufgaben, die Führungsspanne, gefestigte Einstellungen und oftmals fehlende spezifische Führungskompetenz eine vertiefende Auseinandersetzung mit den Besonderheiten und der Einzigartigkeit dieser Arbeitsphasen des Personals.

Finden altersspezifische Bedürfnisse der Beschäftigten in der Neuorientierungs- und Ausgleitphase aus unterschiedlichen Gründen bei den Führungsverantwortlichen keine Resonanz und bleiben sie unberücksichtigt, so werden dadurch vorhandene individuelle und betriebliche Ressourcen und Potenziale nicht oder nur eingeschränkt genutzt. Die Auswirkung des Zusammenhangs zwischen Führungsverhalten und Arbeitsbewältigung bei älteren Beschäftigten sei beispielhaft angeführt: Durch das finnische Institut für Arbeitsmedizin/Finnish Institute of Occupational Health (FIOH) wurde in einer elfjährigen Längsschnitt-Studie nachgewiesen, dass das Verhalten des Vorgesetzten der stärkste Einflussfaktor auf die Arbeitsbewältigungsfähigkeit der älteren Beschäftigten – Frauen über 45 und Männer über 50 Jahre – ist. Beschäftigte, die eine verbesserte Anerkennung durch ihre Vorgesetzten erleben, haben mit einer 3,6-fach erhöhten Wahrscheinlichkeit eine stabilisierte bis hin verbesserte Arbeitsbewältigungsfähigkeit. Anerkennende Führung ist somit ein zentraler Aspekt für altersgerechte Führung und nimmt dadurch einen besonderen Stellenwert im betrieblichen Übergangsmanagement ein (Ilmarinen et al., 2002).

Eine altersgerechte Kultur darf im Umkehrschluss keine Diskriminierung jüngerer Beschäftigter bewirken, sondern sie soll so gestaltet sein, dass ebenso die Bedürfnisse der jeweiligen Beschäftigtengruppen entsprechende Berücksichtigung im Führungs- und Unternehmensalltag finden. Das Ziel eines altersgerechten Führungshandelns ist, eine Botschaft an Beschäftigte unterschiedlicher Generationen zu vermitteln, dass eine kontinuierliche Beschäftigungs- und Arbeitsbewältigungsfähigkeit über die gesamte Lebensspanne hinweg gefördert wird und die Kooperationsbeziehungen zwischen Erfahrenen und Jüngeren gezielt gestärkt werden. Zweifellos sind die gesamte Belegschaft und ihre Aufgabenerfüllung sowie ihre gesundheitsrelevante Leistungsfähigkeit für das Unternehmen bedeutsam. Doch die nächsten eineinhalb Jahrzehnte erfordern einen Fokus auf die älteren Beschäftigten und ihre Übergänge im Interesse der Gesamtbelegschaft, des Unternehmens und der Gesellschaft.

Wichtig ist uns auch zu erwähnen, dass die Phasen des Übergangsprozesses durch Führungsverantwortliche nicht dramatisiert werden sollen und kein Countdown eingeläutet wird, um Mitarbeitende zu verängstigen und in Unruhe zu versetzen, dass ihre späteren Berufsphasen begonnen haben und z. B. nur mehr ein begrenztes Zeitfenster für ihre Karriereentwicklung zur Verfügung steht. Es geht vielmehr darum, eine gerichtete Aufmerksamkeit und ein Gewahrwerden von allen Beteiligten, insbesondere von Führungsverantwortlichen zu erreichen, um Motivation für ein gemeinsames Gestalten der Übergangsphasen zu erzeugen bzw. zu unterstützen.

Betriebliches Übergangsmanagement als strategische Führungsaufgabe

Die strategische Führungsaufgabe im Rahmen des betrieblichen Übergangsmanagements umfasst das Erkennen der Ausgangslage der betrieblichen und beschäftigtenbezogenen Übergänge und das anschließende Entscheiden für nachhaltige Personalwirtschaft und vorsorgliches Personalmanagement. Hier legen Unternehmer bzw. TOP-Führungskräfte in ihrer Wirtschafts- und Arbeitswelt das Fundament und stellen Weichen für betriebliches Übergangsmanagement.

Zum Start betrieblichen Übergangsmanagements ist es nützlich, die IST-Situationen der Belegschaft und der bislang praktizierten Personal- und Unternehmensführung hinsichtlich demografischer Aspekte zu ermitteln und passende Schlussfolgerungen daraus zu ziehen.

Ein erster Schritt ist die konkrete Untersuchung der gesamtunternehmerischen und teambezogenen Altersstruktur und -prognose. Sie liefert Hinweise auf das Ausmaß von Übergängen im eigenen Unternehmen entlang der Altersgruppen. Daraus wächst einerseits der Einblick in den quantitativen Bedarf nach vorsorglichen Unterstützungsmaßnahmen zum Meistern von Übergängen und anderseits das persönliche Erkennen der Mitarbeitenden, wo sensible Übergangsphasen beginnen bzw. schon durchlebt werden.

Folgende Fragestellungen eigenen sich zur Altersstrukturanalyse:

- Welche konkreten Mitarbeitenden haben etwa das 50. Lebensjahr erreicht bzw. stehen in einer – das spätere Berufsleben betreffenden – Neuorientierungsphase?
- Welche konkreten Mitarbeitenden haben ihren jeweiligen Pensions-/Rentenkorridoreintrittszeitpunkt in Aussicht gestellt oder werden in den folgenden 4 Jahren das reguläre Pensions-/Rentenantrittsalter erreichen?
- Welche konkreten Mitarbeitenden wären für eine angepasste Weiterbeschäftigung während ihrer Pension/Rente möglicherweise einzuladen und zu gewinnen?

Die Ergebnisse zeigen den betrieblichen Ressourcenaufwand auf und wieviel Zeit unmittelbare Führungskräfte für das Übergangsmanagement operativ vorzusehen haben. Der im Rahmen der Altersstruktur und -prognose dokumentierte Bedarf begründet schon sachlich die weitere strategische Führungsaufgabe, sich mit den Vorsorge- und Entwicklungszielen der älteren Mitarbeitergruppe zu beschäftigen und für alle Beschäftigten alternsförderliche Werte ins Unternehmensleitbild aufzunehmen und zu kommunizieren. Der Fokus des betrieblichen Übergangsmanagements kann dadurch fundiert und engagiert vom Topmanagement vorgebracht werden und wird dadurch zum Leit- und Vorbild einer »altersgerechten Führungs- und Organisationskultur«.

Es stellen sich dazu anschließend die Fragen:

- Wie kann eine altersgerechte Kultur festgestellt werden?
- Wo stehen wir mit unserer altersgerechten Kultur?

Dazu ist es bedeutsam im Rahmen eines organisationsdiagnostischen Vorgehens das Ausmaß zu erfassen, in dem eine Kultur altersgerecht und in dem Arbeiten im Alter als erfolgreich erlebt wird. Neben anonymisierten Befragungsmethoden, die altersspezifische Aspekte erheben, können ebenso dialogorientierte Methoden dazu verwendet werden, die sich insbesondere für Unternehmen und Teams mit einer kleineren Anzahl von Beschäftigten eignen. Im Kapitel 3 werden entsprechende Vorgehensweisen vorgestellt.

Die strategische Führung legt somit die Grundlage für betriebliches Übergangsmanagement, indem das Ziel »betriebliches, partnerschaftliches, vorsorgliches und wirksames Meistern der Übergänge in den späten Berufsphasen« formuliert wird, Ressourcen dafür bereitgestellt werden und unter Einbindung der taktischen und operativen Führung ein entsprechender Auftrag zur konkreten Umsetzung erteilt wird. Für Führungsverantwortliche eröffnen sich im Verlauf der verschiedenen Phasen des betrieblichen Übergangsprozesses unterschiedliche Aufgaben und Handlungsfelder. Durch ein gemeinsames und abgestimmtes Vorgehen der Führungsverantwortlichen der unterschiedlichen Ebenen wird der Übergangsprozess aktiv initiiert und unterstützt. Die nachfolgende Grafik zeigt einen Überblick über Handlungsfelder und -optionen in den verschiedenen Phasen des Übergangsprozesses. Die Zeiträume sind als grobe Richtgröße zu verstehen.

<table>
<tr><th>Phase im betrieblichen Übergangsmanagement</th><th>Zeitraum vor Pension/ Rente ca.</th><th>Handlungsfelder für strategische Führung</th></tr>
<tr><td>Neuorientierungsphase</td><td>15 – 5 Jahre</td><td rowspan="2">Klares Statement und Ausbau der Handlungskompetenz zu lebensphasenorientierter Personalpolitik für Management & Führung
Aufnahme von lebensphasenorientierten Indikatoren in den Führungszielekatalog
Beauftragung laufendes unternehmensbezogenes Altersstruktur-Monitoring
Auftrag an Präventivdienst zur aktiven Unterstützung der betrieblichen Übergangsmanagement-Ziele
Bereitstellung von Ressourcen für betriebliches Übergangsmanagement
Entscheidung zur Silber-Karriere nach Pensions-/Rentenantritt</td></tr>
<tr><td rowspan="3">Ausgleitphase</td><td>4 Jahre</td></tr>
<tr><td>1 Woche</td><td rowspan="2">Je nach Unternehmensgröße persönliche Verabschiedung, Abschieds-, Dankesschreiben</td></tr>
<tr><td>Abschiedstag</td></tr>
<tr><td colspan="2">Tätigkeitsphase nach Pensions-/Rentenantritt</td><td>Je nach Unternehmensgröße Willkommensbotschaft zur Weiter-/ Wiederbeschäftigung</td></tr>
</table>

Tab. 6a: Handlungsfelder strategischer Führung

<table>
<tr><th>Phase im betrieblichen Übergangsmanagement</th><th>Zeitraum vor Pension/ Rente ca.</th><th>Handlungsfelder für taktische Führung</th></tr>
<tr><td>Neuorientierungsphase</td><td>15 – 5 Jahre</td><td rowspan="2">Klares Statement und laufendes Controlling von betrieblichen Übergangsmanagement-Zielen
Sicherung der Handlungskompetenz der operativen Führung für betriebliches Übergangsmanagement
Schaffung von Motivation und Unterstützung der operativen Führung für/bei betrieblichem Übergangsmanagement
Controlling über regelmäßige Laufbahnentwicklungsgespräche und altersgerechte Arbeitsplatzgestaltung</td></tr>
<tr><td rowspan="3">Ausgleitphase</td><td>4 Jahre</td></tr>
<tr><td>1 Woche</td><td rowspan="2">Je nach Unternehmensgröße persönliche Verabschiedung, Abschieds-, Dankesschreiben</td></tr>
<tr><td>Abschiedstag</td></tr>
<tr><td colspan="2">Tätigkeitsphase nach Pensions-/Rentenantritt</td><td>Je nach Unternehmensgröße Willkommensbotschaft zur Weiter-/ Wiederbeschäftigung</td></tr>
</table>

Tab. 6b: Handlungsfelder taktischer Führung

Phase im betrieblichen Übergangsmanagement	Zeitraum vor Pension/ Rente ca.	**Handlungsfelder für operative Führung**
Neuorientierungsphase	15 Jahre 10 Jahre 6 – 5 Jahre	Durchführung regelmäßiges Laufbahnentwicklungs- und Zukunftsgespräch Veranlassung und Überprüfung altersgerechter Arbeitsplatzgestaltung Information über Angebote im Rahmen des betrieblichen Übergangsmanagements Motivation schaffen bei Mitarbeitern für Teilnahme an betrieblichen Übergangsmanagement-Angeboten Identifikation von Schlüsselkompetenzen, Engpass- und Hebelwissen
Ausgleitphase	4 Jahre 3 Jahre 2 Jahre 1 Jahr	Wissenstransferprozess planen und aktiv begleiten/durchführen – Motivation zur Teilnahme an betrieblichen Übergangsmanagement-Angeboten Durchführung jährliches Zukunfts-/Perspektivengespräch* Planung des Pensions-/Rentenantritts Persönliche Fortbildungsmotivation fördern Aktives Thematisieren der Arbeitsanforderungen
		Nachfolgeplanung /Personaleinsatzplanung für Planungszeitraum Evtl. Angebot für Weiter-/Wiederbeschäftigung
	6 Monate	Überprüfung Status Wissenstransferprozess
	3 Monate	Abschlussdialog führen* Einarbeitungszeiten planen für Nachfolger (sofern möglich) Verabschiedung planen
	1 Monat	Besprechen organisatorischer Abläufe bei Abschluss / Abschlussarbeiten, z. B. Schlüsselübergabe … Verabschiedungsritual besprechen Wissenstransferprozess abschließen
	1 Woche	Organisatorische Abschlussarbeiten
	Abschiedstag	Persönliche Verabschiedung
Tätigkeitsphase nach Pensions-/Rentenantritt		Willkommensbotschaft; Anpassung der Arbeitsaufgaben an die persönlichen Leistungsvoraussetzungen

* Abklärung, in welcher Form Gesprächsinhalte mit vorhandenen Gesprächsinstrumenten kombinierbar sind.

Tab. 6c: Handlungsfelder operativer Führung

Betriebliche Übergangsmanagement-Strategie und -Werte leben

Ausgearbeitete Strategien sind nur dann wertvoll und wirkungsrelevant, wenn sie auf Grundlage eines klaren Werte- und Normensystems gelebt werden. In jeder Organisation haben sich spezifische Verhaltensweisen und Werthaltungen für unterschiedliche Beschäftigungsphasen entwickelt und etabliert, die maßgeblich durch Führungsverantwortliche beeinflusst werden. Dies gilt ebenso für die Neuorientierungs-, Ausgleit- und eine optionale Tätigkeitsphase nach Pensions-/Rentenantritt.

Gestaltung und Unterstützung von Übergängen im Rahmen des betrieblichen Übergangsmanagements ist eine Querschnittsaufgabe in der gesamten Organisation und keineswegs nur eine Aufgabe für eine Führungsebene. Operative Führungsverantwortliche, wie Meister und Gruppenleiter, haben oft für eine altersgerechte Organisationskultur eine äußerst bedeutsame Rolle im Arbeitsalltag. Es wird ebenso wesentlich vom Topmanagement geprägt. Das Normen- und Wertesystem des Betriebes beeinflusst, wie mit Beschäftigten in den jeweiligen Phasenübergängen umgegangen wird und welche Wahrnehmungs-, Denk-, Entscheidungs- und Verhaltensmuster dadurch dominant werden. Konkret heißt dies z. B. wie über ältere Beschäftigte im Unternehmen geredet wird, ob Fortbildungsmöglichkeiten für Ältere gezielt angeboten werden usw. Sicht- und spürbar wird für Beschäftigte eine altersgerechte Unternehmenskultur u. a. darin, inwieweit sich entsprechende Werte

- in Führungsgrundsätzen, Verhaltensrichtlinien und Regeln – wie z. B. keine Altersdiskriminierung bei Stellenbesetzungen – und
- auf der Ebene des konkreten Verhaltens – wie z. B. Anerkennung wird altersgleichwertig vermittelt, Rituale bei Jubiläen oder beim Abschied aus dem Unternehmen praktiziert –

widerspiegeln.

Da alle Organisationsmitglieder zugleich Kulturträger sowie Kulturgestalter sind, ist altersgerechte Führungs- und Organisationskultur somit auch ein Instrument der Unternehmensführung.

Für das betriebliche Übergangsmanagement und für den Ausbau einer altersgerechten Kultur benötigt es eine entsprechende aktive Führungs- und Kulturentwicklung sowie ein darauf aufbauendes Verständnis für die individuellen und organisatorischen Veränderungs- und Wandlungsprozesse. Partnerschaftliche altersgerechte Führungskultur stellt sich immer wieder daher auch als Personalentwicklungsaufgabe dar.

Eine altersgerechte Führungs- und Organisationskultur ist dadurch gekennzeichnet, dass sie einerseits die Arbeits- und Beschäftigungsfähigkeit ihrer älteren Beschäftigten aufrechterhält und fördert und andererseits eine Kultur praktiziert, in der die älteren Beschäftigten entsprechend ihrer Kompetenzen und Bedürfnisse akzeptiert und behandelt werden.

Eine von diesen Werten geprägte Organisationskultur, die vom Management initiiert und in einem partizipativen Prozess entwickelt wird, leitet die Führungsverantwortlichen im alltäglichen Führungshandeln. Und sie erhöht auch die Bereitschaft und Motivation zur aktiven Mitgestaltung und

Verantwortungsübernahme im und für den Übergangsprozess. Aus diesem Grund erscheint es wichtig, dass ein ganzheitliches und wertebasiertes Verständnis handlungsleitend sein soll.

Folgende Werte sind dabei äußerst bedeut- und wirksam:

- Wertschätzung und Anerkennung gegenüber allen und insbesondere gegenüber älteren Beschäftigten,
- Fairness und Chancengleichheit in Personalprozessen,
- Unterstützende Beziehungen durch Führung und Kollegen.

Diese Werthaltungen bilden die Grundlage für eine altersgerechte Organisationskultur. Wie kann dies im Führungsalltag praktisch umgesetzt werden? Durch folgende Vorgehensweisen und Durchführungsroutinen, sogenannte »organisatorische Praktiken«[15], wird dies für Führungsverantwortliche gestalt- und für Beschäftigte spürbar und hat dadurch in den verschiedenen Phasen des Übergangsprozesses unterschiedliche Bedeutung.

Entwicklungs-Praktiken sind arbeitslebensbegleitende Lernprozesse, in denen die sich verändernden Kenntnisse, Fähigkeiten und sonstige Interessen genutzt werden.	**Erhaltungs-Praktiken** beinhalten sowohl Schutz und Förderung von Gesundheit und Wohlbefinden am Arbeitsplatz als auch Aktualisierung und Aufwertung der beruflichen Fähigkeiten und Kenntnisse durch Schulungs- und Qualifizierungsprozesse.
Änderungs-Praktiken sind konkrete Maßnahmen zur Erhaltung und Verbesserung der Arbeitsbewältigungsfähigkeit durch Arbeits(um)gestaltung.	**Flexibilitäts-Praktiken** beinhalten flexible Beschäftigungsarrangements für ältere Beschäftigte wie z. B. Genehmigung und Inanspruchnahme von Altersteilzeit.

Tab. 7: Überblick zu organisatorischen Praktiken

Diese organisatorischen Praktiken werden in jeder Organisation in unterschiedlicher Weise gelebt und die Wahrnehmung durch Beschäftigte ist ebenso vielfältig. Entwicklungs-, Erhaltungs- und Änderungspraktiken sind sowohl in der Neuorientierungs- als auch in der Ausgleitphase bedeutsam, während Flexibilitätspraktiken ein besonderes Gewicht in der Ausgleitphase besitzen. Durch das Anwenden der oben angeführten Praktiken wird ein Eingehen auf Bedürfnisse und Anliegen von Mitarbeitern ermöglicht. Sie fühlen sich dadurch gesehen, erkannt und beachtet. Organisationale Wertschätzung liegt dadurch einerseits in den Rahmenbedingungen und andererseits in der Beziehungsgestaltung der handelnden Akteure begründet.

Ein Gradmesser für eine altersgerechte Führungs- und Organisationskultur besteht letztendlich darin, inwieweit diese Werte und Praktiken in der Beziehung zwischen Führungsverantwortlichen und Beschäftigten ihren Niederschlag finden. Im Folgenden wird auf die Bedeutung

15 Vgl. dazu das Age-Friendly Workplace-Modell von Eppler-Hattab et al., 2020, S. 2.

wertschätzender Führung im Führungs- und Organisationsalltag und ihre unterschiedlichen Auswirkungen auf Beschäftigte, die sich in der Neuorientierungs- und Ausgleitphase befinden, näher eingegangen.

Die Bedeutung wertschätzender Führung im betrieblichen Übergangsmanagement
Wie bereits beleuchtet, ist ein bedeutsames Handlungsfeld des betrieblichen Übergangsmanagements die Erhaltung und Stärkung einer Führungs- und Organisationskultur, die allen Organisationsmitgliedern ein Gefühl von Wertschätzung ermöglicht. Insbesondere für Beschäftige in der Neuorientierungs- und Ausgleitphase ist dies notwendig, da diese sich in einer sensiblen und vulnerablen Arbeits- und Lebensphase befinden.

Wertschätzendes Führungshandeln hat viele Facetten und kann im Führungsalltag in verschiedenster Weise gezeigt und erlebbar werden. Aus diesem Grund erscheint es angebracht und notwendig, auf die herausragende Bedeutung einer wertschätzenden Führungskultur im Rahmen des betrieblichen Übergangsmanagements hinzuweisen und näher darauf einzugehen. Im Folgenden werden einige ausgewählte, bedeutsame Aspekte von organisationaler Wertschätzung und Anerkennung näher betrachtet, ohne jedoch den Anspruch auf eine vertiefende Darstellung zu dieser umfangreichen Führungsthematik zu erheben.

Im Begriff »Wertschätzung« steckt das Wort »Wert«, das auch aus der Ökonomie stammt. Hier kommt der »Wert« einer Ware oder Dienstleistung durch ökonomische Bewertungs- und Wertschöpfungsprozesse zustande. Ebenso ist im Begriff »Wertschätzung« der »Wert« eines Menschen – begründet mit seiner unantastbaren Würde – enthalten. Somit hat ein Beschäftigter einen »Wert« für die Organisation und seine Arbeit spielt eine essenzielle Rolle im Funktionssystem (Buer, 2012). Dadurch hat er einen »Wert« als Person an sich, seine Tätigkeit hat einen »Wert« im System und ebenso hat die Arbeit auch einen »Wert« für die Person/den Beschäftigten. In diesem Wechselspiel trägt Arbeit neben der materiell-existenziellen Funktion im idealen Fall auch zur individuellen Selbstverwirklichung bei.

In Arbeitsbeziehungen, die durch die Funktionslogik initiiert und vorrangig bestimmt sind, sind wertschätzendes Begegnen und wertschätzende soziale Bezogenheit sowie Kooperation zentrale Bedürfnisse und Erwartungen, die jedoch – wie zahlreiche Untersuchungen belegen – nur zum Teil erfüllt werden (vgl. Van Quaquebeke et al., 2009). Erfüllte bzw. nicht erfüllte Erwartungen haben ein breites Wirkungsspektrum vom Glückserleben bis zur Kränkung und entsprechenden Auswirkungen auf Motivation, Arbeitsfreude, Gesundheit und Arbeitsbewältigung. Das Erleben wertschätzender Begegnung erzeugt bei jedem Menschen positive Gefühle, löst einen Eindruck emotionalen und sozialen Gewinns aus und hat dadurch positive Auswirkungen auf das Immun- und Motivationssystem – so die Ergebnisse der Hirn- und Stressforschung (siehe Bauer, 2013; Yu, 2013; Hüther, 2015).

Das Verlangen nach Wertschätzung, Anerkennung, Achtung, Rücksichtnahme und Respekt ist ein menschliches Grundbedürfnis und stellt im praktisch-philosophischen Sinne einen Wert bzw. ein grundlegendes Prinzip einer Gesellschaft für moralisches Handeln dar. »Respektiert zu werden, heißt in diesem Zusammenhang, nicht verletzt zu werden ...« (Schmetkamp, 2012, S. 14). Unter Anerkennung ist zu verstehen, dass man einander in einer bestimmten Weise in seiner Identität und mit seiner Besonderheit erkennt, wahrnimmt und auch bestätigt bzw. sich so durch den anderen erlebt. Anerkennung wird damit zum Verhalten und Erleben von »An-Erkennung«: Das ist grundlegend für das Selbstverständnis und -bewusstsein von Menschen und gelingt in mindestens zwei Schritten, die ineinanderfließen: Es ist das Erkennen des anderen, ggf. ausgedrückt durch Nachfragen beim bedeutsamen anderen/Gegenüber, um die Person in seinem Erleben und Verhalten stimmig wahrzunehmen. Und Anerkennen bedeutet gleichzeitig, den anderen und seine erkannten Bedeutsamkeiten (so wie er die Welt erlebt und sieht) wahr und gültig zu verstehen und nutzbringend zur Sprache zu bringen. Anerkennung zählt besonders dann, wenn sie nicht ständig mühsam erzwungen wird, sondern freiwillig erbracht wird. Wichtige Voraussetzungen für wertschätzende und anerkennende Begegnungen sind die Fähigkeit zu einem »Sich-selbst-Wertschätzen«, Fertigkeiten, sich in andere hineinzuversetzen, und die Fähigkeit zum Ein- und Mitfühlen. Das »Sich-selbst-Wertschätzen« wird einerseits durch biografische selbstwertstärkende Erfahrungen gespeist und andererseits dadurch, dass man arbeitsbezogen seine Fertigkeiten und Fähigkeiten ausleben kann, einen passenden sozialen Status gefunden hat und sich immer wieder auch dadurch zufrieden bis glücklich fühlt. Das Hineinversetzen in die Lage des anderen setzt jedoch voraus, dass man nicht übermäßig mit sich selbst beschäftigt ist. Menschen mit einer ausgeprägten Selbstbezogenheit kann dies nur schwer gelingen und für diese stellt Anerkennungs- und Wertschätzungsvermittlung eine große Aufgabe dar.

Die Frage stellt sich, durch welche konkreten Handlungen sich Mitarbeitende von Führungspersonen »an-erkannt« und wertgeschätzt fühlen? Im Stufenmodell der Wertschätzung von Zwack et al. (2011) steht auf der ersten Stufe das »Wahrnehmen der Anwesenheit« des Mitarbeiters. Dabei wird z. B. über das Grüßen, über den Augenkontakt und das rücksichtsvolle Registrieren die physische Anwesenheit wahrgenommen. Auf der nächsten Stufe geht es darum, die »Funktion ernst zu nehmen«. Das heißt, dass Mitarbeiter in ihrer Funktion und professionellen Identität wahrgenommen werden, also in ihrem Wert für die Organisation gesehen werden. Die dritte Stufe ist dadurch gekennzeichnet, dass der Mitarbeiter in »seiner Person« und als ganzer Mensch, und nicht nur als beruflicher Rollenträger angesprochen wird.

Neben den oben angeführten Aspekten zur Vermittlung eines Wertschätzungs-/Anerkennungsgefühls im Rahmen des betrieblichen Übergangsmanagements haben neben dem Anwenden von kommunikativen Regeln wie Ausreden lassen, Zuhören etc. weitere Aspekte eine essenzielle Bedeutung:

- Gestaltung und Anregung **intergenerationellen Dialogs** zwischen den Beschäftigten, also Beschäftigten unterschiedlichen Alters. Dazu gehört die bewusste Unterlassung typischer altersstereotyper Aussagen wie z. B. »alte, sture, nicht lernwillige und nicht veränderungsbereite Mitarbeiter« und damit das bewusste Verwenden nicht-altersdiskriminierender Aussagen[16]. Dies ist eine besondere Herausforderung in Stress- und Konfliktsituationen.

- Vorgaben und Vorgehensweisen für **wertschätzende Zusammenarbeit**. Dies zeigt sich, wenn Führungsverantwortliche ihre Mitarbeitenden ernst nehmen, indem i. B. auf arbeitsbezogene altersgerechte Anliegen und Gestaltungswünsche eingegangen wird und ihre Leistungen anerkannt werden.
- Umsetzung von Haltung und Instrumente für **wertschätzende Führung-Mitarbeitenden-Beziehung**. Konkret erlebbar wird dies durch glaubhaftes Interesse an Meinungen und Einschätzungen, an formulierten Bedarfen und Anerkennen der individuellen Situation der Mitarbeitenden. Gegenüber Dritten steht die Führungsperson zu den Mitarbeitenden und deren Arbeit und praktiziert eine selbstwertstärkende konstruktive Fehlerkultur. Einen besonderen Stellenwert in diesem Zusammenhang hat die Beziehungs- und Führungsqualität zwischen älteren Beschäftigten und wesentlich jüngeren Führungsverantwortlichen. Diese intergenerationelle Konstellation kann Akzeptanzprobleme in sich bergen, indem erfahrene ältere Beschäftigte ihrer jüngeren Führungskraft oftmals einen geringeren Einfluss zugestehen bzw. wenn auf deren arbeitsbezogenen altersspezifischen Bedürfnisse nicht oder nur unzureichend eingegangen wird. Dies kann ein Nährboden für Konflikt und Demotivation sein. Wertschätzendes Führungsverhalten hat hier einen besonderen Stellenwert, denn Mitarbeitende lassen von ihrem Führungsverantwortlichen umso mehr Einfluss zu je mehr sie sich wertschätzend und partnerschaftlich behandelt fühlen (Decker et al., 2014).

Wertschätzende Führung wirkt

Auswirkungen wertschätzender Führung sind vielfältig. Einige Ergebnisse der führungswissenschaftlichen Forschung[17] sollen dazu exemplarisch angeführt werden: So wirkt sich wertschätzende Führung durch eine bessere Arbeitsgestaltung positiv auf die Mitarbeitergesundheit aus und ist dadurch eine Gesundheitsressource. Umgekehrt wird wahrgenommene Geringschätzung als Stressfaktor erlebt und hängt mit Krankheitshäufigkeit, Schlafstörungen und Depression zusammen. Wertschätzend geführte Mitarbeitende identifizieren sich stärker mit ihrem Unternehmen, beteiligen sich stärker proaktiv an der Lösung organisationaler Probleme und äußern rechtzeitig Verbesserungsvorschläge. Sie verhalten sich eher prosozial, indem sie mehr gruppendienliche als egoistische Entscheidungen treffen. Die Auswirkungen wertschätzenden Verhaltens spüren nicht nur die unmittelbar Betroffenen, sondern auch alle anderen Teammitglieder. Wertschätzendes Verhalten vermeidet Fluktuationsbereitschaft. Hingegen fühlen sich Mitarbeiter ebenfalls beeinträchtigt und denken häufiger darüber nach, das Unternehmen zu wechseln, wenn sie erleben, dass Kollegen respektlos behandelt werden. Wie schon erwähnt, erweisen sich wertegestützte Handlungs- und Begegnungsweisen der Führung positiv für die erlebte und gemessene Arbeitsbewältigungsfähigkeit der Beschäftigten. Dies alles sind kon-

16 Entsprechende Programme wie »Respect Aging« sind in zahlreichen Ländern etabliert mit dem Ziel, verschiedenartig gelagerte Altersdiskriminierung zu verhindern.

17 Siehe Montano (2016); Karregat & Steensma (2005); Semmer et al. (2007); Stürmer et al. (2008); Spencer & Rupp (2009); Fuller et al. (2009); Grover (2013); Borkowski (2011); Van Quaquebeke und Eckloff (2010, 2013); Siegrist (2015).

krete Beispiele der Wirkungsweise von Anerkennung, Wertschätzung und respektvollen Umgangs im Betrieb zwischen Führung und ihren Mitarbeitenden.

Die Führungsbeziehung besitzt auch eine bedeutsame Auswirkung auf das Entscheidungsverhalten hinsichtlich des Zeitpunkts des Pensions-/Rentenantritts. Neben den gesundheitlichen Voraussetzungen spielt auch die Beziehungsqualität zwischen dem Vorgesetzten und dem Mitarbeitenden für die Entscheidung, in den »Ruhestand« zu gehen, eine wesentliche Rolle (Wöhrmann et al., 2017). Wenn in einer Vorgesetztenbeziehung ein sozialer und emotionaler Gewinn erlebt werden kann, so hat dies positiven Einfluss auf die »Ruhestandsentscheidung« und Beschäftigte in der Ausgleitphase sind bereit den Zeitpunkt ihres »Ruhestands« zu verschieben (ebenda). Erklärt werden kann dies dadurch, dass mit zunehmendem Alter Menschen die Zeit als begrenzt wahrnehmen und daher mehr Wert auf kurzfristige Ziele legen, aus denen sie emotionale Bedeutung ableiten[18]. So ist u. a. der Erhalt von Sozialkontakten mit dem Motiv gekoppelt, dass ältere Menschen großen Wert darauf legen, in der Begegnung mit anderen positive und glückliche Erfahrungen zu machen. Somit bevorzugen sie Personen – Kollegen und Führungskräfte – und Situationen, die eher positive Emotionen versprechen und realisieren. Diese Arbeitsbeziehungsaspekte spielen eine Rolle beim Nachdenken über die Ausübung von Tätigkeiten bis zum bzw. nach Erreichen des gesetzlichen Pensions-/Rentenantrittsalters. Hier sind die Erwartungshaltung des Beschäftigten und die prognostizierte Erfüllungswahrscheinlichkeit dieser sozialen Bedürfnisse entscheidend: Emotionaler Gewinn und affektive Bedeutsamkeit sind somit wesentliche Faktoren für die Entscheidung zur Weiterführung /Wiederaufnahme einer entgeltlichen Tätigkeit, wie Untersuchungen belegen. Diese Erkenntnisse verweisen auf die motivationspsychologische Wirkung einer wertschätzenden Führung-Mitarbeiter-Beziehung bzw. eines partnerschaftlichen Organisationsklimas.

Die Wirkungen einer wertschätzenden Führung-Mitarbeiter-Beziehung entfalten sich erst dann, wenn Mitarbeitende das Führungsverhalten als authentisch erleben. Wenn Mitarbeitende manipulative Motive erkennen oder vermuten, wie z. B. einseitige Vorteile für den Führungsverantwortlichen oder die Organisation, so verliert sich die Qualität einer wertschätzenden Beziehung und verkehrt die Auswirkung ins Gegenteil.

Zugänge wertschätzender Führungskultur

Das betriebliche Übergangsmanagement hat mehrere Zugänge für die unmittelbaren Führungskräfte, um den demografischen Wandel mit den betroffenen Beschäftigten zu meistern. Es handelt sich vorrangig um dialogorientierte Bausteine, die die Beziehung zwischen Vorgesetztem und seinen Mitarbeitern tragen, mit konkreten beidseitigen Anliegen befüllen und zu partnerschaftlicher Entwicklung und Umsetzung von Übergangsmaßnahmen motivieren. Diese Bausteine können Gespräche zwischen Vorgesetztem und seinen Mitarbeitern sein. Sie können auf Einladung der Führungskraft oder auch auf (indirektes) Verlangen betroffener Mit-

18 Siehe dazu die Erkenntnisse der sozioemotionalen Selektivitätstheorie von Carstensen (1992, 2006).

arbeiter sowie im regulären Jahresgespräch oder anlassbezogen stattfinden. Das Gespräch leitet und verantwortet die Führungskraft. Wir greifen folgende (vor-)sorgende Dialoginstrumente für Lebensphasenübergänge exemplarisch auf:

- Anerkennende Erfahrungsaustausch
- Zukunftsgespräch
- Abschluss-Dialog
- Führungs-Mitarbeiter-Gespräch zur »Silber-Karriere«.

Führungskräfte können in verschiedenen Formen eine hervorgehobene Begegnung oder einen vom Alltäglichen enthobenen Dialog wirkungsvoll und stimmig umsetzen. Ein diesen Überlegungen und partnerschaftlichen Absichten verbundener Dialog-Baustein ist der »Anerkennende Erfahrungsaustausch« (Geißler et al., 2007). Dieser Dialog- und partnerschaftliche Maßnahmengestaltungs-Baustein ist gangbar, pragmatisch praktisch in Jahresgespräche zu integrieren, für alle Beteiligten sichtbar und damit mit erhöhter Chancenwahrscheinlichkeit persönlich und ggf. auch personalwirtschaftlich wirksam. Sie finden dieses auch für das betriebliche Übergangsmanagement taugliche Instrument sowie die weiteren Gesprächswerkzeuge der Mitarbeiterführung im Kapitel 3.

Die Wirksamkeit für Beschäftigte verbessert sich durch erlebte Anerkennung durch Vorgesetzte und bedeutet für beide Interessensträger, Arbeitgeber und Arbeitnehmer, eine Verbesserung von Arbeitsbewältigungsfähigkeit und Leistungsfähigkeit. Auch die Führungskräfte erhalten durch den »Anerkennenden Erfahrungsaustausch« Unterstützung für eine beiderseitig günstige Bewältigung der Übergangsphasen. Der Dialog verbessert auch die Wahrnehmung der Mitarbeiter und schafft damit Grundlage für eine gezielte Vorsorge und gelebte Achtung gegenüber den Beschäftigten. So berichtet der Vorgesetzte eines Unternehmens des öffentlichen Verkehrs von seiner Einladung eines älteren Busfahrers zum jährlichen »Anerkennenden Erfahrungsaustausch«: Der Mitarbeiter war dem Vorgesetzten in ungünstiger Erinnerung, da dieser mehrmals einer Bitte um Dienstübernahme nicht nachkam. Die Führungskraft vermutete, dass die Identifikation mit dem Unternehmen dieses Mitarbeiters in der Ausgleitphase nachgelassen hätte. Doch im Laufe des Gesprächs und anhand der Leitfragen nach den aktuellen Stärken und Schwächen der Arbeit aus Sicht des Mitarbeiters wurde, so wie in der Vergangenheit, wieder sichtbar, dass er sich zum Busfahrer berufen fühlt. Der Grund, kurzfristig keine anderen Dienste zu übernehmen, war nicht, dass er sich weniger engagieren wollte bzw. zum »Lückenbüßer« abgestempelt fühlte und dementsprechend reagierte, sondern er hatte Verantwortung für einen pflegebedürftigen Angehörigen übernommen und die dienstfreien Zeiten für Betreuung reserviert. Für die Führungskraft tauchte spontan Verständnis auf und dadurch eröffnete sich eine gemeinsame Maßnahmenentwicklung mit Dienstplanstabilität. Das Erleben der Achtung des Mitarbeiters durch den Vorgesetzten in diesem Gespräch stärkte sein Selbstwertgefühl als Mensch und Busfahrer. Er reagierte nach Pensions-/Rentenantritt positiv auf kleine Beschäftigungseinladungen des Unternehmens.

Wie können Führungsverantwortliche Übergänge gut begleiten?

Strategische und taktische Führungsverantwortliche ermöglichen durch ihre Entscheidungs- und Planungsverantwortung die Realisierung von betrieblichem Übergangsmanagement und damit zusammenhängenden Durchführungs- und Umsetzungsschritten. Operative Führungskräfte haben eine Schlüsselfunktion: Sie sind die unternehmensbezogenen »Beziehungs- und Übergangsmacher«, die einen direkten Einfluss auf die Ausformung des betrieblichen Übergangsmanagements und die Gestaltung und Begleitung des Übergangsgeschehen haben.

Beschäftigte, die sich in der Neuorientierungs- und Ausgleitphase befinden, erleben sich in unterschiedlicher Intensität und Qualität in einem Veränderungsprozess, der durch Führungsverantwortliche aktiv oder auch passiv mitgestaltet wird. In Veränderungsprozessen haben Führungsverantwortliche fünf wesentliche Funktionen: zu mobilisieren, zu unterstützen, Vorbild zu sein, zu entscheiden und zu qualifizieren. Voraussetzung für ein diesbezügliches Führungshandeln ist, dass Führungsverantwortliche Klarheit über den Stellenwert, die Bedeutsamkeit und die Wirkung ihres aktiven oder unterlassenen Führungshandelns in Übergangs- und Veränderungsprozessen haben.

Nachfolgend sind exemplarisch konkrete Handlungsimpulse zu den fünf Funktionsebenen angeführt (in Anlehnung an iga.Fakten 4, 2012).

Funktion im Veränderungsprozess	Haltung	Konkrete Handlungsimpulse für die Neuorientierungs- und Ausgleitphase	Wirkung bei den Mitarbeitenden
Mobilisieren	»Ich nehme die Menschen in der Veränderung mit«	Auf betroffene Mitarbeitende wird aktiv zugegangen. Sie werden zu partnerschaftlichen Planungsgesprächen eingeladen. Im Team wird aktiv das Thema angesprochen.	Bewusstwerden eines stattfindenden Veränderungsprozesses. Mitarbeiter fühlen sich wahrgenommen und beachtet.
Unterstützen	»Ich habe ein Ohr für die Belange meiner Mitarbeitenden«	Mitarbeitende werden nach Unterstützungs- und Gestaltungsbedarf gefragt. Der Austausch unter den Mitarbeitenden wird gezielt gefördert. Eine verständnisvolle Haltung für emotionale Reaktionen wird vermittelt.	Mitarbeiter fühlen sich aufgehoben.
Vorbildlich Handeln	»Ich bin ein Vorbild«	Führungsverantwortliche verhalten sich partnerschaftlich und wertschätzend gegenüber den betroffenen Mitarbeitern und sorgen gut für sich v. a. wenn sie sich zeitgleich in den Übergangsphasen befinden.	Gefühl der Identifikation mit den Führungswerten

Funktion im Veränderungsprozess	Haltung	Konkrete Handlungsimpulse für die Neuorientierungs- und Ausgleitphase	Wirkung bei den Mitarbeitenden
Entscheiden	»Ich treffe klare Entscheidungen«	Bei Gestaltungsmaßnahmen zum Erhalt der Beschäftigungs- und Arbeitsbewältigungsfähigkeit werden gemeinsam gestaltete Maßnahmen umgesetzt.	Gefühl der Verlässlichkeit und Ernstnehmen von Bedürfnissen und Vorschlägen
Qualifizieren	»Ich befähige meine Mitarbeitenden, den Übergang zu meistern«	Auf fachliche und persönlichkeitsfördernde Qualifizierungsangebote wird aktiv hingewiesen und die Teilnahme wird ermöglicht.	Stärkung der Bewältigungskompetenz

Tab. 8: Funktion von Führungsverantwortlichen im Veränderungs- und Übergangsprozess

Persönliche und damit auch organisationale Übergänge im Führungsalltag zu begleiten, heißt in erster Linie, Übergänge wahrzunehmen, sie als normalen Teil der Führungsarbeit zu sehen, die in Übergängen innewohnende Dynamik verstehen zu wollen und die bei allen Menschen vorhandenen Bewältigungskompetenzen zu aktivieren. Strukturen und Routinen erleichtern dabei die Übergangsbewältigung. Da die betriebliche Übergangsgestaltung eine Querschnittsaufgabe zwischen Führungsverantwortlichen, Beschäftigten, Personalentwicklung, Beauftragten für Gesundheit ist und jeder Beteiligte daran Verantwortung hat, können durch ein gezieltes und abgestimmtes Bearbeiten Ressourcen und Kompetenzen auf- und ausgebaut werden.

Wie können Beschäftigte als Partner für das betriebliche Übergangsmanagement gewonnen werden?

Gut gemeinte, auch hehre Absichten erzeugen nicht immer ungeteilte Zustimmung. Davon ist auch die betriebliche Gestaltung der Übergangsprozesse nicht ausgenommen. Menschen wollen selbstständig entscheiden, ob sie und wenn ja, in welcher Form und Intensität sie sich bei betrieblich initiierten und gesteuerten Entwicklungsprozessen wie dem betrieblichen Übergangsmanagement beteiligen wollen. Diese Tatsache ist im Führungsalltag mitunter eine Herausforderung, umso mehr, wenn eine wohlmeinende und wertschätzende Haltung keine oder nur eine zurückhaltende Resonanz bei Mitarbeitenden auslöst. Beschäftigte erleben entsprechende Initiativen und Programme mitunter als Bedrohung ihrer Entscheidungsautonomie oder als zu starke und grenzüberschreitende Einmischung in ihr Arbeitsleben, wenn sie keinen Sinnbezug zu ihrer persönlichen Situation und ihren arbeitsbezogenen Bedürfnislagen herstellen können.

Mangelnde Kooperationsbereitschaft im Übergangsprozess kann sich vielfältig zeigen, so u. a. durch offene Ablehnung, Desinteresse oder auch durch eine scheinbare Zustimmung ohne Engagement, Nichteinhaltung von Vereinbarungen (z. B. Teilnahme an entsprechenden Veranstaltungen, Unterstützungsangeboten …). Gründe dafür können sein, dass zu wenig verständliche und motivierende Informationen über Hintergründe, Ziele und den Ablauf sowie möglichen Maßnahmen des betrieblichen Übergangsmanagements vermittelt wurden. Erfolgt durch Führungsverantwortliche und andere Meinungsbildner eine ablehnende oder passive Haltung gegenüber dem betrieblichen Übergangsmanagement, die offen oder verdeckt kommuniziert wird, so wird dadurch eine Teilnahme ebenso erschwert. Eine negative Bewertung und Einschätzung durch Beschäftigte kann auch dadurch begründet sein, dass der vermutete emotionale »Gewinn« bei einer aktiven Mitwirkung geringer ausfällt als der mögliche Nutzen. Wenn bei Mitarbeitenden z. B. das Gefühl ausgelöst wird, übervorteilt zu werden, indem nur ein betrieblicher Nutzen assoziiert wird, so leidet verständlicherweise ihr Beteiligungsengagement darunter. Ebenso kann im Rahmen eines betrieblichen und persönlichen Übergangsprozesses eine Befürchtung oder Angst ausgelöst werden, sich mit Themen wie Älterwerden, Veränderung, Abschiednehmen u. a.m. auseinandersetzen zu müssen, für die man innerlich noch nicht bereit ist. Befinden sich Menschen gerade in einer Lebensphase mit einem sensiblen Ereignis wie z. B. Erkrankung, Betreuung pflegebedürftiger Angehöriger oder veränderter persönlicher Beziehung u. a.m., die einen großen Teil ihrer Lebensenergie und Aufmerksamkeit bindet, so kann dies in Folge zur eingeschränkten oder gar keiner Beteiligung führen. Die vielfältigen Varianten eines Beteiligungsengagements im Rahmen des betrieblichen Übergangsmanagements sollen für Führungsverantwortliche Ansporn sein, verstärkt den Kontakt und den Dialog mit den Beschäftigten zu suchen, um die Hintergründe zu verstehen und auch die jeweiligen Entscheidungen zu respektieren. Eine wertschätzende Beziehung schafft dazu eine gute Grundlage – auch für eine potenziell spätere Beteiligungsmotivation.

Zusammenfassend sind die Voraussetzungen für eine aktive Beteiligung am betrieblichen Übergangsmanagement:

- Klares Bekenntnis und aktive Unterstützung durch Führungsverantwortliche
- Klare und verständliche Informationen über Ziele, Vorgehen und Nutzen
- Bereitstellung von organisationalen Ressourcen
- Berücksichtigung der individuellen Situation von Beschäftigten im Übergangsprozess
- Interesse, Motivation und Bereitschaft zur Mitwirkung und zum Selbstmanagement des Beschäftigten seines Übergangsprozesses im Betrieb

Wie können Führungsverantwortliche als Partner für betriebliches Übergangsmanagement gewonnen werden?

Betriebliches Übergangsmanagement kann nur durch überzeugte, entscheidungsfreudige und tatkräftige Führungsverantwortliche implementiert und gelebt werden. Um Führungsverantwortliche als Partner für betriebliches Übergangsmanagement zu gewinnen, sind einige Voraussetzungen notwendig wie:

- Führungskraft wird die Notwendigkeit und der Nutzen sichtbar und begreifbar gemacht
- Führungskraft wird zur Entwicklungsbegleitung in den späteren Berufsphasen seiner Mitarbeiter beauftragt

- Führungskraft wird zur Abschätzung und Planung des zusätzlichen Arbeitsaufwandes für ein entsprechendes Vorgehen angeregt
- Führungskraft erhält eine Würdigung ihrer bisher praktizierten Übergangsroutinen
- Führungskraft erhält Angebote und Möglichkeiten zur diesbezüglichen Kompetenzentwicklung
- Führungskraft erfährt ebenfalls Aufmerksamkeit, selbst irgendwann auch davon betroffen zu sein.

Führungsverantwortliche der Baby-Boomer-Generation sind Mehrfach-Betroffene
Führungsverantwortliche sind vom demografischen Wandel und den damit zusammenhängenden Auswirkungen mehrfach betroffen, indem sie

- die wirtschaftlichen Unternehmensziele mit mitunter leistungsgewandelten Beschäftigten erreichen sollen.
- die Fürsorgepflicht gegenüber den Beschäftigten für Gesundheit und Arbeitsbewältigungsfähigkeit haben. Denn über ihr Führungshandeln und -verhalten und die Gestaltung der Arbeitsbedingungen nehmen Führungsverantwortliche wesentlichen Einfluss auf das Wohlbefinden, die Leistungsfähigkeit und die Gesundheit der Beschäftigten. Alters- und anforderungsadäquate Arbeitsbedingungen für Beschäftigte in der Neuorientierungs- und Ausgleitphase herzustellen und die Balance zwischen Aufgaben- und Mitarbeiterorientierung zu halten, stellen an Führungsverantwortliche mitunter hohe Anforderungen.
- selbst zur Zielgruppe im betrieblichen Übergangsmanagement werden, da ein zunehmender Anteil von Führungsverantwortlichen sich selbst in der Neuorientierungs- bzw. Ausgleitphase befindet.

Weil Führungsverantwortliche selbst zu Betroffenen werden, schafft dies mitunter gute Voraussetzungen für eine gelingende Gestaltung der Übergangsphasen ihrer Mitarbeiter. Sie können in diesen Phasen ggf. besser Bedürfnisse und Interessen der älteren Beschäftigten nachvollziehen. Wenn im Unternehmen hingegen ein betriebliches Übergangsmanagement generell fehlt, so kann dies auch Führungsverantwortliche in ihren Übergangsphasen belasten.

Fazit:
Die erste Handlungsebene »Altersgerechte Führungs- und Organisationskultur« ist das Fundament und ein Interventionsfeld des betrieblichen Übergangsmanagements. Der Arbeitgeber bzw. das Topmanagement des Unternehmens beauftragt Analysen bzw. eine Bestandsaufnahme, um Grundlagen zur Entscheidung zu bekommen. Diese Erkenntnisse geben ggf. Anlass für die Entscheidung, betriebliches Übergangsmanagement einzurichten. Es werden die damit verbundenen Werte und Visionen, d. h. das Leitbild und die Ziele mit Nutzenerwartungen festgelegt. Das alles sind bedeutsame Aussagen auch für die Betriebskommunikation. Dafür kann auch ein betrieblicher Akteur als Planer, Organisator, Koordinator und Umsetzer beauftragt werden. Alltagspraktisch liegt die Umsetzung vorrangig in den Händen der operativen

Führungskräfte. Die Instrumente sind vorrangig dialogbasiert. Damit können sie den Beschäftigten die betrieblichen Nutzenerwartungen deutlich machen, durch Einladung zu Angeboten die Eigenverantwortung und Selbstregulation der Mitarbeiter anregen und durch ihre Form der Mitarbeiterführung Ressourcen spürbar machen, die Wohlbefinden, Motivation und Arbeitsbewältigung aufbauen.

Chancen für den Betrieb während des demografischen Wandels	Chancen für den älteren Beschäftigten während Übergangszeiten
Rechtzeitige Vorsorge und Entwicklung zur Aufrechterhaltung von Beschäftigungsfähigkeit bis zum bekannten, regulären Berufsaustritt.	Der Beschluss dieser Personalstrategie signalisiert lebenslauf-kontinuierliche Entwicklung, bietet dazu Impulse und anlassbezogene Unterstützung.
Mit der Kommunikation und Umsetzung dieser Strategie kann das Unternehmen an Attraktivität gewinnen. Ihre so gestimmte Personalpolitik und -arbeit kann damit ohne ausschließlich monetäre Anreize die Personalrekrutierung etwas erleichtern und die Mitarbeiterbindung erhöhen.	Wertschätzende Führung kann bei Mitarbeitern das Gefühl von Sicherheit und Selbstwertstärkung auslösen. Sinnbezug kann dadurch vermittelt werden. Dies alles bringt positive Auswirkungen in den verschiedensten Bereichen individuellen Befindens und Verhaltens mit sich.
Für die Umsetzung des betrieblichen Übergangsmanagements sind Führungskräfte die zentralen Akteure. Die finanzielle und zeitliche Investition liegt in der bestehenden personellen Infrastruktur des Betriebes. Die Wirksamkeit kann durch Eigenmittel des Betriebes und der Beschäftigten effizient verfolgt werden.	Die Einladung, das betriebliche Übergangsmanagement wahrzunehmen und zu nutzen, kann Empowerment zu Selbstregulation in Übergangsphasen bringen.

Tab. 9: Überblick der Chancen für Betrieb und Beschäftigte

2.2.2 Handlungsebene 2: Altersgerechte Arbeitsgestaltung

Fragen zum Einstieg

1. Wie kann altersgerechte Arbeitsgestaltung in der Neuorientierungs- und Ausgleitphase umgesetzt werden?
2. Was ist bei der altersgerechten Arbeitsgestaltungsmaßnahmenplanung zu bedenken?
3. Welche betrieblichen Akteure gibt es zur Umsetzung von altersgerechter Arbeitsgestaltung?
4. Welchen Stellenwert hat altersgerechte Arbeitsgestaltung im betrieblichen Übergangsmanagement?
5. Welchen Nutzen haben Mitarbeitende und Unternehmen von einer altersgerechten Arbeitsgestaltung?
6. Wie trägt die proaktive Erhaltung und Förderung von Arbeitsbewältigung zu Gesundheit und Lebensqualität im Alter bei?

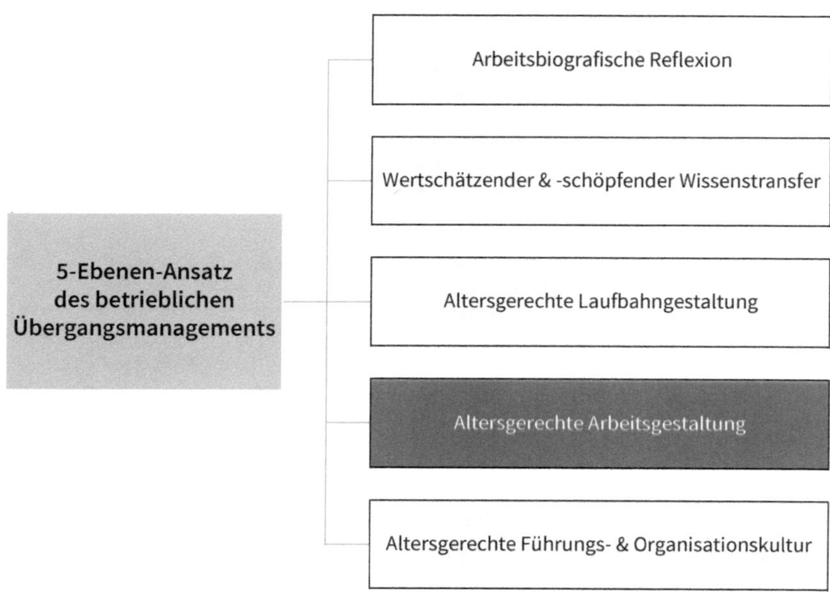

Abb. 9: Die Handlungsebene 2 – Altersgerechte Arbeitsgestaltung

Die Wechselwirkung zwischen Arbeit und Gesundheit zeigt sich insbesondere im späteren Berufsleben daran, ob Arbeitsbewältigungs- und Beschäftigungsfähigkeit erhalten bleibt oder gefährdet ist. Um Arbeitsbewältigungs- und Beschäftigungsfähigkeit bis zum Pensions-/Rentenantritt zu erhalten, sind langfristig sowohl personalpolitische als auch arbeitsorganisatorische und arbeitsgestaltende Maßnahmen notwendig. Damit Beschäftigte in gutem Wohlbefinden, gesund, gerne und produktiv bis zum (in Zukunft steigenden) regulären Pensions-/Rentenalter arbeiten können und wollen, ist es notwendig, die Arbeitsbedingungen an sich wandelnde Kapazitäten von Menschen anzupassen. Die Zielsetzung einer alterns- und altersgerechten Unternehmensführung ist die Vermeidung von arbeitsbedingten Gesundheitsbeeinträchtigungen und Erkrankungen sowie die Erhaltung und Förderung von Gesundheit auch über die reguläre Erwerbsphase hinaus. Dadurch wird Beschäftigungsfähigkeit gesichert. Zweifellos haben der Erhalt und die Förderung von Arbeitsbewältigungsfähigkeit nicht nur für die späte Berufsphase Bedeutung. Es ist notwendig, Arbeit so zu gestalten, dass sie über das gesamte Erwerbsleben mindestens schädigungslos, ausführbar und erträglich ist. Wie zahlreiche Untersuchungen zeigen, wirken sich Arbeitsbedingungen je nach Alter oder Lebensphase unterschiedlich auf die Gesundheit, Motivation und Leistung aus (Richter et al., 2018).

Altersgerechte Arbeitsgestaltung ist eine zentrale Handlungsebene des betrieblichen Übergangsmanagements. Absicht und Ausrichtung dabei ist, präventiv tätig zu werden, um Gesundheit, Arbeitsbewältigungsfähigkeit, Kompetenz, Beschäftigungsmotivation, Arbeits- und Lebensfreude zu erhalten und auszubauen und die späte Berufsphase als erstrebenswerte und attraktive Lebens- und Arbeitsphase zu gestalten. Wie durch das Personalrisikomanagement aufgezeigt wird, ist eine nachlassende Arbeitsbewältigung nicht kurzfristig zu kompensieren (Kobi, 2012). Trotz vielfältiger Initiativen von betrieblicher Gesundheitsförderung und Etablierung betrieblichen Gesundheitsmanagements in zahlreichen (v.a. größeren) Unternehmen, wird der Arbeitsgestaltung in der späten Berufsphase und altersgerechter Personalmaßnahmen derzeit noch zu wenig Aufmerksamkeit geschenkt (vgl. Bellmann, 2018).

In den folgenden Ausführungen werden die Bedingungen von Arbeitsbewältigung und konkrete Ansatzpunkte im Rahmen des betrieblichen Übergangsmanagements zur altersgerechten Arbeitsgestaltung in Ansätzen thematisiert und aufgezeigt.

Die Gestaltung alterns- und altersgerechter Arbeitsbedingungen findet sich auch in den jeweiligen nationalen Arbeitsschutzstrategien und den entsprechenden gesetzlichen Regularien: In Österreich im Rahmen der »Nationalen Strategie Gesundheit«, in Deutschland durch die »Gemeinsame Deutsche Arbeitsschutzstrategie« und auf europäischer Ebene durch die europäische Agentur für Sicherheit und Gesundheitsschutz am Arbeitsplatz (EU-OSHA).

Als altersgerecht kann Arbeit bezeichnet werden, wenn sie sich an den spezifischen Fähigkeiten und Bedürfnissen der jeweiligen beschäftigten Altersgruppen orientiert. Ein alternsbezogenes Vorgehen kontinuierlicher oder anlassbezogener Arbeitsgestaltung beeinflusst Arbeitsbewältigungsfähigkeit der Mitarbeiter. Die bedarfsorientierte Gestaltung der Arbeitsbedingungen wirkt positiv auf das Älterwerden und die Lebensphasen-Qualität der Beschäftigten.

Das bisher Erwähnte zeigt, dass Arbeitsbewältigungsfähigkeit keine Persönlichkeitseigenschaft ist, die ausschließlich Beschäftigte zum Arbeitsort mitbringen. Es zeigt weiter, dass Arbeitsbewältigungsfähigkeit weder im gesamten Erwerbsleben stabil ist noch dass es sich zwangsläufig im späten Berufsleben kritisch darstellen muss. Mit Blick auf das Altern wird deutlich, dass das körperliche Bewältigungspotenzial eines jungen Erwerbstätigen das eines dreißig Jahre älteren Beschäftigten übersteigen kann. Hingegen punktet ein Beschäftigter im höheren Lebens- oder Berufsalter mit Erfahrungswissen, sozialer Kompetenz, beruflicher Routine oder Handlungssicherheit. Dies alles hat Einfluss auf die Arbeitsbewältigungsfähigkeit nach Lebensphasen. Im Laufe von gut vierzig Erwerbsjahren verändern und wandeln sich die persönlichen Leistungskapazitäten bei entsprechenden Arbeitsbedingungen in eine positive oder bei lang andauernden Fehlbelastungen und ohne Verbesserungsperspektive in eine negative Richtung. Kurzum: Arbeitsbewältigungs- und Leistungsfähigkeit ist wandelbar, in die eine oder andere Richtung gestaltbar und ist nicht Schicksal!

Wissenschaft und empirisch überprüfte Betriebspraxis von Juhani Ilmarinen und dem Team des Finnish Institute of Occupational Health bringen Klarheit über »Work Ability« bzw. das »Konzept der Arbeitsfähigkeit« (Ilmarinen, 2005). Arbeitsfähigkeit oder wie wir es nennen: Arbeitsbewältigungsfähigkeit wird von mehreren und sich auch ständig wandelnden Faktoren – persönlicher & betrieblicher Art – beeinflusst. Arbeit kann anhaltend gemeistert werden, wenn Arbeitsanforderungen einerseits und persönliche Leistungskapazitäten andererseits zusammenpassen bzw. in Balance stehen. Jede Überforderung bzw. jede Unterforderung auf Dauer stellen ein Risiko für die Arbeitsbewältigung und übrigens auch für die Gesundheit dar. Folgende Faktoren erweisen sich für die Arbeitsbewältigung bedeutsam und sind die Bausteine des »Hauses der Arbeitsbewältigung« (in Anlehnung an Ilmarinen, 2012):

- Biopsychosoziale Gesundheitskonstitution und -verhalten
- Kompetenz aus Fähigkeiten, Fertigkeiten und Erfahrung
- Zufriedenheit mit gelebten und erlebten sozialen Werten
- verschiedenartige Arbeitsbedingungen – von Arbeitsmittel über Arbeitsumgebung bis Arbeitszeit
- verschiedenartige Organisationsbedingungen – von Arbeitsabläufen und -organisation über Betriebsklima bis Mitarbeiterführung
- Vereinbarkeit von Erwerbsarbeit und privaten Verbindlichkeiten
- Gesellschaftliche Rahmenbedingungen.

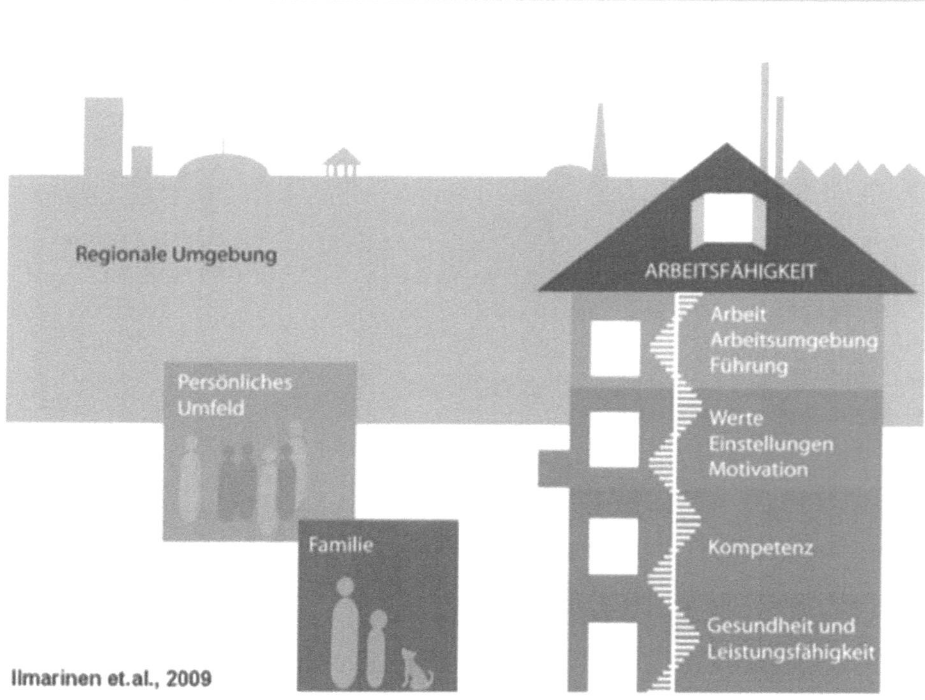

Abb. 10: »Haus der Arbeitsfähigkeit« – das Einflussfaktoren-Modell von Juhani Ilmarinen

Gleichzeitig beeinflusst ein Baustein die anderen in ihrer Belastbarkeit. Ein Übermaß an Arbeitsanforderungen drückt auf Dauer auf die gesundheitlichen Kapazitäten. Gut ausgeprägte Kompetenzen ohne berufliche Einsatzmöglichkeit gefährden die Statik des Hauses an der Etage »Werte / Motivation«. Verändert sich die Etage »Gesundheit« durch unvorhergesehene

Ereignisse (z.B. Unfall) oder durch lebens- bzw. altersbedingten Wandel, dann ist dies nicht das Ende der Arbeitsbewältigung und der Beginn von Arbeitsunfähigkeit. Vielmehr ist dies ein Auftrag für Person und Personalverantwortlichen ausgehend vom gewandelten Baustein eine neue, ideale Passung bzw. neue Balance zum gemeinsamen Wohle zu bringen. Selbstredend ist jede vorsorgliche Stärkung bzw. Vorbeugung eines Verschleißes der Bausteine des Hauses der Arbeitsbewältigung ein Beitrag für die Erhaltung von Lebensqualität und Zukunftsfähigkeit im längeren Erwerbsleben.

Es wird in Zukunft verstärkt Aufgabenstellung für betriebliche Verantwortungsträger und für Beschäftigte sein, die Arbeitsbewältigung nicht dem Zufall zu überlassen, sondern dem bewusst zu begegnen und kontinuierlich bedarfsgerechte Passungen/Balancen herzustellen. Diese Anstrengungen versprechen Nutzen im Sinne anhaltender Arbeitsbewältigung, Gesundheit und Produktivität bzw. Vorbeugung von individuellen Arbeitsbewältigungskrisen sowie Reduktion von Personalrisiken im Unternehmen.

Beschäftigte sollen und können länger aktiv im Erwerbsleben stehen. Wenn die Beschäftigten aber nicht nur bis zur Pension/Rente »durchhalten«, sondern länger gut, gern und wohlbehalten zum Unternehmenserfolg beitragen sollen, dann muss dafür rechtzeitig und kontinuierlich gesorgt werden. Betriebliches Übergangsmanagement leistet dabei einen wesentlichen Beitrag zu einer achtsamen und gesundheitsförderlichen Arbeitskultur.

Arbeitsbewältigungsfähigkeit lässt sich durch den Arbeitsbewältigungs-Index/Work Ability Index (Tuomi, 1994; Hasselhorn et al., 2007) messen und dabei sichtbar wie verstehbar machen. Dies gibt Aufschluss über das Verhältnis von Arbeitsanforderungen zu individuellen Ressourcen und liefert dadurch auch eine Grundlage zur Risikobestimmung für Arbeitsunfähigkeit in naher Zukunft.

Es lohnt sich für das Unternehmen und den interessierten Mitarbeiter – ebenso auch für den nur mehr »relativ kurz« im Betrieb arbeitenden älteren Mitarbeiter –, seine Arbeitsbewältigung zu sichten und sich dafür vorsorglich und verbessernd zum gemeinsamen Nutzen einzusetzen. Das zeitliche Orientierungsmaß »relativ kurz« im Zusammenhang mit dem Verbleib im Unternehmen wird in der betrieblichen Praxis und in der individuellen Wahrnehmung oftmals unterschiedlich wahrgenommen. Im Verhältnis zur gesamten Berufsdauer sind ca. 3 Jahre vor Pensions-/Rentenantritt »relativ kurz« eine nachvollziehbar zeitliche Einordnung. Jedoch bezeichnen sich manche Mitarbeitende, die sich ca. 3 Jahre vor dem regulären Pensions-/Rentenantritt befinden, als knapp vor der Pension/Rente stehend, obwohl sie noch ca. 750 Arbeitstage im Unternehmen sein werden. Sie stehen altersgerechten Anpassungsmaßnahmen mitunter skeptisch gegenüber, da sie als Argument anführen, dass dies früher hätte geschehen sollen und es sich jetzt nicht mehr richtig lohne, Anpassungen und Veränderungen vorzunehmen. Die verständliche persönliche Enttäuschung über verabsäumte Arbeitsgestaltung sollte unbedingt thematisiert werden und umso mehr Auftrag sein im Rahmen des betrieblichen Übergangsmanagements gemeinsam wirksame, zumindest arbeitsbewältigungserhaltende Maßnahmen auch für nur mehr »relativ kurz« im Unternehmen tätige Beschäftigte zu entwickeln, die Beschäftigungsmotivation zu erhalten, damit verbundene Chancen zu erarbeiten und Erkenntnisse daraus für die Organisation abzuleiten.

Arbeitsbewältigung konkret unterstützen und fördern

Um Arbeitsbewältigung zu fördern, greifen wir aus dem Angebot von verschiedenen Beratungswerkzeugen das »Arbeitsbewältigungs-Coaching (ab-c®)« (Gruber/Frevel, 2012) heraus. Die Entscheidung über den betrieblichen Einsatz dieses Instruments und Unterstützungsangebots für Mitarbeitende treffen die Führungsverantwortlichen bzw. auch dafür verantwortlichen Beauftragten für Gesundheitsschutz. Das Beratungsinstrument »Arbeitsbewältigungs-Coaching« wird von einer dafür qualifizierten betriebsinternen oder -externen Person durchgeführt. Führungsverantwortliche können es nicht durchführen, weil die Wirksamkeit des Coachings wesentlich vom persönlichen Datenschutz, von der vertrauenswürdigen Zusammenfassung und Übermittlung an die jeweiligen Führungsverantwortlichen und Entscheidungsträger abhängt.

Das Ziel des Arbeitsbewältigungs-Coachings ist Anregung und Unterstützung der Selbstbeobachtung und Selbstregulation zur Erhaltung, Förderung und ggf. Wiederherstellung von Arbeitsbewältigung. Dieser Unterstützungsprozess agiert sowohl auf individueller als auch auf betrieblicher Ebene und liefert Anstoß zu bedarfsgerechten und umsetzungsfähigen Anpassungs-/Fördermaßnahmen. Die individuellen und betrieblichen Förder- und Anpassungspläne sind die Antworten auf die von der ab-c®Beratung gestellten Leitfragen:

- auf individueller Ebene: »Was werden Sie für sich selbst zur Erhaltung oder Verbesserung der Arbeitsbewältigung tun? Was brauchen Sie dafür vom Betrieb bzw. anderen?« und
- auf betrieblicher Ebene: »Was kann der Betrieb tun, um die Arbeitsbewältigung der Belegschaft/der Zielgruppe zu fördern?«

Das Coaching strebt sowohl auf individueller als auch auf betrieblicher Ebene mindestens eine Förder- bzw. Gestaltungsmaßnahme auf allen vier Arbeitsbewältigungsebenen an:

- Gesundheitsvorsorge und -förderung
- Berufliche Entwicklungsmöglichkeit
- Führungs- und Organisationskultur
- Arbeitsbedingungsgestaltung.

In beiden Kernbausteinen wirken die ab-c®Berater im Sinne von Ermutigern, Facilitators und Befähigern zur individuellen und betrieblichen Arbeitsbewältigungsvorsorge.

Da sich Arbeit und Menschen fortwährend ändern, ist es angeraten, die Arbeitsbewältigung regelmäßig zu beobachten und die Maßnahmen individueller und betrieblicher Förderung kontinuierlich zu optimieren. Die Empfehlung lautet, das ab-c® in einem 2- bis 3-jährigen Rhythmus zur Wirkungsüberprüfung und zur Fortsetzung des zukunftssichernden Passungsprozesses zu wiederholen.

Fallbeispiel »Das Individuum stärken und die betriebliche Zukunft sichern!«

Der 50-jährige Herr M. erfuhr in der Betriebsversammlung vom Chef, dem Betriebsrat und einem Berater von dem geplanten Vorsorgeprogramm »Gut Älterwerden bei xy«. Ohne große Erwartungen hat er das Angebot des »persönlich-vertraulichen Arbeitsbewältigungs-Coachings« wie zwei Drittel seiner 43 Kollegen in Anspruch genommen.

Angeleitet durch den zur Vertraulichkeit verpflichteten ab-c®Berater macht sich Herr M. ein Bild von seiner jetzigen Arbeits- und Lebensbewältigungs-Situation. Er meint, dass es schon eine bessere Zeit gegeben hat, wo ihm die Arbeit leichter von der Hand gegangen ist. Seine Arbeitsbewältigung passt gut zu den körperlichen, doch nur mittelmäßig zu den psychischen Arbeitsanforderungen. In Behandlung ist er wegen seiner Gastritis und der früheren Unfallverletzung. Etwas angeschlagen sind seine seelischen Leistungsreserven. Manchmal werden ihm die täglichen Aufgaben zu viel und die Freude leidet darunter. Er ist sich bewusst, dass er diese Arbeitsintensität beruflich wie privat (dzt. Hausumbau zur Aufnahme der pflegebedürftigen Eltern) nicht ewig durchhalten kann und will. Diese Beschreibung findet sich in 38 Arbeitsbewältigungs-Indexpunkten (von max. 49 möglichen Indexpunkten) wieder. Seine gemessene und gefühlte Arbeitsbewältigungsfähigkeit befindet sich mit diesen Indexpunkten im hellgrünen, guten Bereich. Eigene Kapazitäten stehen im Gleichgewicht mit den Arbeitsanforderungen, doch die Reserven zur Aufrechterhaltung der Arbeitsbewältigung sind geschrumpft, wenn nicht am Limit. Für M. ist das Ergebnis stimmig.

Im folgenden Hauptteil des Gesprächs formuliert er auf die aktivierenden Fragen des ab-c® Beraters seinen Förderplan zur Unterstützung seiner Arbeitsbewältigung. Sein »Haus der Arbeitsbewältigung« füllt sich mit konkreten Vorsätzen und Bedarfen sowie auch mit als vorhanden wahrgenommenen gesundheitsunterstützenden arbeitsbezogenen Aspekten:

- Auf der Ebene der Gesundheit schwärmt er von der eingerichteten Werkskantine. Er merkt, dass das regelmäßige und gute Essen seine Magennerven beruhigt. Das will er nicht mehr missen und ist dem Arbeitgeber für diese Initiative dankbar.
- Hingegen wünscht und braucht er auf der Ebene der Arbeitsbedingungen Veränderungen. Gewisse Richtzeiten der Kunden sind nicht zu schaffen. Er will sich dafür einsetzen, dass eine gemeinsame Besprechung zur Arbeitseinteilung im Team stattfindet.
- Auf der Ebene der Führungsorganisation spricht er an, dass er einen Meister braucht, der ruhiger und gelassener ist.
- Die bedeutsamste Unterstützung für eine gute Arbeitsbewältigung in seinem späten Berufsleben wäre noch ein Berufswechsel bis zu seinem 55. Lebensjahr. Nach Abschluss des Hausumbaus will er sich erkundigen, wohin er sich beruflich entwickeln kann.

Den Förderplan zur Stabilisierung und Ausbau seines »Hauses der Arbeitsbewältigung« bekommt Herr M. am Ende des persönlich-vertraulichen Arbeitsbewältigungs-Coachings ausgehändigt. Einen Großteil der dort genannten Förderthemen gibt er dem ab-c®Berater für den Arbeitsbewältigungs-Bericht an das Unternehmen frei.

Wir gehen im Rahmen des betrieblichen Übergangsmanagements davon aus, dass ein gesundes Erreichen des regulären Pensions-/Rentenantrittsalters und das Aufrechterhalten der Beschäftigungsmotivation möglich sind, wenn frühzeitig auf die Person abgestimmte Maßnahmen zur Erhaltung der Gesundheit und Arbeitsbewältigungsfähigkeit ergriffen werden. Voraussetzung dazu ist eine präventive und prospektive Arbeitsgestaltung. Das umfasst auch, dass bereits bei der Planung bzw. Neugestaltung von Arbeitsstrukturen Auswirkungen auf Arbeitsbewältigung und Gesundheit mitberücksichtigt werden. Bei Leistungswandel von Beschäftigten in ihrer Arbeitskarriere benötigt es umso dringlicher eine korrektive Arbeitsgestaltung, um (weitere) Beeinträchtigungen und Schädigungen zu vermeiden.

Der Interventionsplanung für eine altersgerechte Arbeitsgestaltung liegen folgende Grundannahmen, die als Axiome altersgerechter Arbeitsgestaltung (Richter et al., 2018) bezeichnet werden, zugrunde:

- Jeder altert unterschiedlich: Lebensstil und genetische Voraussetzungen wirken alternsbegleitend.
- Die Expositionszeit, d. h. die Dauer arbeitsbezogener Einflüsse, ist eine zentrale Stellgröße für die Arbeitsgestaltung.
- Im betrieblichen Alltag treten Arbeitsgestaltungsmerkmale nicht singulär, sondern kombiniert auf und können kompensatorisch oder kumulativ wirken.
- Der geschlechterdifferenzierende Vergleich der Belastungsprofile von Vollzeitbeschäftigten zeigt Unterschiede. Es ist zu vermuten, dass diese bei Berücksichtigung der unterschiedlichen Rollen- und (familiären) Lebensmuster (Doppelbelastung) stärker ausfallen.
- Verhältnispräventive Maßnahmen erfordern vielfach finanzielle Investitionen, die sich erst langfristig wirtschaftlich auszahlen – der Ertrag lässt sich nicht kurzfristig einzelnen Kennzahlen zuordnen. Damit steht die präventive Logik häufig im Widerspruch zu kurzfristigen Ertragserwartungen.

Exkurs: Arbeitsbewältigung beeinflusst Pension/Rente

Arbeitsbewältigungsfähigkeit hat nicht nur eine zentrale Bedeutung für die Arbeitswelt und ist nicht nur auf das produktive Tätigkeitsein während der Erwerbsphase beschränkt. Sie beeinflusst auch die Gesundheit, den Grad der Einschränkung bei Aktivitäten des täglichen Lebens, die Lebenserwartung für die Lebensphase nach Erreichen des regulären Pensions-/Rentenalters. Im Rahmen der finnischen 28-Jahre-Längsschnittstudie (Finnish Longitudinal Study of Municipal Employees FLAME: Von Bonsdorff et al. 2012; Von Bonsdorff et al., 2016) zeigte sich, dass die Arbeitsbewältigungsfähigkeit in der Lebensmitte die Gesundheit und den Schweregrad der Einschränkung im Alter vorhersagen kann. Niedrige Arbeitsbewältigungsfähigkeit geht mit schlechter Gesundheit und eingeschränkter Selbstständigkeit im höheren Alter und reduzierter Lebenserwartung einher. 20 % der Menschen mit kritischer Arbeitsbewältigungsfähigkeit fühlen sich 5 Jahre nach der Pensionierung noch subjektiv gesund, jedoch 36,6 % der

Personen mit mäßiger, 62,8 % mit guter und 73,8 % mit sehr guter Arbeitsbewältigungsfähigkeit. Vergleichbare Ergebnisse gibt es für die Selbstständigkeit und Mobilitätseinschränkungen im Alter.

Diese Erkenntnisse weisen darauf hin, dass das Arbeitsleben einen weitreichenden Einfluss auf die Gesundheit der alternden Bevölkerung in der Zukunft hat. Eine bessere Arbeitsfähigkeit im mittleren Lebensalter kann vor einer Mobilitätseinschränkung im Alter schützen. Die Förderung der Arbeitsfähigkeit in der Lebensmitte kann zu einem unabhängigeren und aktiveren Altern führen. Der gesellschaftliche und gesundheitsökonomische Nutzen durch die Gestaltung alter(n)sgerechter Arbeitsgestaltung liegt auf der Hand und sollte in Zukunft eine stärkere Beachtung finden.

Akteure und Voraussetzungen für altersgerechte Arbeitsgestaltung

Die Akteure für altersgerechte Arbeitsgestaltung sind einerseits durch den gesetzlichen Rahmen sowie durch die jeweiligen funktionalen Zuständigkeiten in einer Organisation bestimmt:

- Arbeitgeber und deren verantwortliche Beauftragte
- Operative, unmittelbare Führungsverantwortliche
- Sicherheits- und Gesundheitsschutzbeauftragte
- Beauftragte für betriebliches Gesundheitsmanagement
- Personalmanagement
- Beauftragte für betriebliches Eingliederungsmanagement
- Beschäftigte
- Personalvertretung

Handlungsgrundlage für altersgerechte Arbeitsgestaltung ist eine altersgerechte Personalpolitik sowie Führungs- und Organisationskultur – wie bei Ebene 1 dargestellt. Das abgestimmte Zusammenwirken der Akteure ist Voraussetzung für erfolgreiche altersgerechte Arbeitsgestaltung. Dabei ist es unabdingbar, die Beschäftigten aktiv miteinzubeziehen und sie in eine aktiv gestaltende und mitwirkende Rolle zu bringen. Denn die Beschäftigten sind die Experten für ihren jeweiligen Arbeitsplatz und wissen (meistens) über Gestaltungsbedarfe Bescheid. Dies soll nicht den Einsatz und das Wirken von Führungsverantwortlichen, Experten des Gesundheitsschutzes u. a. schmälern. Es soll verdeutlichen, dass ein wesentlicher Akteur und Impulsgeber zum Erhalt und zur Förderung der Arbeitsbewältigung Beschäftigte sind. Auf Grundlage des Prinzips der gemeinsamen Verantwortlichkeit unterstützt ein partnerschaftliches und gemeinsam getragenes Bestreben altersgerechte Arbeitsgestaltung während der Übergangsphasen.

Altersgerechte Arbeitsgestaltung kann durch die unterschiedlichen Akteure in verschiedener Weise gemacht werden. Die nachfolgende Übersicht bringt eine exemplarische Darstellung von Aufgaben, Ansatzpunkten zum betrieblichen Übergangsmanagement und damit verbundenen Botschaften an die Mitarbeitenden:

Akteur	Aufgaben und Ansatzpunkte zum betrieblichen Übergangsmanagement	Botschaft an Mitarbeitende
Strategische Führung	Aufnahme altersgerechter Arbeitsgestaltungsförderstrategien in Managementprozesse; Controlling; Aufnahme in Leitbild & Policies; Ressourcenbereitstellung	Altersgerechte Arbeitsgestaltung ist ein gleichberechtigter Unternehmenswert und für die Zukunftsfähigkeit des Unternehmens wichtig.
Taktische Führung	Planung von Förderstrategien mit operativer Führung; Controlling; Ressourcenbereitstellung für Umsetzung und Qualifikation; Motivation der operativen Führungsverantwortlichen zum Aneignen von Fachwissen zu altersgerechter Arbeitsgestaltung	Altersgerechte Arbeitsgestaltung ist ein umzusetzender Managementprozess und eine Querschnittsaufgabe für Management und Führung.
Operative Führung	Thematisieren altersgerechter Arbeitsgestaltung im Team bzw. mit betroffenen Beschäftigten u. a. im regelmäßig stattfindenden Mitarbeitergespräch; Motivation der Beschäftigten zur Mitwirkung; Veranlassen altersgerechter Arbeitsplatzevaluierung; Entscheidungen treffen zur Umsetzung altersgerechter Gestaltungsmaßnahmen; Umsetzen der Strategie »alter(n)sgerechte Karriere- und Berufsverläufe«; Aneignen von Fachwissen zu altersgerechter Arbeitsgestaltung	Altersgerechte Arbeitsgestaltung ist ein Führungsanliegen; Führungsverantwortlicher nimmt Verantwortung für Beschäftigte und Betrieb wahr; aktive Wertschätzungsvermittlung.
Sicherheits- und Gesundheitsschutzbeauftragte	Identifizieren gesundheitsgefährdender Arbeitsbedingungen; Durchführung altersgerechter Arbeitsplatzevaluierung und Ermittlung alterskritischer Tätigkeiten sowie auch gelungener und gelingender Beispiele für altersgerechte Arbeitsgestaltung; Empfehlung von Maßnahmen zur altersgerechten Arbeitsgestaltung; Beratung von Führungsverantwortlichen auf den unterschiedlichen Ebenen; Motivation von Beschäftigten zur aktiven Kooperation; Abstimmung mit den beteiligten Akteuren	Altersgerechte Arbeitsplatzgestaltung ist ein rechtsbasiertes betriebliches, gesellschaftliches, gesundheits- und sozialpolitisch getragenes Anliegen mit Mitwirkungsaufforderung.
Beauftragte für betriebliches Gesundheitsmanagement	Zielentwicklung für altersgerechte Arbeitsgestaltung; Initiieren, Durchführen, Evaluation von entsprechenden Initiativen und Projekten; Erarbeitung von Vorschlägen zur Verankerung in Managementprozessen; Etablierung von Prozessen im betrieblichen Gesundheitsmanagement; Motivation von Beschäftigten zur aktiven Kooperation; Koordination der Akteure	Diese Unternehmenswerte und die systematischen Vorgehensweisen zu altersgerechter Arbeitsplatzgestaltung werden sichtbar und öffentlich gemacht.

Akteur	Aufgaben und Ansatzpunkte zum betrieblichen Übergangsmanagement	Botschaft an Mitarbeitende
Personalmanagement	Initiierung und Implementierung von Angeboten des betrieblichen Übergangsmanagements; Implementierung der Strategie »alter(n)sgerechte Karriere- und Berufsverläufe«; Mitwirkung im Rahmen des betrieblichen Gesundheitsmanagements; Bereitstellung spezifischer Qualifikationsangebote; Qualifikationsmatrix erweitern für Führungs-Personalrekrutierung und -entwicklung um den Bereich »Arbeitsbewältigungsmanagementkompetenz«; Wissensmanagement und -transfer zu altersgerechter Arbeitsgestaltung implementieren	Sichtbarwerden der formulierten Unternehmenswerte zu altersgerechter Arbeitsplatzgestaltung und Umsetzung im Personalmanagement.
Beauftragte für betriebliches Eingliederungsmanagement	Individuelle Unterstützung von Beschäftigten und koordinierte Abstimmung mit operativer Führung und weiteren Akteuren bei Arbeitsbewältigungskrisen; Vorbeugung erneuter Arbeitsunfähigkeit	Arbeitsbewältigungs- und Veränderungskrisen können gemeinsam bewältigt werden.
Beschäftigte	Aktive Kooperation mit den Akteuren bei der Diagnose, Planung und Umsetzung von Gestaltungsmaßnahmen; Weitergabe von Erfahrungs-/Handlungswissen über gelingende und nicht erfolgreiche Ansätze zur altersgerechten Arbeitsgestaltung im Rahmen von Wissenstransfermodulen	Bedürfnisse und Anliegen zur altersgerechten Arbeitsgestaltung werden ernst genommen; aktive Verantwortungsübernahme zur Mitwirkung; Wertschätzung des individuellen spezifischen Arbeitsgestaltungs- und Erfahrungswissens.

Tab. 10: Übersicht der Akteure für altersgerechte Arbeitsgestaltung

Das betriebliche Übergangsmanagement integriert, fokussiert und verdeutlicht die in der Vergangenheit geleisteten und laufenden Bemühungen zur Erhaltung von Arbeitsbewältigungsfähigkeit sämtlicher Akteure. Es benötigt jedoch konzertierte Aktionen, um Aufwände und Investitionen zielgerichtet wirksam werden zu lassen. Oftmals sind es nicht viele Maßnahmen, jedoch diese müssen koordiniert und von den beteiligten Akteuren mitgetragen werden. So kann, um ein Praxisbeispiel anzuführen, z. B. durch ein unachtsames Ablehnen eines Antrages zur Anschaffung einer zusätzlichen Beleuchtungsquelle am Arbeitsplatz, obwohl dies im Rahmen der alterskritischen Arbeitsanalyse als prioritär bewertet wurde, das durchgeführte Vorgehen und Bemühen zunichte gemacht werden. Ebenso wirkt demotivierend auf die Akteure, wenn Angebote und umgesetzte Maßnahmen zur altersgerechten Gestaltung von den Beschäftigten negiert werden.

Voraussetzung für eine altersgerechte betriebliche Interventionsplanung ist ein qualifiziertes Wissen über Zusammenhänge und Wirkungen, entsprechende Gestaltungs- und Motivationsansätze zur aktiven Beteiligung der Betroffenen. Dies soll bei der Planung und Umsetzung von entsprechenden Initiativen Berücksichtigung finden.

Wie im Rahmen der IAB-Panels (Czepek et al., 2015), einer jährlichen Befragung von ca. 15.000 Unternehmen, festgestellt wurde, erwarten sich Unternehmen bzw. deren Personalverantwortliche nur zu einem geringen Teil (21 %) Probleme mit der Belastbarkeit bzw. der Flexibilität älterer neu einzustellender Mitarbeiter. Hier zeigte sich auch, dass Betriebe überwiegend positive Erfahrungen machten, als sie ältere Beschäftigte eingestellt haben – so die Befragungsergebnisse. Dennoch dominieren weiterhin defizitäre Vorstellungen von Älteren hinsichtlich ihrer Leistungs- und Belastungsfähigkeit.

Der Fokus für altersgerechte Arbeitsbedingungen sind einerseits die präventiven Strategien und andererseits das Erkennen alterskritischer Arbeitsbedingungen und die Durchführung von Gestaltungsmaßnahmen. Als alterskritisch ist eine mangelnde Übereinstimmung von Leistungsanforderungen, Leistungsvermögen und Alter zu bezeichnen. Bei der altersgerechten Gestaltung im Rahmen des betrieblichen Übergangsmanagements ist es unabdingbar, Beschäftigte darauf hinzuweisen, sie dadurch zu ermutigen und zu entängstigen, dass es nicht darum geht, ihre Leistungseinschränkungen zu erfassen und daraus resultierende negative Konsequenzen abzuleiten, sondern dass Arbeitsbedingungen verbessert werden sollen.

Alterskritische Arbeitsanforderungen sind insbesondere (nach Mühlenbrock, 2017; Spirduso, 2004):

- Häufige körperlich anstrengende und überfordernde Arbeiten (Zwangshaltungen, einseitig belastende Tätigkeiten ...)
- Hohe und starre Leistungsvorgaben wie taktgebundene Arbeit, Zeitdruck und Überstunden
- Schicht- und Nachtarbeit
- Umgebungsbelastungen wie Hitze, Lärm, schlechte Beleuchtungsverhältnisse
- Psycho-soziale Belastungen (z. B. mangelnde Anerkennung)
- Hohe psychische Belastungen (z. B. Daueraufmerksamkeit, geringe Handlungsspielräume)
- Mangelnder Spielraum für Berufs- und Entwicklungsverläufe
- Erschwerter Zugang bzw. Ausschluss von Weiterbildung

Im Folgenden werden ausgewählte Arbeitsbedingungen wie Arbeitsplatz, Arbeitsorganisation, Arbeitsaufgaben und soziales Umfeld, die insbesondere für ältere, erfahrene Beschäftigte eine zentrale Bedeutung besitzen, exemplarisch beleuchtet:

- **Arbeitsplatz**
  Physische Belastungsfaktoren haben in der Tendenz abgenommen, jedoch sind sie v.a. bei manuellen Berufen in Produktion und Dienstleistung eine Ursache für einen vorzeitigen Berufswechsel oder für Frühpensionierung/-verrentung. Über 50 % der Vollzeit-Beschäftigten arbeitet im Stehen (Lück et al., 2019). Ein Drittel davon gibt dies als belastend an. Das Heben und Tragen schwerer Lasten tritt bei einem Viertel der Befragten auf und wird davon von zwei Drittel als belastend wahrgenommen. Arbeiten unter Zwangshaltungen werden von knapp 20 % wahrgenommen, jedoch sind davon Frauen stärker belastet.
  Starke körperliche Belastung und deren Beanspruchungsfolgen zeigen auf notwendige Gestaltungsbedarfe für altersgerechtes Arbeiten hin. Für ältere Beschäftigte ist dies von großer Bedeutung, da die für die Ausführung körperlicher Tätigkeit notwendigen persönlichen Vor-

aussetzungen wie Muskelkraft, -masse etc. bei den meisten Menschen mit zunehmendem Alter abnehmen und Beschwerden im Stütz- und Bewegungsapparat wachsen. Ältere Beschäftigte arbeiten daher eher an ihrer körperlichen Leistungsgrenze als Jüngere und dadurch nimmt die Arbeitsbewältigungsfähigkeit bei hohen körperlichen Anforderungen überproportional ab (Costa/Sartori, 2007). Eine stärkere Beanspruchung des Organismus ist u. a. auch bei älteren Beschäftigten durch klimatische Bedingungen wie Hitze und Kälte festzustellen. Um Alterseffekte in den verschiedenen Bereichen zu kompensieren, sind Arbeitsumgebungsbedingungen auf Grundlage von arbeitswissenschaftlichen Erkenntnissen zu gestalten.

- **Arbeitsorganisation**
  Die Gestaltung von Arbeitsabläufen (zur Verminderung von Fehlbelastungen wie u. a. Zeit- und Termindruck, Arbeitsunterbrechungen) und insbesondere der Arbeitszeit hat Auswirkungen auf Gesundheit und Arbeitsbewältigung. Die Länge und die Lage der Arbeitszeiten (Schicht-, Nacht-, Sonn-, Feiertagarbeit) und gesundheitliche Beschwerden stehen in einer Wechselwirkung zueinander, wie zahlreiche Untersuchungen zeigen (Amlinger-Chatterjee, 2016; Marquié et al., 2015). Mit zunehmendem Lebensalter wird die persönliche Beeinträchtigung durch überlange Arbeitszeiten und daraus resultierende ungünstige gesundheitliche Auswirkungen wie Schlafbeschwerden, Schwierigkeiten bei Wechselschichtarbeit stärker wahrgenommen. Für die späte Berufsphase zeigt sich hier ein großes Handlungsfeld für die betriebliche Praxis.
- **Arbeitsaufgaben**
  Die Aufgabengestaltung ist nicht nur im Zusammenhang mit altersgerechter Arbeitsgestaltung ein zentrales Handlungsfeld, sondern ist Voraussetzung für Leistungserbringung und Produktivität. Menschen setzen sich in ihrer Tätigkeit mit ihrer Umwelt auseinander und verändern sie nach ihren bzw. im Arbeitskontext vorgegebenen Zielen. Die Zielgerichtetheit ist grundlegend für menschliches Handeln und ein Grundpfeiler für die Arbeitsaufgabengestaltung. Für die Realisierung von arbeitsbezogenen Zielen benötigt es Sinnbezug, der bei starker Überforderung abnimmt. Der Handlungs- und Entscheidungsspielraum ist somit ein zentrales Merkmal und eine Ressource gesundheitsstabilisierender Arbeit (Ng/Feldman, 2015). Inhaltliche und organisatorische Arbeitsautonomie kann u. a. durch eine wahrgenommene und umsetzbare Flexibilität der Zeiteinteilung (Zeitsouveränität) z. B. bei der Bewältigung von körperlicher oder psychisch beanspruchender Tätigkeiten entlastend wirken. Ebenso bedeutsam ist die Verschiedenartigkeit der auszuführenden Aufgaben. Durch eine wahrgenommene Aufgabenvielfalt kann i. B. durch ältere Beschäftigte ihr komplexes Handlungs- und Erfahrungswissen eingebracht werden. Rollenklarheit und -eindeutigkeit, also möglichst wenig Rollenkonfliktpotenzial ist ein weiteres Merkmal gesundheitsförderlicher altersgerechter Arbeitsgestaltung.
- **Soziales Umfeld**
  Um gemeinsame Handlungsziele zu erreichen, ist aufeinander bezogenes kooperatives Verhalten der Akteure notwendig. Die Qualität der Bezogenheit und Beziehungen zwischen Führung und Kollegen im Unternehmensalltag ist dabei ein zentraler Einflussfaktor auf Gesundheit und Arbeitsbewältigung. Dies wurde bereits bei der Ebene 1 dargestellt.

Um das Risiko des »arbeitsbedingten Voralterns«[19] zu minimieren, sind Arbeitsbewältigung zu erhalten und zu fördern. Dazu bieten sich verschiedene Zugänge und Instrumente an. Nachstehend angeführte praxisbewährte Instrumente finden sich im Kapitel 3.

Instrumente zur altersgerechten Arbeitsgestaltung

- Arbeitsbewältigungs-Coaching (ab-c®)
- Leitfaden zur Arbeitsplatzbeobachtung – Ermittlung alterskritischer Arbeitsbedingungen »55 plus«

Fazit:
Angesichts des demografischen Wandels bekommen die altersgerechte Arbeitsgestaltung und die Schaffung gesundheits- und arbeitsbewältigungsgerechter Arbeitsbedingungen einen besonderen Stellenwert. Ziel einer altersgerechten Arbeitsgestaltung ist die Sicherung der Arbeitsbewältigungsfähigkeit und der Erhalt der Leistungsfähigkeit. Da der Alterungsprozess unterschiedlich verläuft, werden auch Arbeitsbedingungen mit zunehmendem Alter unterschiedlich wahrgenommen. Es ist daher erforderlich, das subjektive Belastungs- und Beanspruchungserleben älterer Beschäftigter zu erheben und bei der Anpassung von Arbeitsbedingungen zu berücksichtigen. Altersgerechte Arbeitsgestaltung ist eine gesetzliche Präventionsaufgabe des Unternehmens und im Rahmen des betrieblichen Übergangsmanagements erfolgt gemeinsam mit den betrieblichen Akteuren eine vertiefende Bearbeitung und eine Stärkung der gemeinsamen Verantwortung. Anforderungsgerecht gestaltete Arbeitsbedingungen tragen nicht nur u. a. zur Beschäftigungsmotivation, Gesundheit und Leistungsfähigkeit bei, sondern entfalten ihre positive Wirksamkeit auch in der Lebensphase Pension/Rente.

Chancen für den Betrieb während der demografischen Wandelphase	Chancen für den älteren Beschäftigten während Übergangszeiten
• Risikominimierung für eingeschränkte Arbeitsbewältigungsfähigkeit bzw. Erhaltung sowie Förderung bis zum regulären Pensions-/Rentenantritt • Verminderung von arbeitsbedingten Erkrankungen • Potenziale von Beschäftigten können genutzt werden • Aktive Bearbeitung von Arbeitsbewältigungskrisen	• Erhalt der Gesundheit und Arbeitsbewältigungsfähigkeit • Erhalt der Beschäftigungsfähigkeit • Erhalt der Lebensfreude durch bessere Gesundheit • Späte Berufsphase ist eine attraktive und gut bewältigbare Lebensphase • Erhöhte Lebenschancen im Alter

Tab. 11: Überblick der Chancen für Betrieb und Beschäftigte

19 Dieser Begriff stammt vom Dresdner Arbeitswissenschaftler Winfried Hacker und meint, dass viele Belastungen der Arbeitswelt Menschen schneller altern lassen.

2.2.3 Handlungsebene 3: Altersgerechte Laufbahngestaltung

Fragen zum Einstieg

1. Was kann eine altersgerechte Laufbahngestaltung zum gelingenden Übergang in die Pension/Rente bzw. in die Tätigkeitsphase nach Erreichen des Pensions-/Rentenantritts beitragen?
2. Wodurch hat sich die Laufbahngestaltung verändert und was bedeutet dies für Beschäftigte in der späten Berufsphase?
3. Welche altersspezifischen Werkzeuge gibt es für die Laufbahngestaltung?
4. Welchen Nutzen haben Mitarbeitende und Organisationen von einer kontinuierlichen Laufbahngestaltung während des gesamten Erwerbslebens und damit auch im späten Erwerbsleben?
5. Welche Bedeutung kann eine Silber-Karriere für Beschäftigte und Organisation haben?

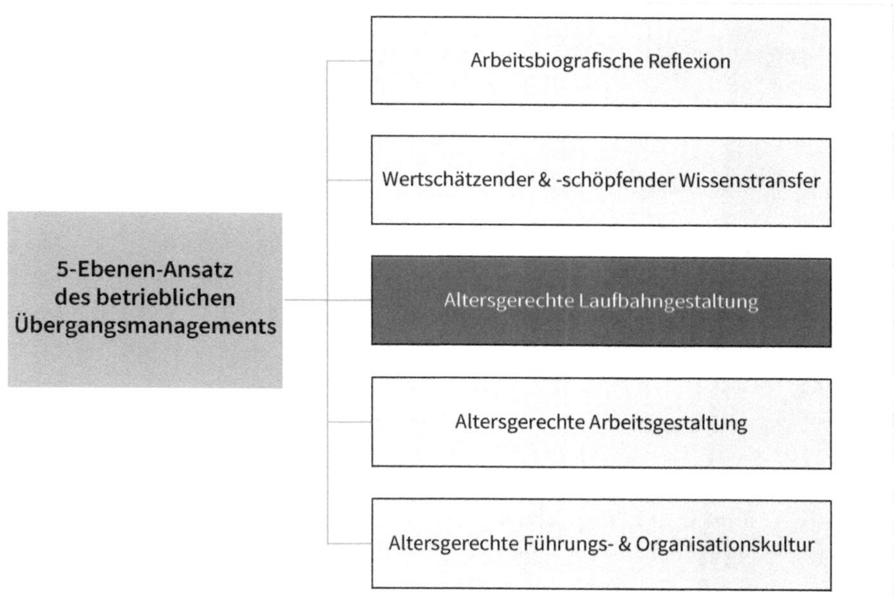

Abb. 11: Die Handlungsebene 3 – Altersgerechte Laufbahngestaltung

In Zukunft werden immer mehr Beschäftigte zwischen 50–65 (67) Jahren und auch darüber hinaus tätig sein. Aufgrund der Bedeutungszunahme dieser Beschäftigtengruppe für Organisationen stellt sich damit verbunden verstärkt die Frage einer entsprechenden Laufbahn- und Karriereentwicklung. Vorhandene Daten zu Arbeitsunfähigkeit, Erwerbsminderung, vorzeitigem Pensions-/Rentenantritt und Berufsfluktuationen zeigen die Notwendigkeit zu vorausschauender, partnerschaftlicher und kontinuierlicher Planung der Berufslaufbahn. Exemplarisch sei hier die durchschnittliche Verweildauer in der Pflege angeführt, die zwischen ca.

acht und 14 Jahre beträgt[20]. In Bauberufen verlassen bereits viele jüngere und sich im mittleren Alter befindliche Beschäftigte das erlernte Berufsfeld, um in baunahen Branchen wie Baustoffhandel, Facility-Management etc. zu wechseln.

Im Rahmen des betrieblichen Übergangsmanagements hat die Laufbahngestaltung eine besondere Bedeutung, da sie, ebenso wie die altersgerechte Arbeitsgestaltung, einen langfristigen Zeitraum in der individuellen Arbeitslandschaft von Beschäftigten im Blick hat. Sie ist dadurch ein Schnitt- und Knotenpunkt, da

- Karriere- und Kompetenzentwicklung,
- anforderungsgerechte Arbeitsgestaltung und
- vorsorgliches Führungshandeln

zusammenfließen und gebündelt wirksam werden.

Trotz aller nicht immer planbaren Entwicklungsverläufe in der Lebens-, Berufslaufbahn und -karriere eines Menschen ist insbesondere die Neuorientierungsphase, in die Beschäftigte ca. 15 Jahre vor dem tatsächlichen Pensions-/Rentenantritt eintreten, ein Zeitraum in dem Weichen für die künftige Arbeitsbewältigung, Gesundheit, Beschäftigungsmotivation und -fähigkeit gestellt werden. Durch diese Weichenstellungen sollen potenzielle gesundheitliche, motivationale und qualifikatorische Risiken so weit wie möglich identifiziert, beseitigt bzw. eingeschränkt werden. Ziel dabei ist: Beschäftigte sollen auch unter sich wandelnden beruflichen und privaten Anforderungen im gewählten Berufs- oder Tätigkeitsfeld verbleiben können oder einen Tätigkeits-/Berufswechsel durchführen, der unabhängig vom Belastungsspektrum der zurückliegenden Arbeitsphase ist. Berufliche Entwicklungsverläufe sollen mit Arbeitsbedingungen und Arbeitsanforderungen so aufeinander abgestimmt werden, dass ein gesundes Erreichen des gesetzlichen Pensions-/Rentenantrittsalters, auch unter den Bedingungen einer zeitweiligen nur begrenzt ausführbaren Tätigkeit (wie z. B. Schicht- und Nachtarbeit, körperlich schwere Arbeit, …) gewährleistet ist. Laufbahngestaltung ist demzufolge eine Querschnitts- und Langzeitaufgabe des Personalmanagements und der Führung. Im Rahmen des betrieblichen Übergangsmanagements erfordert es eine übergreifende und enge Abstimmung mit weiteren schon angeführten Akteuren. Eine betriebliche und berufliche Laufbahngestaltung für ältere Beschäftigte kann/soll in bereits bestehende und etablierte Programme zum »gesunden, produktiven und erfolgreichen Altern im Beruf« integriert werden.

Im Folgenden werden Ausgangslagen und Möglichkeiten der altersgerechten Gestaltung der Laufbahn

a) für die Arbeitsphase bis zum regulären Pensions-/Rentenantritts und
b) nach Erreichen des regulären Pensions-/Rentenantrittsalters aufgezeigt.

20 Siehe: Die Position der Techniker Krankenkasse – Masterplan für die Pflege. November 2017. https://www.tk.de/resource/blob/2042726/a52e0cba10fd816e0b772b2a40ab0f38/tk-position---masterplan-fuer-die-pflege-data.pdf Abrufdatum: 20.05.2021.

Betriebliche und berufliche Laufbahnen verändern sich

Laufbahnentwicklung in den späten Berufsphasen wurde in der Vergangenheit oftmals nur bei Vorliegen einer nicht mehr weiter ausführbaren Tätigkeit oder in ausgewählten Bereichen v.a. bei der Besetzung von Schlüsselpositionen i.B. bei höheren Führungsaufgaben der Organisationen zum betrieblichen Thema. Durch die zunehmende Flexibilisierung und Zunahme von diskontinuierlichen Berufs- und Karriereverläufen rückt die Laufbahngestaltung und damit zusammenhängend die Aufrechterhaltung der Leistungsbereitschaft und Beschäftigungsmotivation in der Neuorientierungs- und Ausgleitphase immer mehr in den Fokus.

Im Gegensatz zur klassischen linearen Berufslaufbahn bei zumeist einem oder wenigen Arbeitgebern in einer sich meist wenig verändernden Arbeitsumgebung und – sofern erwünscht und möglich – mit einem vertikalen Aufstiegsverlauf finden heutige Laufbahnen meist in einem zunehmend komplexen, sich rasch verändernden und oftmals globalen Umfeld statt, in dem vielfach weniger Möglichkeiten für einen hierarchischen Aufstieg gegeben sind. Horizontale Laufbahngestaltung, auch als Experten-, Spezialisten- und Projektlaufbahn bezeichnet, gehören aufgrund von Restrukturierung und flacherer Hierarchien in immer mehr Organisationen zum betrieblichen Alltag. Sie eröffnet einerseits für eine größere Anzahl an Beschäftigten individuelle Karriere- und Entwicklungsmöglichkeiten, andererseits erfordert es ständige Übergangs- und Anpassungsprozesse von allen Beteiligten an damit verbundene, mitunter auch zeitlich befristete Aufgabenstellungen und Positionen. Aufgrund flacherer Hierarchien und geringerer Aufstiegsmöglichkeiten steigt auch die Wahrscheinlichkeit des Nichterreichens von klassischen assoziierten Karrierezielen beim Berufseinstieg oder Antritt der Berufsposition. Laufbahnbezogene Erwartungsenttäuschungen können dadurch erzeugt werden, die ihrerseits vielfältige Konsequenzen bewirken können, wie dies im Rahmen der arbeitsbiografischen Reflexion immer wieder thematisiert wird. So berichtete ein langjähriger Teamleiter eines Dienstleistungsunternehmens über seine Erfahrung, dass seine ihm schon seit längerer Zeit zugesicherte Beförderung zum Bereichsleiter sieben Jahre vor seinem geplanten Pensions-/Rentenantritt aufgrund eines Reorganisationsprozesses nicht umgesetzt wurde. Die Enttäuschung darüber verstärkte sich, da einerseits ein Teil seines langjährigen Teams einer anderen Abteilung zugeteilt wurde und andererseits ihm mitgeteilt wurde, dass er froh sein solle, dass es sein Team und seine Aufgaben überhaupt noch gibt.

Die genannten Veränderungen der Laufbahnentwicklung verursachen bzw. beschleunigen ebenso Veränderungen der individuellen Laufbahnorientierungen. Dies ist in den letzten drei Jahrzehnten vermehrt feststellbar. Die klassische Laufbahngestaltung ist für zahlreiche Beschäftigte nur noch eine von mehreren Möglichkeiten. Die Variabilität und Gestaltungsvielfalt der Laufbahngestaltung bietet zahlreiche Entscheidungs- und Entwicklungsmöglichkeiten mit allen Potenzialen und Risiken und dadurch ist die berufliche Entwicklungslandschaft für viele Beschäftigte heterogener geworden. In einer Längsschnittstudie zur Laufbahngestaltung (Zacher, 2019) in Deutschland über 20 Jahre mit 1200 Erwerbstätigen konnten sechs Laufbahnmuster identifiziert werden, die von der traditionellen Laufbahn – sichere und langfristig angelegte Tätigkeit in ein und demselben Unternehmen (welcher 26 % der Erwerbstätigen nachgingen)

– abweichen: So hatten 31 % der Erwerbstätigen eine mobile Vollzeit-Laufbahn mit einem oder mehreren Organisationswechseln. 16 % hatten eine mobile Laufbahn mit Wechseln von Vollzeit- zu Teilzeitbeschäftigung. Eine Teilzeit-Laufbahn hatten 8 % und eine mobile Laufbahn mit Wechseln von Vollzeitbeschäftigung in einem Unternehmen zur Selbstständigkeit hatten 8 %. Eine fragmentierte Laufbahngestaltung mit Phasen in Vollzeit- und Teilzeitbeschäftigung sowie Arbeitslosigkeit hatten 7 % und eine Vollzeit-Laufbahn in Selbstständigkeit 4 %.

Die Planbarkeit einer Berufslaufbahn hat sich für Beschäftigte und Organisationen in der Tendenz reduziert und die beschriebenen Rahmenbedingungen erzeugen bei einem Teil durch klassische Arbeitskarrieren geprägter Mitarbeiter eine substanzielle Unsicherheit. Erhöht hat sich im Gegenzug, freiwillig oder notwendigerweise, die interorganisationale Mobilität, die Bereitschaft zu Tätigkeitswechsel und die Inanspruchnahme von Weiterbildungsangeboten. Ebenso verstärkte sich auch die Berufswechselbereitschaft. Insbesondere wird diese aufgrund des strukturellen Personalmangels in Gesundheits- und Pflegeberufen massiv von öffentlichen Initiativen unterstützt. Durch die Entwicklungsgeschwindigkeit der Digitalisierung wird ebenso die Laufbahnentwicklung wesentlich mitbeeinflusst. Denn nicht nur die fachlich-inhaltliche Expertise ist ein entscheidender Faktor für eine erfolgreiche Laufbahngestaltung in der Neuorientierungs- und Ausgleitphase, sondern auch das digitale Kompetenzniveau. Hier gilt es insbesondere im Rahmen des betrieblichen Übergangsmanagements entsprechende Qualifikationsbedarfe zu ermitteln, die Qualifikationsbereitschaft zu heben und auf altersgerechte Vermittlungsmethoden zu achten.

Fallbeispiel: Wenn Fortbildung Bauchweh verursacht

Frau B. ist 55 Jahre alt und langjährige Mitarbeiterin in der Verwaltung der regionalen Niederlassung eines internationalen Unternehmens für Industrieprodukte. Aufgrund der Einbindung in die unternehmensweite Logistikverwaltung wird Frau B. informiert, eine entsprechende 2-tägige firmeninterne Fortbildung zu besuchen. Für Frau B. ist dies die erste Schulung nach einer langen Zeit und sie ist schon in Anspannung. Seit der Einladung zur Schulung hatte Frau B. ein mulmiges Gefühl, da sie hörte, dass das neue Programm doch sehr umfangreich sei. Angst erzeugte die Tatsache, dass am Ende der Fortbildung eine Prüfung zu machen sei. Sie hatte schon in der Schule immer Prüfungsangst und seit dem Berufsschulabschluss keine Prüfung mehr machen müssen. Eigentlich hatte sie auch gehofft, dass das Prüfungsthema bis zur Pension erledigt sei. Auch hatte sie von einem Kollegen gehört, dass man konzentriert sein muss und in seinem Kurs waren zahlreiche jüngere Kollegen, die ihm sogar bei der Prüfung ein wenig geholfen haben. Diese Information trug ebenso nicht zur Beruhigung bei. Frau B. ging nach längerem Überlegen, in der das mulmige Gefühl nicht wegging, zu ihrem Chef und sprach ihre Befürchtung an, ob es nicht vielleicht eine Gelegenheit gäbe die Schulung zu umgehen. Sie habe sich auch schon überlegt, wie ihr diese Kenntnisse anders vermittelt werden könnten. Eine jüngere Kollegin habe sich sogar bereit erklärt, ihr dies nach der regulären Arbeitszeit beizubringen. Ihr Chef sagte ihr, sie brauche keine Angst haben und sie solle doch froh sein, dass sie zu einer

Fortbildung in die neue Firmenzentrale fahren dürfe. Das mit der Angst verstehe er schon irgendwie, weil es seiner Tochter auch so gehe. Er werde mit der Personalabteilung reden. Und außerdem finde er es gut, dass sich die jüngere Kollegin als Lehrerin zeige. Frau B. war erleichtert und ihr internes Fortbildungsprogramm verlief erfolgreich.

Was ist wichtig in der späten Berufsphase?

In jeder Lebens- und Berufsphase stellen sich verschiedene Entwicklungsaufgaben, die mit einer erfolgreichen Laufbahnentwicklung in Zusammenhang stehen. Die späte Berufsphase ist von einem ganzen Bündel an diesbezüglichen Aufgaben bestimmt. Die Herausforderung in der betrieblichen Führungs- und Personalarbeit ist, diese Bedürfnisse zu erkennen, wo es möglich ist diese zu berücksichtigen und Wege zu finden, dass ein gesundes, produktives und motiviertes Altern im Beruf möglich ist. Die Entwicklungsaufgaben sind aufgrund der persönlichen Voraussetzungen, beruflicher Vergangenheit und persönlicher und arbeitsbezogener Perspektiven naturgemäß individuell sehr unterschiedlich.

Nachfolgend eine Übersicht über Entwicklungsaufgaben für die Laufbahngestaltung und Ansatzpunkte des betrieblichen Übergangsmanagements.

Entwicklungsaufgabe	Ansatzpunkte im betrieblichen Übergangsmanagement durch ...
• Produktiv bleiben, Erreichtes sichern • Anpassung der Arbeitsanforderungen an die Leistungskapazitäten	• Arbeitsbewältigung und Produktivität sichern durch altersgerechte Anpassung der Arbeitsbedingungen • Ausbau des Verständnisses für die spezifischen Themen bei Führung und Mitarbeitenden • Entwicklung von transparenten Leistungsstandards • Berücksichtigung von veränderten Regenerationsbedürfnissen (z. B. bei der Planung von Dienstreisen ...)
• Innehalten und Bewerten des bisher beruflich Erreichten in der bisherigen Laufbahnentwicklung	• Regelmäßige Entwicklungsgespräche führen • Aktive gemeinsame Gestaltung und Festigung des psychologischen Vertrages[21]

21 Neben dem juristischen Arbeitsvertrag existiert auch ein psychologischer Vertrag zwischen Arbeitgebern und Beschäftigten (Rousseau, 1995). Dieser beinhaltet die impliziten Annahmen zwischen Arbeitgeber bzw. deren Repräsentanten und Beschäftigten, welche nicht in formellen Vereinbarungen festgehalten sind. Eine Erwartung u. a. ist, dass sich zahlreiche Beschäftigte von ihrem Unternehmen erwarten, dass sie gefördert und in ihrer Karriereentwicklung unterstützt werden und entwicklungs- und lernförderliche Positionen und Arbeitsbedingungen vorhanden sind. Andererseits erwarten sich Führungsverantwortliche u. a., dass Beschäftigte sich über das im Arbeitsvertrag festgelegte Maß engagieren, innovativ sind, Weiterbildungsbereitschaft zeigen und Veränderungen aktiv mittragen und mitgestalten. Werden diese Erwartungen erfüllt, hat dies positive Wirkungen auf die Motivation, Leistungsbereitschaft, Produktivität, Wohlbefinden und Gesundheit. Nicht erfüllte Erwartungen entfalten eine entsprechende negative Wirkung.

Entwicklungsaufgabe	Ansatzpunkte im betrieblichen Übergangsmanagement durch ...
• Wertschätzung und Respektiertwerden als älterer Beschäftigter	• Prävention von Altersdiskriminierung durch Qualifikation von Führung und Belegschaft • Ausbau der positiven Stereotypen: Zuverlässigkeit, Vertrauenswürdigkeit, Loyalität • Ausbau der wertschätzenden Führungs- und Organisationskultur
• Ausrichten und Orientieren hin auf eine Laufbahngestaltung, die erfolgreich zur Pension/Rente führen kann	• Regelmäßige Entwicklungsgespräche führen
• Neuorientierung i. B. durch Weiterbildung, neue Berufs- und Karrierewege	• Regelmäßige Entwicklungsgespräche führen • Unterstützung von flexibler Laufbahngestaltung. Paradigma der linearen Laufbahnentwicklung relativieren, da eine lückenlose Berufslaufbahn keine arbeitswissenschaftlich begründeten Zusammenhänge zu Leistungsmotivation, Gewissenhaftigkeit und Zielorientierung aufweist • Weiterbildungsbereitschaft forcieren
• Generativität – Weitergabe von Wissen, Erfahrungen	• Wissenstransfer aktiv unterstützen und ermöglichen
• Wettbewerbsfähigkeit	• Partnerschaftlich angepasste Festlegung von Leistungszielen
• Anschluss halten an aktuelle Entwicklungen	• Lernbereitschaft und Flexibilität fördern durch gezielte Fortbildungsangebote
• Bedürfnis nach Sicherheit	• Vermittlung positiver Zukunftsperspektiven und Ermutigung und Entängstigung durch Führung
• Orientierung auf Pension/Rente • Entscheidungsfreiheit bzgl. Pensions-/Rentenantrittszeitpunkt	• Regelmäßige Entwicklungsgespräche führen • Angebot von persönlichkeitsunterstützenden Fortbildungen
• Vorbereiten auf höhere Führungspositionen	• Regelmäßige Entwicklungsgespräche führen
• Anpassung der Arbeitsrahmenbedingungen mit der persönlichen Lebenssituation (z. B. Arbeitszeiten, Vereinbarkeit von Arbeit und persönlich bedeutsamen Aufgaben i. B. Pflege von Angehörigen ...)	• Durchführung gesundheitsförderliches Mitarbeitergespräch

Tab. 12: Übersicht über Entwicklungsaufgaben und Ansatzpunkte des betrieblichen Übergangsmanagements

Voraussetzungen für eine altersgerechte Laufbahngestaltung

Die heutige Laufbahnentwicklung ist durch eine hohe Anpassungsfähigkeit, Wandlungsbereitschaft und -fähigkeit und selbstgesteuerte Laufbahnplanung gekennzeichnet. Laufbahn-Adaptabilität (Hirschi, 2015), die Fähigkeit, sich auf wechselnde Laufbahn- und Berufsbedingungen einzustellen, sowie die Fähigkeit, mit neuen Arbeitskontexten umgehen zu können, sind mittlerweile wesentliche Kennzeichen für beruflichen Erfolg. Jedoch muss eine erfolgreiche Laufbahnentwicklung nicht automatisch eine gesunde und altersgerechte Laufbahn sein. Beruflicher Erfolg kann auch mit arbeitsbedingten negativen Gesundheitsfolgen verbunden sein, wenn z. B. körperliche und/oder psychische Belastungsgrenzen überschritten oder z. B. Verausgabungsbereitschaft und Belohnungen/Gratifikationen in einem Missverhältnis zueinanderstehen. Untersuchungen zum Gratifikationskrisenmodell des Medizinsoziologen Siegrist (Siegrist, 2015) liefern dazu eindeutige Belege: So erhöht sich das Herzinfarkt-Risiko bei Vorliegen einer Gratifikationskrise um das 2- bis 3-Fache.

Beruflicher Erfolg kann allgemein definiert werden als tatsächliche oder wahrgenommene Errungenschaften, die ein Mensch in der Gesamtheit seiner beruflichen Erfahrungen erzielt (Haun/Rigotti, 2019). Eine Laufbahn ist dann als erfolgreich, altersgerecht und nachhaltig (ebenda) zu sehen, wenn …

- leistungsbezogene Errungenschaften und
- Gesundheit, Arbeits- und Beschäftigungsfähigkeit, Engagement, Sinnbezogenheit, Produktivität und ein Gefühl von Glücklichsein bis zum gesetzlichen Pensions-/Rentenalter und darüber hinaus erhalten bleiben
- sie immer wieder auch Auszeiten zur Bewahrung und Erneuerung der eigenen Ressourcen bietet.

Es ist uns klar, dass diese Anforderungen an eine Berufslaufbahn im Unternehmensalltag nicht leicht und immer erfüllbar sind. Sie können und sollen jedoch als Orientierungspunkte in der Neuorientierungs- und Ausgleitphase dienen. Vor allem in der späten Berufsphase ist es bedeutsam, die veränderten Regenerationserfordernisse in der Arbeitsplanung (z. B. bei der Organisation von Überstunden, Nacht-/Schichtarbeit, Reisetätigkeiten …) zu beachten.

Voraussetzungen zu einer altersgerechten Laufbahngestaltung in der Neuorientierungs- sowie Ausgleitphase sind insbesondere:

- ernsthaftes Interesse einer längerfristigen Zusammenarbeit von Unternehmen und Beschäftigten
- ermutigende aktive Haltung von Beschäftigten und Führungsverantwortlichen zur gemeinsamen Gestaltung der Laufbahn
- Dialogbereitschaft und Lösungsorientierung zwischen Beschäftigten und den Führungsverantwortlichen bei Karriere- und Arbeitsbewältigungskrisen

Das betriebliche Übergangsmanagement setzt hier konkret an, indem …

1. verstärkt und systematisch die individuelle Laufbahnentwicklung und Perspektivengestaltung von Mitarbeitern ab 50 Jahren in den Fokus genommen und als Querschnittsaufgabe zwischen Personalmanagement, Führung und den Akteuren für Arbeitsgestaltung, Sicherheit und Gesundheit gesehen und gelebt wird.
2. der individuelle Qualifikationsbedarf bei älteren Beschäftigten regelmäßig erhoben wird (u. a. bei der Statuserhebung der Arbeitsbewältigungsfähigkeit).

3. durch einen gezielt initiierten Wissenstransfer insbesondere zwischen Personen mit hoher und geringerer digitaler Kompetenz, die Kompetenzentwicklung unterstützt wird. Dies ist auch in der Ausgleitphase bedeutsam, da ansonsten durch ein entstehendes Qualifikationsdefizit eine Entmutigungs- und Demotivationsstimmung hervorgerufen bzw. verstärkt wird.
4. die laufbahnbezogene Anpassungs- und Wandlungsbereitschaft sowie -fähigkeit durch eine aktive Thematisierung und konkrete Angebote unterstützt werden.
5. Ermutigung, Zuspruch und Vertrauen in die Entwicklungs- und Veränderungsbereitschaft von älteren Beschäftigten erfolgt.

Eine altersgerechte Laufbahngestaltung ist ein Indikator für eine altersgerechte Führungs- und Organisationskultur und zeigt sich u. a. darin, dass Interesse und Bereitschaft an einer Fortführung der Tätigkeit bzw. Weiter- oder Wiederbeschäftigung nach dem Pensions-/Rentenantritt geweckt wird. Auf diesen Aspekt altersgerechter Laufbahngestaltung wird im Folgenden näher eingegangen.

Laufbahngestaltung »Silber-Karriere«

Derzeit wird im Personalmanagement – bedingt durch den Fachkräftemangel in verschiedensten Branchen und durch Personalengpässe u. a. in Gesundheits- sowie Technikbereichen über die klassischen Berufslebensphasen hinausgedacht. Ehemalige Mitarbeitende werden zur Weiter- bzw. Wiederbeschäftigung nach dem Pensions-/Rentenantritt aufgerufen. Die Laufbahngestaltung nach dem Pensions-/Rentenantritt hat in verschiedenen Branchen dadurch eine Veränderung des Stellenwerts des organisationalen Alltags bekommen, der vor Jahren noch undenkbar war. Dadurch nehmen erfahrene, ältere und ehemalige Mitarbeitende, sofern diese bereit sind und entsprechende körperliche und psychische Voraussetzungen haben, einen bedeutsamen Platz in der Personalressourcenplanung ein.

Die Laufbahngestaltung über den Pensions-/Rentenantritt hinaus wird in Anlehnung an den Begriff »Silver Work« als »Silver Career« (Wöhrmann et al., 2019) bezeichnet. Darunter ist sowohl Erwerbstätigkeit als auch unentgeltliche zivilgesellschaftliche Tätigkeit zu verstehen.

Bevor auf die spezifischen Aspekte einer nachberuflichen Laufbahngestaltung eingegangen wird, wollen wir klarstellen, dass die nachstehenden Ausführungen kein Plädoyer für eine unbegrenzt zu verlängernde Arbeitsphase und Lebensarbeitszeit sind. Die Schutzfunktion des im gesellschaftlichen Generationenvertrag festgelegten »Ruhestandes« nach Absolvierung einer durch Politik definierten Lebensarbeitszeit und damit ein Leben ohne Rechtfertigungsdruck steht für uns nicht zur Diskussion. Durch die Koppelung des Pensions-/Rentenantrittsalters an das kalendarische Lebensalter ist ein Lebensplanungshorizont vorhanden, der insbesondere in der sich stark verändernden Wirtschafts- und Arbeitswelt ein Gefühl von Sicherheit, Orientierung und Stabilität vermittelt.
Wir sehen vielfältige Chancen in der Lebensphase nach dem Pensions-/Rentenantritt. Eine der Möglichkeiten davon ist, auch weiterhin in einem selbstbestimmten Ausmaß tätig/erwerbstätig zu sein, um die vorhandenen oder zu entwickelnden individuellen Ressourcen und Potenziale in Anwendung bringen zu können.

Aufgrund der sozioökonomischen Entwicklung ist es ebenso für bestimmte Gruppen von Menschen, insbesondere auch für zahlreiche meist ehemals teilzeitbeschäftigte Frauen aufgrund des »Gender Pension Gap«, auch nach Erreichen des Regelpensions-/-rentenalters notwendig, weiterhin erwerbstätig zu sein, um den Lebensunterhalt zu sichern. Diese soziale und ökonomische Ungleichheit wollen wir nicht durch das Forcieren einer Silber-Karriere verstärken.
Im Rahmen des betrieblichen Übergangsmanagements sehen wir Tätigsein in seinen verschiedensten Formen u.a. auch Erwerbstätigkeit nach Erreichen des Regelpensions-/Regelrentenantrittsalters als Möglichkeit, diese bedeutsame Lebensphase aktiv, wirksam und bedürfnisorientiert zu gestalten, um die sich bietenden Lebenschancen zu nützen.

Der Anteil von Personen, die über das reguläre Pensions-/Rentenantrittsalter hinaus un- bzw. entgeltliche Tätigkeiten ausüben, ist den letzten Jahrzehnten gestiegen. Eine Weiterarbeit nach Erreichen des Regelpensions-/-rentenantritts können sich ca. die Hälfte der Erwerbstätigen in Deutschland, Schweiz und Österreich vorstellen[22,23,24]. Die Anzahl der Personen, die nach dem Pensions-/Rentenantritt weiter arbeiten, hat in den letzten 10 Jahren um rund die Hälfte zugenommen. Mittlerweile sind ca. 20% der 65- bis 74-Jährigen in der Schweiz erwerbstätig. Derzeit gehen von den über 65-Jährigen in Deutschland rund ein Drittel einer ehrenamtlichen und ca. 12% einer bezahlten Tätigkeit nach (BAuA, 2019). Davon arbeiten die meisten von ihnen in Teilzeit oder in einer geringfügigen Beschäftigung. Ca. 20% der über das Pensions-/Rentenantrittsalter Tätigen arbeitet aus einem finanziellen Bedürfnis zur Sicherung des Lebensunterhalts (Wöhrmann et al., 2019). Aus der betrieblichen Praxis wird berichtet, dass die Silber-Karriere mittlerweile als personalpolitisches Instrument erkannt wurde. Denn in vier von zehn Unternehmen sind Personen beschäftigt sind, die eine Rente beziehen, so die Untersuchungsergebnisse des Instituts der deutschen Wirtschaft aus dem Jahr 2020 (Pimertz/Stettes, 2020).

Aufgrund der demografischen Entwicklung wird auch v.a. im kommenden Jahrzehnt die Anzahl an motivierten und qualifizierten Personen, die sich in Pension/Rente befinden, die sowohl ehrenamtliche als auch entgeltliche Tätigkeiten ausführen bzw. dazu bereit, leistungsfähig und gewillt sind, ihre Schaffenskraft und ihre »Potenziale« für Familie, Gesellschaft und Wirtschaft einzusetzen, steigen. Unter »Potenziale« sind Produktivitätsspielräume zu verstehen (Meggenthaler et al., 2015). Dabei ist Produktivität nicht auf die eingeschränkte Bedeutung von ökonomischer Produktivität begrenzt. Sondern es umfasst auch Tätigkeiten und Beiträge von Personen nach Erreichen des Regelpensionsalter die entgeltlich oder unentgeltlich (Familien- und ehrenamtliches/bürgerschaftliches Engagement) geleistet werden. Die Potenziale älterer Menschen haben sich in den vergangenen Jahren gewandelt, da bei zahlreichen Menschen neben einem höheren Bildungsstand ein besserer Gesundheitszustand vorhanden ist und sie dadurch auch

22 Büsch et al., 2015, S. 181–194.
23 Projekt MOZART – Modelle für den zukünftigen Arbeitsmarkt 45+ der Berner Fachhochschule 2017–2021. https://www.bfh.ch/de/forschung/referenzprojekte/mozart/ Abrufdatum: 20.05.2021.
24 Seniors4Success & Telemark Marketing Befragung 2019 »Wie denkt Österreich über die Pension?«

nach Erreichen des gesetzlichen Pensions-/Rentenantrittsalter weiterhin leistungsfähig sind. Dadurch erschließen sich erweiterte Lebenschancen. Jedoch sind die Lebenschancen nach wie vor ungleich verteilt. So sind bei Beschäftigten mit geringerem Bildungsstatus, Qualifikation und beruflicher Stellung eher eine geringere Arbeitsbewältigungsfähigkeit und höhere gesundheitliche Beeinträchtigungen feststellbar. Dadurch ergibt sich wie schon in Kapitel 1.2 erwähnt, eine geringere Chance einen regulären Übergang vom Erwerbsleben in den »Ruhestand« zu absolvieren (Schröber et al., 2015). Eingeschränkte Arbeitsbewältigungsfähigkeit reduziert ihrerseits wiederum die Möglichkeiten für Lebensqualität und -chancen im Alter. Zahlreiche Beschäftigte haben jedoch bereits vor Erreichen ihres gesetzlichen Pensions-/Rentenantrittsalters ihre Belastungsgrenzen der Lebensarbeitsenergie überschritten und für diese Beschäftigten ist/wäre eine, sofern erwünschte, Weiter-/Wiederbeschäftigung gar nicht möglich.

Eine wesentliche Voraussetzung zur Realisierung der Potenziale von Menschen nach Erreichen des regulären Pensionsalters ist die Aufrechterhaltung einer hohen gesundheitlichen Lebensqualität. Diese kann, wie schon bei der »Handlungsebene altersgerechte Arbeitsgestaltung« dargestellt, durch gezielte Förderung von Arbeitsbewältigungsfähigkeit im Rahmen einer arbeitslebenumspannenden Prävention wesentlich beeinflusst werden. Demzufolge sollte es ein gemeinsames Anliegen aller im Arbeitsprozess Beteiligten sein und insbesondere den Akteuren des betrieblichen Übergangs-, Gesundheits- und Eingliederungsmanagements, anforderungs- und bewältigungsgerechte Arbeitsbedingungen zu gestalten. Das Ziel dabei ist, gesund und wohlbehalten das gesetzliche Pensions-/Rentenantrittsalter zu erreichen, um die sich in der nächsten Lebensphase eröffnenden Chancen nutzen zu können.

Tätigsein nach Erreichen des Pensions-/Rentenantritts

Tätigkeit und Tätigsein sind der Motor für Entwicklung und bedeutsam für jeden Menschen. Sie sind mit dem Erreichen des Pensions-/Rentenantrittsalters nicht abgeschlossen. Die Auseinandersetzung mit Anforderungen und Aufgaben ermöglichen, die eigenen Kompetenzen zu testen, anzupassen und zu verbessern. Insbesondere ist es mit zunehmendem Alter bedeutsam die kognitiven, motorischen und psychosozialen Kompetenzen und Fähigkeiten stabil und aufrecht zu erhalten. Die Lebensphase nach Erreichen des gesetzlichen Pensions-/Rentenantrittsalters ist eine weitere Station der individuellen Entwicklung, die Tätigsein in den verschiedensten Ausprägungen, ob unentgeltlich, entgeltlich oder für sich selbst, miteinschließt.

Im Rahmen des betrieblichen Übergangsmanagements laden wir aktiv zu einer Thematisierung der »Silber-Karriere« (nicht nur mit dem Ziel einer Fortführung einer entgeltlichen Tätigkeit) ein, da durch Tätigsein und auch durch Weiter-/Wiederbeschäftigung

- die Anpassung an die neue Lebensphase erleichtert werden könnte, indem eine ähnliche Lebensführung und vertraute Tätigkeitsmuster in einem geringerem Umfang beibehalten werden. Dadurch kann eine höhere Lebensqualität und Ruhestandszufriedenheit bewirkt werden (Kim/Feldman, 2000; Nimod, 2007 zit. nach Schneider et al., 2015). Soziales Engagement wirkt sich ebenso positiv auf die Stimmung aus. Bei einer 6-Jahres-Studie bei sozial

Engagierten waren deutlich geringere depressive Symptome feststellbar, als bei jenen, die sich wenig engagierten (Lippke et al., 2015).

- vorhandene bzw. zu entwickelnde Potenziale, Talente, Fähigkeiten realisiert und zur Anwendung gebracht werden können. Dadurch wird das Sellbstwirksamkeitserleben gestärkt.
- eine Gesundheitsstabilisierung und -förderung eintreten kann, wie folgende Untersuchungsergebnisse verdeutlichen:
  - In einem 10-Jahres-Zeitraum wurde die körperliche Gesundheit in Abhängigkeit von einer Weiterbeschäftigung über das Renteneintrittsalter untersucht (Stenholm et al., 2014 zit. nach Schneider et al., 2015). Dabei stellte sich heraus, dass jene, die weiterarbeiteten, sehr viel weniger gesundheitliche Einschränkungen entwickelten als diejenigen, die in den »Ruhestand« gingen.
  - Im Rahmen einer japanischen Langzeituntersuchung (Okamoto et al., 2018) von 15 Jahren zeigte sich bei Männern, die über das gesetzliche Renteneintrittsalter hinaus weiterarbeiteten, im Vergleich zur Kontrollgruppe ein positiver Einfluss auf ihre Gesundheit. Im Durchschnitt lebten sie 1,9 Jahre länger als ihre pensionierten Kollegen. Weiter zeigten sie durchschnittlich 2,2 Jahre später Anzeichen kognitiver Beeinträchtigungen, Diabetes trat um 6 Jahre später und Schlaganfall um 3,3 Jahre später als bei der Kontrollgruppe auf.
  - Eine weitere Untersuchung (Wickrama et al., 2013) zeigt, dass bei einer Erwerbstätigkeit von Personen über 62 Jahren eine wechselseitige Beeinflussung zwischen der Gedächtnisleistung, körperlichen Einschränkungen und depressiven Symptomen vorliegt.

Die Ergebnisse liefern Hinweise, dass eine aktive Gestaltung der Tätigkeitsphase nach dem Pensions-/Rentenantritt gesundheitsstabilisierende und -förderliche Effekte aufweist. Es erscheint aus diesem Grund notwendig, den eigenen Handlungs- und Tätigkeitsspielraum – sowohl bei Familienarbeit, ehrenamtlichem Tätigsein als auch bei Erwerbstätigkeit – zu erhalten bzw. zu erweitern. Voraussetzungen sind dabei jedoch Freiwilligkeit, Tätigsein in einem selbstbestimmten Umfang/Ausmaß und eine entsprechende Arbeitsbewältigungsfähigkeit.

Die Entscheidung, wie die Lebensphase »Tätigsein nach Erreichen des Pensions-/Rentenantritts« gestaltet wird, hängt von den jeweiligen individuellen, sozialen, ökonomischen, steuerrechtlichen, gesundheitlichen, arbeitsbezogenen und organisationalen Voraussetzungen ab. Wie schon aufgezeigt ebenso von der Beziehungsqualität zwischen Führung und Mitarbeiter. In der Ausgleitphase wird oftmals auch kurzfristig über eine Silber-Karriere entschieden. Dabei stellt sich die Frage des »Wollens, Könnens, Müssens«. Eine frühzeitige Beschäftigung und Planung einer Silber-Karriere, initiiert auch durch Impulse des betrieblichen Übergangsmanagements, begünstigt ein Finden individueller Übergangslösungen.

Motive für eine »Silber-Karriere«

Entscheidungsrelevant für die Weiter- bzw. Wiederbeschäftigung ist neben einer ökonomischen Notwendigkeit und möglichen finanziell-steuerlichen Auswirkungen auch,

- welche individuelle Bedeutung der Berufs- und Arbeitsrolle zugeschrieben wurde bzw. wird,

- welche anderen Rollen (Eltern, Ehrenamt, Freizeit, Familienfürsorge ...) im persönlichen Lebenskonzept eingenommen werden und wie die vorhandenen damit zusammenhängenden Ressourcen aufgeteilt werden und
- welcher emotionale Gewinn daraus ableitbar ist.

Weitere entscheidungsbeeinflussende Faktoren sind,
- ob flexible Arbeitszeitstrukturen und ein Arbeitsstundenausmaß von ca. 10–15 Stunden pro Woche möglich sind,
- wie die Bewältigbarkeit der Arbeitsanforderungen in der Vergangenheit erlebt wurde. So hängen erlebter Arbeitsstress bzw. hohe psychische und physische Anforderungen in der Tätigkeit vor dem »Ruhestand« negativ mit der einer Weiterführung der Tätigkeit im bisherigen Berufsfeld zusammen (Wang et al., 2008 zit. nach Wöhrmann, 2019). Für eine Fortsetzung der Tätigkeit im bisherigen Berufsfeld ist es demzufolge notwendig, dass schon während der regulären Berufsphase gute und auf die Person abgestimmte Arbeitsbedingungen vorhanden waren.
- ob eine lernförderliche Arbeitsumgebung vorhanden ist. Wenn die Arbeitsumgebung systematisch lernförderlich gestaltet und das Lernen im Prozess der Arbeit ermöglicht wird, sinkt die Wahrscheinlichkeit fehlenden Interesses für eine »Silber-Karriere« um 14% (Pimertz/Stettes, 2020).

Die exemplarisch aufgezeigten Aspekte von Tätigsein/Erwerbstätigkeit nach Erreichen des Regelpensions/-rentenalters weisen auf ein äußerst bedeutsames und noch stark ausbaubares Handlungsfeld. Dazu ist ein intensiver Dialog der beteiligten Stakeholder – Beschäftigte, Sozial- sowie Gesundheitspolitik und Wirtschaft – notwendig. Im betrieblichen Alltag kann im Rahmen des Übergangsmanagements durch das Gestalten gesunder, arbeitsbewältigungserhaltender und -fördernder Arbeitsbedingungen die Wahrscheinlichkeit für eine Silber-Karriere erhöht werden. Für einen gezielten Dialog zum Thema eignet sich das Gesprächs-Instrument zur »Silber-Karriere«.

Werkzeuge zur beruflichen und betrieblichen Laufbahngestaltung
- Alter(n)sgerechte Arbeitskarriere
- Führung-Mitarbeiter-Gespräch zu »Silber-Karriere«
- Zukunftsgespräch

Fazit:
Der demografische Wandel lenkt notwendigerweise die Aufmerksamkeit auf die Laufbahngestaltung älterer Beschäftigter. Um die Potenziale älterer Beschäftigter zum beidseitigen Nutzen wirksam werden zu lassen, benötigt es ein gezieltes Berücksichtigen der Bedürfnisse und ein Unterstützen bei der Bewältigung geänderter Anforderungen. Altersgerechte Laufbahngestaltung ist ein Schnittpunkt des betrieblichen Übergangsmanagements, indem Karriere- und Kompetenzentwicklung, altersgerechte Anforderungsgestaltung und Führungshandeln zusammenfließen. Dadurch eröffnen sich Chancen für den Erhalt und Ausbau der Beschäftigungsmotivation, Arbeitsbewältigungsfähigkeit und auch einer potenziellen Weiter-/Wiederbeschäftigung.

Chancen für den Betrieb während der demografischen Wandelphase	Chancen für den älteren Beschäftigten während Übergangszeiten
• Langfristige Arbeitskarriereplanung • Verstärkte Bindung an das Unternehmen – potenziell auch über Pensions-/Rentenantritt hinaus • Ausbau der Arbeitgeberattraktivität • Sicherung der Arbeitsbewältigungsfähigkeit • Sicherung der regulären Erwerbstätigkeitsdauer	• Erhalt und Sicherung der Beschäftigungs- und Arbeitsfähigkeit • Aktive Mitgestaltung bei der Laufbahnplanung • Gezielte Qualifikations- und Kompetenzerweiterung • Positive Wirkungen auf Gesundheit • Nutzen von sich bietenden Lebenschancen

Tab. 13: Überblick der Chancen für Betrieb und Beschäftigte

2.2.4 Handlungsebene 4: Wertschätzender und -schöpfender Wissenstransfer

Fragen zum Einstieg

1. Was bedeutet und bringt die Handlungsebene Wissenstransfer im betrieblichen Übergangsmanagement für das Unternehmen und die älteren Mitarbeiter?
2. Was sind praktikable Transferansätze, -ziele und -wege im betrieblichen Übergangsmanagement? Wer sind die Initiatoren, Organisatoren und Begleiter? Welche Stolpersteine sind zu bedenken?
3. Auf welche Werkzeuge können die Führungskraft bzw. andere Zuständige oder auch der engagierte Mitarbeiter zurückgreifen?

Schlaue Silberfüchse im beruflichen Dschungel
Elisabeth Michel-Adler, 2019

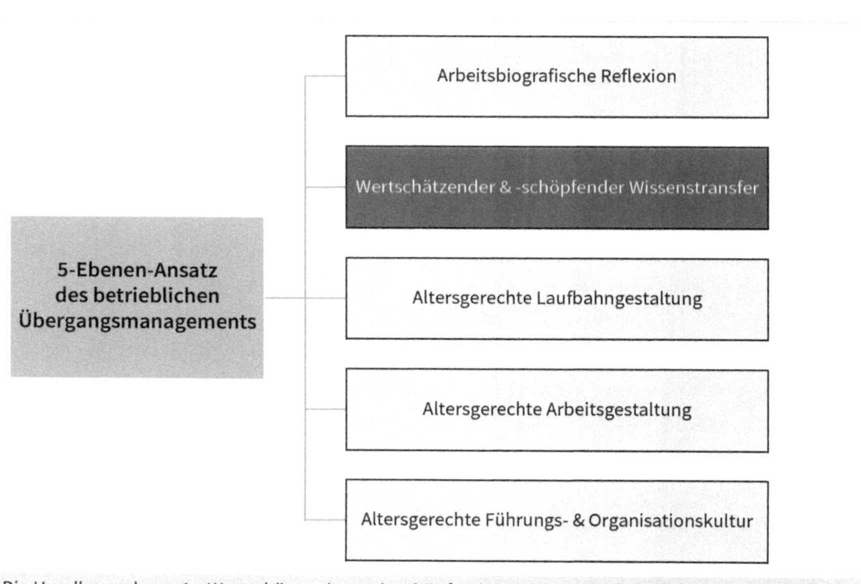

Abb. 12: Die Handlungsebene 4 – Wertschätzender und -schöpfender Wissenstransfer

Was bedeutet und bringt die Handlungsebene Wissenstransfer im betrieblichen Übergangsmanagement für das Unternehmen und die älteren Mitarbeiter?

Das Expertenwissen von Beschäftigten ist für die Funktionstüchtigkeit und Zukunftsfähigkeit des Unternehmens bedeutsam. Unternehmen, die ihren erfolgskritischen Bestand an Expertenwissen erahnen, versuchen mit Wissensmanagement auf vielfältige Weise, dies zu ermitteln, zu dokumentieren und in der betrieblichen Wissensgemeinschaft vorsorglich weiterzugeben. Die Handlungsebene Wissenstransfer im betrieblichen Übergangsmanagement ist damit sowohl pragmatisch wie nützlich für das Unternehmen zu verwirklichen.

Vielerorts setzt das betriebliche Wissensmanagement Datenbanken, Handbücher und Schulungen ein, um zentrale arbeitsbezogene Informationen zu verarbeiten, zu speichern und zu vermitteln. Dabei wird die Ressource ›Information‹ oftmals mit der Ressource ›Wissen‹ verwechselt: Wissen ist etwas anderes als Information. Zweifellos sind Informationen »bedeutungstragende Zeichen« (Picot/Fiedler, 2000, S. 2), die zum Erreichen eines Ziels beitragen. Doch wirksam werden Informationen im Arbeitsalltag unmittelbar durch die Wissensträger, die Beschäftigten: »Wissen kann … als Vernetzung von Informationen verstanden werden, das es dem Träger ermöglicht, spezifisches Handlungsvermögen aufzubauen und Aktionen in Gang zu setzen. Wissen ist also kontext- und erfahrungsabhängig und damit immer an den Menschen gebunden.« (ebenda). Wissen kann nicht wie Informationen gehandelt, gekauft und verkauft werden. Das Expertenwissen und damit das unternehmerische Wissensfundament besteht einerseits aus explizitem, bewussten Fakten- und Fachwissen von Mitarbeitern, welches formulierbar und reproduzierbar ist. Andererseits besteht Expertenwissen aus implizitem, also personalisiertem, oft nur schwer formalisierbarem und vermittelbarem, vorbewusstem Erfahrungswissen. Dieses ist oftmals verborgen und dadurch nicht oder nur schwer artikulierbar. Erst die Verknüpfung mit den Fähigkeiten, Fertigkeiten der Beschäftigten, ihren Praxiserfahrungen damit und zahlreicher weiterer ausführungsrelevanter Wissensbestandteile wird das Fakten- und Fachwissen wertschöpfend. Unternehmensrelevantes und wertvolles Wissen ist demzufolge »die Gesamtheit der Kenntnisse und Fähigkeiten, die Individuen zur Lösung von Problemen einsetzen. Dies umfasst sowohl theoretische Erkenntnisse als auch praktische Alltagsregeln und Handlungsanweisungen« (Probst et al., 2006, S. 46). Beschäftigte sind somit die betrieblich bedeutsamen Wissensträger und -umsetzer, ob als Erfahrener oder noch als Erfahrungssuchender. Das Wissensmanagement ist zweckorientiert auf Beschäftigte ausgerichtet. Ein Kernbaustein des Wissensmanagements ist der Wissenstransfer, also die persönliche Weitergabe von Wissen vom Wissensgeber zu einem Wissensnehmer. Im Rahmen des betrieblichen Übergangsmanagements stehen dieser Vorgang bzw. die Gelingensbedingungen im Mittelpunkt. Somit liegt im Wissenstransfer eine wesentliche und gleichsam pragmatische Handlungsebene des betrieblichen Übergangsmanagements:

- Einerseits beeinflusst Wissenstransfer im Sinne von Wissen von anderen zu erhalten und darauf eigenes Wissen auszubauen in jedweder Lebensphase und in jedwedem Lebensphasenübergang die Arbeitsbewältigung und Leistungsfähigkeit von Beschäftigten.

- Andererseits eröffnet Wissenstransfer allen beteiligten Wissensträgern, den Wissensgebern und den Wissensnehmern, Wertschätzung zu erleben. Dies ist für Mitarbeitende in der Ausgleitphase bedeutsam. Es beeinflusst positiv die selbstwertbezogenen Ressourcen für Arbeitszufriedenheit und Arbeitsbewältigung.

Die Handlungsebene Wissenstransfer im betrieblichen Übergangsmanagement trägt in sich einen partnerschaftlichen Charakter und nützt dadurch allen Transferbeteiligten – d.h. dem Arbeitsgeber, den Kollegen, davon insbesondere den nachfolgenden Kollegen und den konkret zum Wissenstransfer eingeladenen wissenstragenden Beschäftigten.

Der größte Teil des Wissens von Arbeit in einer Organisation – es wird auf 80 % geschätzt (Nonaka/Takeuchi, 1995) – ist implizit. Es handelt sich um Handlungs-/Durchführungs- bzw. Erfahrungswissen samt umfassendem Netzwerkwissen und stellt damit die Basis für erfolgreiches arbeitsbezogenes Handeln dar. Das »Gewusst-wie« der Arbeit erhöht die Wahrscheinlichkeit, Ziele zu erreichen, Aufträge zu erfüllen und Arbeit zu bewältigen. Erfahrungswissen wächst weiter durch Netzwerkwissen des »Gewusst-wer« plus des »Gewusst-wo« (Erlach et al., 2013) und erhält noch Energie durch das »Gewusst-warum«. Damit rückt die Zielgruppe ältere Beschäftigte im Rahmen des betrieblichen Übergangsmanagements in den Fokus. Dabei werden nicht nur ausgewählte ältere Beschäftigte mit speziellem Erfahrungswissen eingebunden, sondern es geht hier um alle älteren Beschäftigten aus allen Berufen, Tätigkeiten und auf allen Hierarchieebenen, die über ihr langes Berufsleben umfassend-vielfältiges und praktisches Erfahrungswissen gesammelt haben. Der Umfang der persönlichen Wissensschätze ist dementsprechend äußerst unterschiedlich, jedoch für jeden Wissensträger ist es meist sehr bedeutungsvoll, dass Interesse an seinen Erfahrungen, so unterschiedlich gelagert sie auch sein mögen, gezeigt wird. So ist z. B. das Interesse an individuellen Erfahrungen mit Gefahrenquellen bei der Arbeitsausführung für einen Tischler genauso bedeutungsvoll wie die Erfahrungen des Verkäufers zum Umgang mit speziellen Kunden.

Dieser partnerschaftlich organisierte Wissenstransfer in der Neuorientierungsphase bzw. im Verlauf oder Abschluss der Ausgleitphase oder während der »Silber-Karriere« bedeutet neben der erlebten Zuwendung und Aufmerksamkeit für die Wissensgeber eine gesicherte Wertschöpfung mit relevant-praktischen Wissensbeständen für das Unternehmen.

Was sind praktikable Transferziele und -wege des Wissenstransfers im betrieblichen Übergangsmanagement? Wer sind die Initiatoren? Welche Stolpersteine sind zu bedenken?

»Wissen ist Macht« hat der englische Philosoph Francis Bacon erkannt. »Wissen ist Erfolg«, könnte man heute ergänzen, und die meisten Unternehmen würden diesen Satz unterschreiben«, so fasst Erlach (Erlach et al., 2013) bewusst pointiert die zahlreichen wissenschaftlichen und Praxis-Berichte zusammen. Das betriebliche Wissensmanagement hat mindestens in Betrieben mit speziellem Expertenwissens- und hohem Kompetenz-Einsatz schon seit Längerem Eingang gefunden.

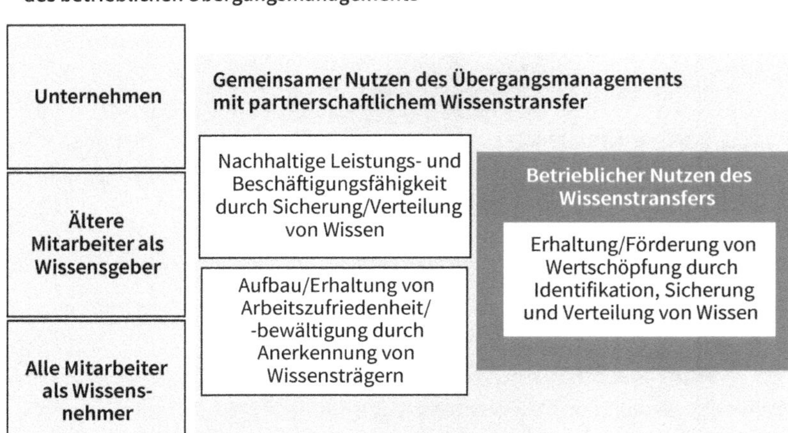

Abb. 13: Die Nutznießer und der jeweilige Nutzen von Wissenstransfer

Die Wahrnehmung des demografischen Wandels betont in diesen Betrieben auch, wie ein systematisch organisierter und umfassend bedachter Wissenstransfer die Funktions-, Wettbewerbs- und Zukunftsfähigkeit auch bei Personalwechsel absichert. So liegt es nahe, dass das betriebliche Übergangsmanagement mit dem Wissensmanagement kooperiert und ihr Handlungsfeld Wissenstransfer pragmatisch betritt. Im Mittelpunkt steht natürlich die gesamte und aus mehreren Generationen bestehende Wissensgemeinschaft. Das Gelingen des Wissenstransfers wird vorrangig daran gemessen, dass die Wissensnehmer und das Unternehmen daraus Chancen und Nutzen gewinnen.

Die Initiierung und Unterstützung des Wissenstransfers durch betriebliche Personalverantwortliche oder Wissensbeauftragte stehen in der Betriebsöffentlichkeit für ernsthafte und wertvolle Personalarbeit. Die Planung, Durchführung von Wissenstransfer und die betriebsinterne Kommunikation darüber wird zur sicht- und spürbaren »altersgerechten Führungs- und Organisationskultur« und stellt somit auch ein wirksames Zeichen gegen Altersdiskriminierung dar. Durch die partnerschaftliche Umsetzung betrieblichen Übergangsmanagements wird die Bedeutung von Wissenstransfer und der Nutzeneffekte erweitert.

Betriebliche Akteure des Wissenstransfers

Um Wissenstransfer im Rahmen des betrieblichen Übergangsmanagements umzusetzen, benötigt es keine neuen Strukturen, sondern es setzt an bereits bestehenden Verantwortlichkeiten mit den entsprechenden Aufgabenfeldern und Akteuren an. Diese sind je nach Unternehmensgröße

- unmittelbare Führungskraft bzw. Vorgesetzter
- Personalmanager
- Personalentwickler
- Wissensmanager oder Mitwirkender des Wissensmanagementteams und
- älterer Mitarbeiter, der sich in der Übergangszone befindet.

In kleineren Unternehmen verbinden sich die Wissenstransfer-Aufgaben ebenso chancenreich in der Unternehmensführungskraft. Wissensmanagement geht dadurch Hand in Hand mit betrieblichem Übergangsmanagement und durch das Nutzen vorhandener Strukturen wird auch kein zusätzlicher Aufwand notwendig – außer durch das möglicherweise notwendige Aneignen von entsprechenden Wissenstransfer-Methoden, wobei die anfallenden Investitionskosten überschaubar und in einem günstigen Verhältnis zum Nutzen sind.

Kurzum: Die Initiatoren, Organisatoren und Begleiter sind vorhanden. Sie können dieses unmittelbar nutzbringende Handlungsfeld zur Unterstützung des betrieblichen Überganggeschehens in ihren Aufgabenbereich integrieren bzw. darauf aufbauen und setzen damit einen wesentlichen Baustein des betrieblichen Übergangsmanagements um. Der generationenübergreifende Wissenstransfer bewirkt dadurch,

- eine Stärkung des bestehenden Wissensmanagements oder legt ein Fundament dafür
- eine gezielte Zuwendung und Aufmerksamkeit an ältere Beschäftigte
- eine Stärkung und Erweiterung des Führungshandelns und der Führungsqualitäten von Personalverantwortlichen mit ihren älteren Beschäftigten, indem Kompetenzen und das Erfahrungswissen erkannt und anerkannt werden und konkret altersgerechte Führungskultur gelebt wird
- eine Stärkung des Selbstwerterlebens der älteren Wissensgeber, indem ihr Stellenwert für das Unternehmen sichtbar gemacht wird
- eine Stärkung der Beschäftigungsmotivation
- eine Erweiterung des Kompetenzprofils durch Methodenaneignung für die Wissenstransfer-Begleiter

Stolpersteine im Wissenstransfer

Da Wissenstransferangebote nicht automatisch von allen Beschäftigten aus unterschiedlichen Gründen sofort bereitwillig unterstützt werden, ist mit Stolpersteinen und Barrieren im generationsübergreifenden Wissenstransfer, insbesondere bei dessen Einführung zu rechnen. Die Initiatoren und Begleiter benötigen Wissen und Kompetenz, um diese Herausforderungen individuell und betrieblich meistern zu können. Mögliche Hindernisse können dabei sein:

- Negative Einstellungen gegenüber jeweils anderen Altersgruppen im Betrieb. Wechselseitige Vorurteile der Generationen im Team bzw. in der Belegschaft können durch die Praxis des Wissenstransfers in Frage gestellt werden. Doch gleichzeitig kann es bei der Einführung und bei der Kommunikation über Wissenstransfer anfänglich hinderlich sein, indem Vorbehalte über die Sinnhaftigkeit geäußert werden. Offene oder verdeckte Altersdiskriminierung in der bisherigen Kultur kann bei Wissensgebern und -nehmern zu mangelnder Teilungs- und Mitwirkungsbereitschaft führen. Betroffene Kollegen könnten Statusverlust, Kränkung und Konfliktstoff durch Wissenstransfer befürchten.
  - Was tun? Das gezielte Ansprechen von altersdiskriminierenden Einstellungen und Handlungen, ein Hinterfragen der Gründe dafür und eine klare Haltung und Kommunikation von Führungsverantwortlichen zu altersgerechter Führung- und Organisationskultur ist notwendig.
- Konzentration des bislang praktizierten Wissensmanagements auf Experten-Spezialwissen. Dies kann anfangs eine Barriere für die Einführung des alle älteren Beschäftigten einbeziehenden Wissenstransfers bedeuten.
  - Was tun? Klare Haltung und Kommunikation der Führungsverantwortlichen, dass alle Beschäftigten mindestens in der Ausgleitphase die Zielgruppe des Wissenstransfers sind und jeder Beschäftigte einen wertvollen Baustein im Wissenspuzzle beiträgt.
- Individuell eingenommene Einstellungen der Macht aufgrund des Monopolwissens kann die eigene Teilungs- und Mitwirkungsbereitschaft und damit den Wissenstransfer behindern.
  - Was tun? Ermöglichen des Ansprechens von Hintergründen, wie z. B. von erlebten (mitunter lange zurückliegenden) Erwartungsenttäuschungen und Kränkungen, in einem geschützten Rahmen. Wissenstransfer-Akteure benötigen entsprechende Gesprächsführungs-Kompetenz.
- Individuelle Unkenntnis über die Bedeutung des eigenen Erfahrungswissens für die anderen und den Betrieb kann den Wissenstransfer behindern.
  - Was tun? Mitteilen der Bedeutsamkeit und des Stellenwerts des Wissens. Offene Haltung und ehrliches Interesse an der Person bekunden.
- Mangelnde Aufnahmebereitschaft der Wissensempfänger im Rahmen eines Gruppen-Dialogs gegenüber Erfahrungswissen oder dessen Abwertung stellt ebenso eine Erschwernis im Wissenstransfer dar.
  - Was tun? Auf wahrgenommene Situation, z. B. Abwertung, eingehen und mögliche Hintergründe ansprechen. Planung des passenden Einsatzes von Visualisierungsmethoden. Auch Wissensnehmer auf den Wissenstransfer vorbereiten. Ihre entsprechenden Einstellungen/Wahrnehmungen/Beziehungskonstellationen durch Wissenstransferbegleiter ausloten.

Die exemplarisch aufgezeigten Stolpersteine beim Übergangsschritt des »Loslassens, Anbietens, Gebens und Nehmens von Erfahrungswissen« erfolgt umso erfolg- und chancenreicher für alle Beteiligten und für die Organisation, wenn die dafür Verantwortlichen Übergangsmanagement-Kompetenz mitbringen. Zu dieser Kompetenz gehört nicht vorrangig oder ausschließlich der Umgang mit neuer Wissensmanagement-Informationstechnologie und das Sammeln und Archivieren großer Wissensmengen. Es benötigt vielmehr Kompetenz für den sensiblen sozialen Prozess des Wissenstransfers.

Transferansätze für Wissenstransfer

Mit dem Begriff Wissenstransfer-Prozess wird oftmals ein aufwendiges und ressourcenintensives Vorgehen assoziiert und dadurch auch als schwer in die betriebliche Praxis integrierbar eingeschätzt. Wir wollen Ermutigung schaffen und auf dialogorientierte Methoden verweisen, die mit relativ geringem Aufwand durchführbar und auch im betrieblichen Ablauf mit begrenztem Ressourcenaufwand anwendbar sind.

Die Initiatoren, Organisatoren und Umsetzer des Wissenstransfers können aus verschiedenen Ansätzen des Wissenstransfers auswählen, um diese Handlungsebene des betrieblichen Übergangsmanagements pragmatisch gestaltbar zu machen. Es hängt ab, welches Ziel mit dem Wissenstransfer vorrangig erreicht werden soll: Ist dies Anerkennung des Erfahrungswissens oder Visualisierung des Wissens, Wissensweiterentwicklung, ... ? Der operative Wissenstransfer-Ansatz (in Anlehnung an Probst et al., 2006) und -ablauf liefert dazu eine Grundlage und umfasst dabei mehrere sich wechselseitig beeinflussende Bausteine:

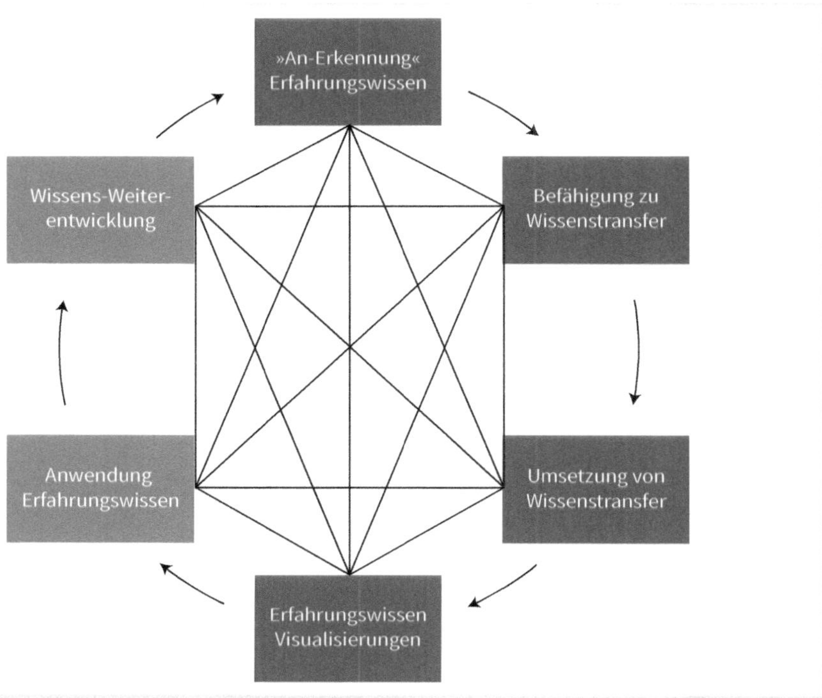

Abb. 14: Der Ablauf operativen Wissenstransfers

Wir konzentrieren uns auf den personalisierten Wissenstransfer und treffen eine Auswahl dialogbasierter Methoden, die nicht nur in einem einmaligen Vier-Augen-Gespräch Platz finden. Die Methode des Dialogs begreifen wir vorrangig als mündliches Gespräch zwischen zwei oder mehreren Personen. Es ist ein Austausch basierend auf Rede, Mitrede, Rückmeldung sowie Antwort auf Nachfrage. Diese Form des personalisierten und aufeinander bezogenen Dialogs kann auch durch schriftliche Komponenten zur Visualisierung und Dokumentation (ggf. auch in digitaler Form) unterstützt werden. Das Besondere am dialogorientierten Vorgehen erscheint uns also durch das Fließen von Sinn und das Erschließen von Bedeutung durch die Menschen. Der Dialog ermöglicht, die Voraussetzungen, Ideen, Annahmen, Überzeugungen und Gefühle von Menschen zu verstehen, die unterschwellig und indirekt ihre Arbeitsbewältigung, Leistungsfähigkeit und ihre Zusammenarbeit beeinflussen.

Wir würdigen, aber adaptieren die umfangreiche Werkzeugkiste des Wissensmanagements im Dienste des betrieblichen Übergangsmanagements und fokussieren die bewährten Methoden und Werkzeuge auf das umfassende Erfahrungswissen der Mitarbeitenden in ihrer Ausgleitphase. Es stellt sich als Angebot, Einladung und Auftrag an alle Beschäftigten jeder Hierarchieebene, jeder Berufsgruppe und jedes Beschäftigungsmodus dar. Diese Handlungsebene des betrieblichen Übergangsmanagements wird so zur potenziellen Arbeits- bzw. Lebenszufriedenheitsquelle, die aktuelle Arbeitsbewältigung fördert, Unternehmensidentifikation aufrechterhält und intergenerative Teamzusammenarbeit ermöglicht und erleichtert.

Wir wählen aus den zahlreichen Dialogmethoden wenige beispielhafte Instrumente, die sich auf verschiedene Wissenstransfer-Settings aufteilen lassen. Diese Settings unterscheiden sich einerseits durch die Anzahl der Teilnehmenden am Wissenstransfer. Hier gibt es entweder den Wissenssender und den Wissensempfänger; beide durch einen Initiator oder Begleiter unterstützt. Wir benennen es kurzerhand: Dialog-Setting. Es finden – wie schon angeführt – Dialoge bzw. punktuelle dialogische Workshops mit mehreren Personen statt: Eine Person ist Wissenssender. Wissensempfänger sind Kollegen des Teams oder mehrere Mitarbeitende oder Kooperationspartner in unterschiedlicher Zusammensetzung. Besondere betriebliche Anlässe können auch zu einer personalpolitischen und wissensbezogenen Entscheidung führen, wo die Person, die den Arbeitsplatz verlassen wird, und sein Nachfolger zeitlich begrenzt und mit Wissenstransfer-Bausteinen noch temporär zusammenarbeiten. Auch hier ist die Initiierung und die Begleitung mit Dialogmethoden unterstützend.

Die ausgewählten Wissenstransfer-Werkzeuge, die wir Visualisierungswerkzeuge bezeichnen, sind in jedem Setting hilfreich: Einerseits machen sie geäußertes Erfahrungswissen zügig sicht- wie wahrnehmbar und verstehbar und andererseits unterstützen die gesprächsleitenden Visualisierungen (wie Wissenslandkarte, Wissensbaum, Beziehungsnetzwerk) die Benennung und Strukturierung von Erfahrungswissen durch den Wissenssender.

	Temporäre Zusammenarbeit	Dialog	Workshop
Dialogische Wissenstransfer-Instrumente	Tandem-/Patenmodell	Wissensorientiertes Mitarbeitergespräch	Storytelling / Erfahrungsgeschichten
	Mentoringsystem	Übergabegespräch	Wissensbezogene Verabschiedungs-Feier im Sinne von »Workshop Gesammelter Erfahrungen/Lessons Learned«
Dialogische Visualisierungs-Instrumente	Wissenslandkarte		
	Wissensbaum		

Tab. 14: Überblick über Settings und Methoden des Wissenstransfers

Die getroffene Instrumenten- und Werkzeugauswahl, die im Folgenden den unterschiedlichen Settings zugeordnet sind, finden ihre genauere Beschreibung im Kapitel 3.4. Das folgende Fallbeispiel soll einen Eindruck von Aufwand und Wirkung vermitteln.

Fallbeispiel: Managerin wünscht sich »Sag beim Abschied leise Servus«

Der demografische Wandel im Unternehmen sensibilisierte den Geschäftsführer eines großen Dienstleistungsunternehmens für das betriebliche Übergangsmanagement. Das Personalmanagement wurde mit der strategischen Prüfung und Entscheidung zur Implementierung beauftragt. Die Personalmanagerin, die sich selbst in der Ausgleitphase befindet, ergreift mit persönlicher Leidenschaft und Begeisterung das Thema und insbesondere das Handlungsfeld Wissenstransfer. Sie wünscht sich im Planungsgespräch mit ihrem Vorgesetzten anstatt der üblich praktizierten Verabschiedungsrituale mit Reden und Umtrunk einen für sie und ihrem Managementbereich nützlichen Wissenstransfer. Dieser soll in drei ausgewählten Gruppenworkshops während ihres letzten Jahres vor dem Pensionseinstieg stattfinden. Der Wunsch wird von der Geschäftsführung unterstützt und ein innovativer Verabschiedungsprozess wird erstmalig im Unternehmen durchgeführt. Im Rahmen des betrieblichen Übergangsmanagements plant man ein Pilotprojekt mit der bald ausscheidenden Managerin W., mit dem Wissenstransfer-Instrument »Workshop Gesammelte Erfahrungen / Lessons Learned« und ihrem selbst gewählten Einladungstitel: »Sag zum Abschied leise Servus und laut, was uns gelungen ist«. Sie definiert und bestimmt die drei Kooperationsgruppen für den Wissenstransfer. Eine Gruppe setzt sich aus Mitarbeitenden des Managementbereiches Personal zusammen und die anderen Male aus bedeutsamen Kooperationspartnern diverser Bereiche. Ein Moderator des internen Bildungszentrums ist für den Ablauf und die Dokumentation dieser Workshops beschäftigt. Ein Workshop dauert inhaltlich maximal 2,5 Stunden und schließt mit Kaffee und Kuchen. Managerin W., die im Vorfeld jedem Eingeladenen eine persönliche Nachricht und den Workshop-Ablauf übermittelt hat, eröffnet den Workshop und erläutert Absicht und Ziel des Wissenstransfers. Der Moderator gibt nochmals den Ablauf als Geschichten-Erzählen von der gemeinsamen Arbeitsreise bekannt, startet mit Fragen, lenkt den Austausch und die Visualisierung des Gesagten auf einer gewünschten Zeit- oder Themen-Landkarte. Die Wissenstransfer-Fragen sind dabei:

a. Ihre Reisegeschichte/-erinnerung zu ...
   - Was gelang und brachte uns weiter?
   - Was machte Freude?
   - Was hat uns zusammengeschweißt?
   - Was könnte künftig anders gemacht werden?

b. Ihr Ausblick zu ...
   - Was ist das Wichtigste, das wir für die Zusammenarbeit, die Zielerreichung und Aufgabenerfüllung in die Zukunft mitnehmen?

Die Resonanz auf diese bislang ungewöhnliche Form des Abschiednehmens war bei Managerin W. und bei allen Beteiligten sehr gut. Es ermöglichte ein persönliches Begegnen und brachte neben dem gemeinsamen Erinnern, Mitteilen und Aufzeigen von Erfahrungen aus der gemeinsam gestalteten Zeit auch wertvolle Impulse zur Weiterentwicklung des Managementbereiches.

Unabhängig von den vorgestellten Methoden kommt neben dem Bereitstellen der organisatorischen Rahmenbedingungen wie Zeitressourcen und Begegnungsorte zu Beginn eines Wissenstransfer-Prozesses immer dem Aufbau und der Stärkung der Bereitschaft und Fähigkeit bei älteren Wissensgebern eine zentrale Bedeutung zu. Mitarbeiter benötigen oftmals eine Unterstützung und Motivierung, die Rolle und Aufgabe eines Wissensgebers zu übernehmen und auch Wissen teilen zu wollen. Voraussetzung dazu ist eine allgemeine Zufriedenheit.

Instrumente:

- Tandem-Modell
- Wissensorientiertes Mitarbeitergespräch
- Übergabe-Gespräch
- Storytelling/Erfahrungsgeschichten
- Verabschiedungsfeier mit »Workshop für gesammelte Erfahrungen/Lessons Learned«
- Wissenslandkarte
- Wissensbaum

Fazit:
Auch die vierte Handlungsebene »Wissenstransfer« des betrieblichen Übergangsmanagements ruht in den Händen betrieblicher Akteure. Der Wissenstransfer lässt sich pragmatisch mit laufenden Kernaufgaben und Verantwortlichkeiten verknüpfen. Die taktische Erweiterung der Kenntnisse über und Kompetenzen für Wissenstransfer hinsichtlich seiner personalpolitischen Vorsorge- und Entwicklungsmöglichkeiten sowie seiner wirtschaftspolitischen Wettbewerbssicherungs- und Innovationsmöglichkeiten bietet Chancen für das betriebliche Meistern des demografischen Wandels und für das Meistern der späten Berufsphase des Mitarbeiters. Chancen der partnerschaftlichen Umsetzung von Übergangsmanagement auf der Handlungsebene »Wissenstransfer« sind:

Chancen für den Betrieb während der demografischen Wandelphase	Chancen für den älteren Beschäftigten während Übergangszeiten
Sicherung von arbeitsrelevanten und betriebswirtschaftlichen Erfahrungswissen; Reduktion von Wissensverlust; Erhalt der Wertschöpfung	(An-)Erkennung und Würdigung/Wertschätzung des umfassenden Erfahrungswissens von älteren Beschäftigten; Bestärkung des Selbstwertgefühls; Erhalt und Ausbau von Arbeitsbewältigungsressourcen bzw. Selbstregulationsfähigkeiten
Erleichterung beim Zugang zu Wissensträgern und Wissensquellen; Ausbau von Wissensbeständen auch als Grundlage für Innovationen	Unterstützung und Sinnstiftung für den Abschluss der späten Berufsphase; Wissenstransfer unterstützt ein aktives Abschiednehmen
Motivierung zum Austausch und damit zur Stärkung und Erweiterung von arbeitsspezifischen Kompetenzen; Erhöhung der Identifikation der Mitarbeiter mit dem Unternehmen und den Teams	Stärkung der Rolle als »Wissender« und dadurch persönlicher Beitrag zur erfolgreichen Weiterführung des Unternehmens
Erhöhung der Arbeitsbewältigung und Vorsorge für regulär langes Erwerbsleben	

Tab. 15: Überblick der Chancen für Betrieb und Beschäftigte

2.2.5 Handlungsebene 5: Arbeitsbiografische Reflexion

Fragen zum Einstieg

1. Warum ist arbeitsbiografische Reflexion im Übergang zur Pension/Rente wichtig?
2. Was sind die Ziele arbeitsbiografischer Reflexion?
3. Welchen Nutzen haben Beschäftigte und Organisation von arbeitsbiografischer Reflexion?

»Um den neuen Kurs festzulegen, soll man den Standort kennen«.

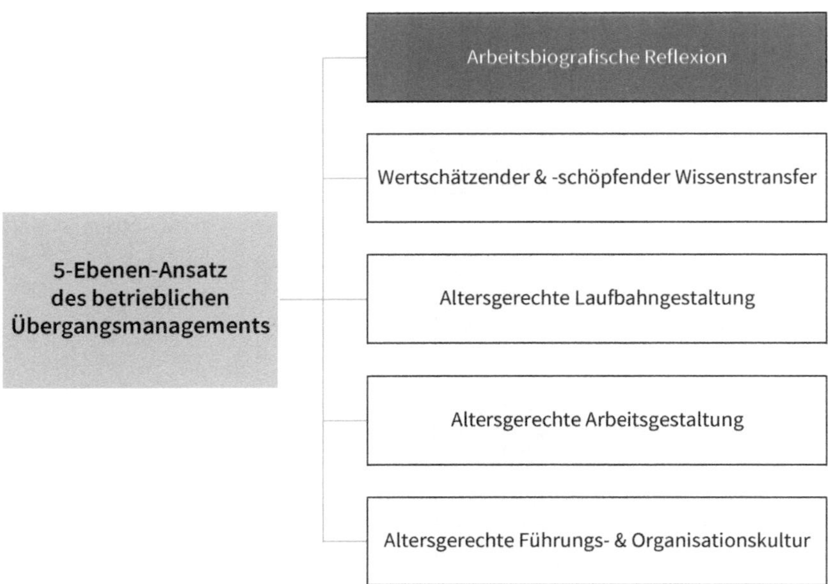

Abb. 15: Die Handlungsebene 5 – Arbeitsbiografische Reflexion

Arbeit nimmt in ihrer Bedeutung als auch vom zeitlichen Rahmen einen großen Raum im Leben von vielen Menschen ein. Berufliches Tätigsein im gesellschaftlichen und wirtschaftlichen Produktionsprozess stellt einen zentralen Punkt in der biografischen Entwicklung dar und hat dadurch einen wesentlichen Einfluss auf die weitere Persönlichkeitsentwicklung. »Indem wir arbeiten, begegnen wir der Welt« (Bauer, 2013, S. 14) und in weiterer Folge auch uns selbst, indem wir erleben, wie wir unsere Potenziale einbringen, Bedürfnisse befriedigen (z. B. Existenzsicherung, Zugehörigkeit, Anerkennung, ...), Wirkungen erzielen, aber auch Begrenzungen erleben. Diese jahrzehntelangen Erfahrungen liefern den Baustoff und die Grundlage für unsere berufliche Identität und prägen dadurch unser Selbstverständnis, unsere persönliche Identität, mit. In den Übergangsphasen, insbesondere in der Ausgleitphase, erfolgt bei jedem Beschäftigten ein mehr oder weniger intensiver emotionaler und mentaler Prozess der Auseinandersetzung mit seinen bisherigen Arbeits- und Lebenserfahrungen und seiner Arbeits- und Lebenszukunft. Es bieten sich wenige Möglichkeiten für ein aktives Thematisieren und Beleuchten des bisherigen und künftigen persönlichen Arbeits- und Lebensflusses. Ausnahmen sind im privaten Rahmen, bei beruflichen Verabschiedungsfeiern und in Ansätzen bei strukturierten Wissenstransferprozessen. Bislang wird dies vielfach als persönlicher Lebensbereich mit einer geringen ökonomischen Verwertbarkeit gesehen. Dies zeigt sich u. a. in entsprechenden spärlichen bzw. fehlenden betrieblichen Bildungsangeboten. Innehalten, Rückblick auf Vergangenes und Standorte bestimmen sind jedoch notwendig, um die Wahrnehmung für das Gegenwärtige und Künftige zu schärfen.

Im Rahmen des betrieblichen Übergangsmanagements findet sich dadurch neben den angeführten Handlungsebenen ein weiteres, fünftes Handlungsfeld – die arbeitsbiografische Reflexion. Bei dieser Handlungsebene stehen das persönliche Erleben, die persönlichen Bezüge von Beschäftigten zur Arbeit und deren Erkenntnisse daraus, die Bedürfnisse, Pläne für künftiges Arbeits- und Lebenshandeln im Mittelpunkt. In Anlehnung an die Erkenntnis des Religionsphilosophen Sören Kierkegaard, dass »das Leben vorwärts gelebt und rückwärts verstanden wird«, bietet die arbeitsbiografische Reflexion die Möglichkeit, dass

- die persönliche Arbeitslebensgeschichte, bedeutsame Ereignisse und deren Spuren in einem geschützten Rahmen in den Mittelpunkt gerückt werden, um potenziell
- dadurch Ressourcen und Potenziale für die persönliche Weiterentwicklung in der späten Berufsphase und für die nächste Lebensphase zu mobilisieren.

»Vergangenes Arbeitshandeln erinnern, Gegenwärtiges entdecken, um Künftiges entwickeln zu können«, so lassen sich zusammengefasst die Ziele von arbeitsbiografischer Reflexion beschreiben. Im Rahmen der arbeitsbiografischen Reflexion werden dabei die verschiedenen persönlichen arbeitslebensrelevanten Ereignisse in einen Zusammenhang gestellt und dahingehend beleuchtet, welche aktuelle Bedeutung sie besitzen. Unser Leben und demzufolge auch unser Arbeitsleben formen sich in den unterschiedlichsten Lebensbezügen und die arbeitsbiografische Reflexion ermöglicht, dass verschiedene Blickwinkel darauf eingenommen und die prägenden Faktoren erkannt werden können. Diese unterschiedlichen Aspekte der Biografie, auch als Teilbiografien (Klingenberger, 2003, S. 106) bezeichnet, zeigen sich für die Arbeitsbiografie als

- arbeitsbezogene Gesundheitsbiografie – diese benennt die relevanten Einflussfaktoren von Arbeit auf die Gesundheit und den aktuellen Gesundheitsstatus.
- soziale Arbeitsbiografie – diese benennt den Umfang, Stellenwert und Qualität von arbeitsbezogenen Sozialbeziehungen.
- arbeitsbezogene Leistungsbiografie – diese benennt die im Arbeitsleben erbrachten Leistungen, die für einen selbst und für andere wahrnehmbar waren/sind und welche damit zusammenhängende Wirkungen erzielt wurden.
- arbeitsbezogene Lern- und Bildungsbiografie – diese benennt die Angebote, Notwendigkeiten, Möglichkeiten und Wirkungen berufsbezogener Bildung.
- arbeitsbezogene Wertebiografie – diese benennt welche Werthaltungen, Einstellungen, die einen Menschen in Zusammenhang mit Berufswahl und Leistungserbringung getragen haben bzw. tragen.

Diese Teilbiografien ergeben in Summe die Arbeitsbiografie eines Menschen und stellen unterschiedlichste Aspekte unseres Arbeitslebens dar. Das Erkennen der unterschiedlichen Einflussfaktoren und v.a. die damit in Verbindung stehende zurückliegende Bewältigung von An- und Herausforderungen erzeugt ein Gefühl der Stärkung und des Stolzes und bewirkt ihrerseits eine Aktivierung von psychischen Ressourcen. Arbeitsbiografische Reflexionsarbeit versteht sich demzufolge als ein Perspektiven eröffnender und erweiternder Ansatz der Personalentwicklungsarbeit.

Als Brücke zwischen den großen bedeutsamen Lebensabschnitten, der beruflichen Phase und der Tätigkeitsphase nach dem Erreichen des Pensions-/Rentenantrittsalters, leistet das Angebot zur individuellen Reflexion im Rahmen des betrieblichen Übergangsmanagements einen wertvollen Beitrag zur gelingenden Bewältigung. Die persönliche Standortbestimmung und der Ausbau der Selbstregulations- und Selbststeuerungskompetenzen unterstützt dabei die Neuorientierung durch die konkrete Kursplanung für lebens- und arbeitsbezogene Themen. Die Neuorientierung bezieht sich einerseits auf die verbleibende Zeit bis zum Pensions-/Rentenantrittsalter und andererseits für die Zeit nach dem Pensions-/Rentenantritt und fördert dadurch eine aktive Vorbereitung auf die nächste Lebens- und Tätigkeitsphase. Eine frühzeitige Beschäftigung und der Auf- und Ausbau von entsprechenden individuellen Bewältigungsfähigkeiten mit den anstehenden Fragen und Aufgaben, im persönlichen sowie auch im arbeitsbezogenen Veränderungsprozess, tragen wesentlich zur gelingenden Bewältigung bei. Damit Veränderungsprozesse individuell als auch betrieblich gut bewältigt werden können, benötigt es entsprechende Kompetenzen. Bei einer Untersuchung des Instituts der deutschen Wirtschaft, bei der Geschäftsleitungen und Personalverantwortliche von 1126 Unternehmen der Privatwirtschaft befragt wurden, zeigte sich, dass für 45 % der Befragten Probleme bei Veränderungsprozessen auf fehlende Kompetenzen der Beschäftigten zurückzuführen sind (Flüter-Hoffmann et al., 2020). Kompetenzausbau insbesondere auch im Zusammenhang mit dem Übergang lohnt sich für die Arbeits-Lebensbewältigung. Nehmen Beschäftigte ein freiwilliges strukturiertes Angebot zur Übergangsbewältigung in die Pension/Rente in Anspruch, so wirkt sich dies u. a. positiv auf das Wohlbefinden, auf die Einstellung zur Pension/Rente, Lebenszufriedenheit, Selbstwirksamkeit und die Ruhestandserwartungen aus (Seiferling/Michel, 2017).

Demzufolge ist ein Angebot zum Ausbau von Bewältigungskompetenzen naheliegend, um den bestehenden oder auch anstehenden Veränderungsprozess in der Ausgleitphase zu unterstützen. Beschäftigte werden dadurch in die Lage versetzt, den Übergangs- und Veränderungsprozess aktiv mitzugestalten und Steuermann und nicht nur Passagier zu sein. Arbeitsbiografische Reflexion ist somit Teil eines aktiven persönlichen Übergangsmanagements und erweitert das Kompetenzportfolio. Eine gezielte Vorbereitung auf die Pension/Rente finden – wie schon im Kapitel 1 erwähnt – immerhin 2/3 der befragten Beschäftigten als sinnvoll (Seniors4Success et al., 2019).

Die Absicht der arbeitsbiografischen Reflexion ist:

- die Unterstützung der Orientierung in einer bedeutsamen Lebensveränderungsphase
- die Stärkung eines positiven Selbstverständnisses und dadurch Empowerment in einer vulnerablen Lebens- und Arbeitsphase
- die Förderung der Selbststeuerungskompetenz in vulnerablen Lebenslagen
- das Bewusstmachen der auf das Arbeitsleben bezogenen Erfahrungen – insbesondere auf das »berufliche Gewordensein« und auf Erfolge und Gelungenes zu blicken
- die Integration von arbeitsbezogenem Nichtgelungenem und Versöhnung damit
- die Auseinandersetzung mit Zukünftigem und Unterstützung einer bejahenden Haltung für Neues
- Information bzw. Unterstützung zur Einholung von Informationen zur finanziellen Situation in der Pension/Rente
- das Kennenlernen von Unterstützungs- und Hilfsangeboten des Sozial- und Gesundheitssystem und des Gemeinwesens für die derzeitige und künftige Lebensphase

Dadurch ergeben sich folgende Frage- und Zielstellungen:

Frage	Ziel
Wo stehe ich?	Standort bestimmen und bewusst wahrnehmen
Was spüre ich? Was nehme ich wahr?	Sensibilität für das eigene Befinden und Akzeptanz für derzeitige Situation
Was habe ich geschafft?	Sichtbarmachen von Erfolgen, Schaffung von positiven Gefühlen
Was will ich?	Sensibilität erhöhen für eigene Bedürfnisse, Entwickeln und Sichtbarmachen von Zielen
Was mache ich?	Handlungsplanung nächster Schritte, aktive Arbeits-/Weltgestaltung
Was lerne ich im Austausch mit Anderen?	Kennen/Lernen unterschiedlicher Bewältigungsstrategien und Wahrgenommenwerden von Anderen und Wahrnehmen der Anderen

Tab. 16: Überblick Themenfelder der arbeitsbiografischen Reflexion

Eine zentrale Funktion der arbeitsbiografischen Reflexion ist neben einem Innehalten und bewusstem Wahrnehmen der eigenen Situation die sinnstiftende Verbindung der Vergangenheit mit der Gegenwart und Zukunft. Das Ziel dabei ist, das bisherige Arbeitsleben mit seinen verschiedenen Facetten als sinnvoll, nachvollziehbar und verständlich anzusehen. Der Ausbau und die Stützung eines positiven Selbstwertgefühls, der Zuversicht der konstruktiven Bewältigung der anstehenden Entwicklungsthemen, der Arbeitsfähigkeit und damit von Gesundheit stehen dabei im Mittelpunkt der arbeitsbiografischen Reflexion. Ein Nichtwahrnehmen und Erleben von Geleistetem und Erfolgen und ebenso von Brüchen, Wendepunkten in der Arbeitsbiografie und/oder emotional noch wirksamen und über die Zeit nachhallenden und wirksamen Gefühlen von Ungerechtigkeit, Kränkung, … kann ein Risiko für ein positives Selbstverständnis darstellen und für eine unversöhnliche Haltung zu sich und zum sozialen Arbeits-/Umfeld führen. Arbeitsbiografische Reflexion liefert somit auch einen Baustein zur Stabilisierung und zur Förderung der psychischen Gesundheit in der späten Berufsphase.

Die arbeitsbiografische Reflexion beschäftigt sich, wie eingangs erwähnt, mit drei Hauptbereichen, die im Folgenden näher beleuchtet werden.

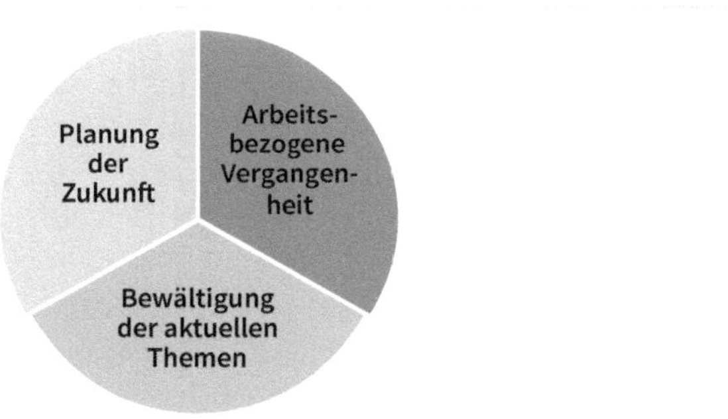

Abb. 16: Drei Hauptbereiche der arbeitsbiografischen Reflexion

Im ersten Schritt der arbeitsbiografischen Reflexion werden biografisch relevante Themen des Arbeitslebens im Hinblick auf stärkende Erfahrungen beleuchtet. Insbesondere das Wieder-/Erkennen von Geleistetem und erfolgreich Bewältigtem unterstützt dabei das lebensspannenübergreifende Selbstwirksamkeitserleben und festigt die emotionale Stabilität in dieser vulnerablen Lebensphase. Die Aussage eines Beschäftigten im Reflexionsprozess bringt dies auf den Punkt: »Jetzt wird mir wieder bewusst, was ich alles in meinem langen Arbeitsleben schon geschafft und was ich schon geleistet habe. Das habe ich beinahe ja schon vergessen, denn darüber redet man ja eigentlich nicht. Da kann ich eigentlich schon stolz auf mich sein«. Das Wieder-/Erkennen des bisher Geleisteten und das Neuentdecken und Beleben von oftmals »verschütteten« Erfolgserfahrungen erleichtert auch das Versöhnen mit Nichtgelungenem und derzeit noch Ungelöstem und erzeugt auch ein Stück Zuversicht für die Entwicklungsthemen, die sich im Zusammenhang mit der Veränderung der Lebens- und Arbeitssituation zeigen. Eines dieser großen Entwicklungsthemen ist das »Verabschieden«. Dabei geht es darum, dass die mit der Ausgleitphase zusammenhängenden Abschiedssituationen bewusst gestaltet und individuell passende Abschiedsformen gefunden werden. Dadurch wird der Übergang in die neue Lebensphase erleichtert und Räume für Neues können leichter erschlossen werden.

Im zweiten Schritt der arbeitsbiografischen Reflexion stehen dabei aktuell individuell bedeutsame Themen, die sich durch die derzeitige Lebens- und Arbeitssituation ergeben im Mittelpunkt. In dieser Phase der Reflexion werden neben den individuellen Bewältigungsstrategien im Zusammenhang mit den aktuellen Entwicklungsthemen auch aktuelles bzw. künftiges Belastungspotenzial bewusst, sichtbar und mitteilbar gemacht. Mögliche Aspekte dabei sind z. B. der kommende Verlust bzw. Gewinn von Rollen, der Umgang mit der »zu gewinnenden und verlorenen Zeit«, finanzielle Veränderungen und Auswirkungen, die Pflege von Angehörigen, Gesundheit sowie die eigene Versorgung im Alter, die Veränderung von Beziehungen im privaten Umfeld und der Umgang mit Sterben.

Im dritten Schritt des Reflexionsprozesses werden anstehende kurz- und mittelfristige Planungsvorhaben, die sich einerseits auf die konkrete altersgerechte Gestaltung der Arbeitssituation bzw. auch für Vorhaben und Themen, die sich u. a. in der vorausgegangenen individuellen Themenbearbeitung gezeigt haben, in einen persönlichen Aktionsplan integriert. Eine Schwerpunktthematik in diesem Bearbeitungsschritt ist u. a. die Planung der konkreten Ausgestaltung der Ausgleitphase bis zum Erreichen des Pensions-/Rentenantritts. Die Themenfelder erstrecken sich dabei von Verantwortungsübergabe, Wissensweitergabe, -bereitschaft und -möglichkeiten, der Gestaltung des konkreten Abschieds bis zur Planung von Aktivitäten in der Tätigkeitsphase nach dem Pensions-/Rentenantritt. In dieser Bearbeitungsphase der konkreten arbeitsplatzbezogenen Gestaltungsthemen bewährt sich auch die Beiziehung von Führungsverantwortlichen der Teilnehmenden am Reflexionsprozess. Durch den gemeinsamen Dialog und das sich dadurch weiterentwickelnde Verständnis für die Themenfelder der sich im Reflexionsprozess befindlichen Beschäftigten wird einerseits wertschätzendes Interesse signalisiert und andererseits können konkrete alters- und bedürfnisgerechte Arbeitsgestaltungsvorschläge besprochen und zu Maßnahmen geformt werden.

Durch die Bearbeitung dieser drei Schritte erfolgt ein zeitlicher und inhaltlicher Differenzierungsprozess hinsichtlich aktueller handlungsrelevanter und emotional bedeutsamer Themen. Da die arbeitsbiografische Reflexion unter keiner expliziten Leistungsvorgabe steht und auch keinen pädagogischen Charakter hat, sondern interessens- und bedürfnisgeleitet ist, können die persönlichen Erkenntnis- und Lernkompetenzzuwächse sehr unterschiedlich gelagert sein.

Alleine das Angebot zur arbeitsbiografischen Reflexion und die Mitteilung darüber, es in Anspruch zu nehmen, bewirkt, wie im nachfolgenden Beispiel dargestellt, schon eine bedeutungsvolle Auseinandersetzung. So berichtete ein Teamleiter einer öffentlichen Verwaltung von der Reaktion seiner Mitarbeiter als er ankündigte, dass er an einem Workshop zur Vorbereitung auf die Pension/Rente im Rahmen des betrieblichen Übergangsmanagements teilnehmen werde. Einige Mitarbeiter stellten daraufhin die Frage, was ihn bewege, dass er zu diesem Sterbevorbereitungsseminar gehe und ob dies schon sinnvoll sei. Auf die Gegenfrage, was damit gemeint sei, da er sich recht fit fühle und keine Ambitionen zum Sterben habe, entgegnete ein Mitarbeiter, dass ja nun in nächster Zeit das »berufliche Aus« und dadurch das »berufliche Sterben« anstehe. »In dieser Deutlichkeit habe er das noch gar nicht gesehen«, meinte der Teamleiter nachdenklich. Dieser Dialog verdeutlicht, dass die sog. »Entberuflichung« (Mergenthaler, 2015), also das Ende der Berufsrolle, eine sehr hohe emotionale Bedeutung besitzt. Damit in Verbindung stehende Assoziationen lösen dadurch oftmals auch Gefühle der Angst und ähnliches und eine ablehnende Haltung aus, da existenzielle Lebensfragen auftauchen und eine Beschäftigung damit erscheint vordergründig nicht attraktiv. Ebenso verweist dieses Gespräch auch darauf, dass es notwendig ist, über die Ziele, Inhalte, Vorgehensweisen und Chancen des betrieblichen und persönlichen Übergangsmanagements und der unterschiedlichen Angebote in der Organisation umfassend zu informieren. Bei einer weiteren Begegnung erzählte der Teamleiter, dass die Teammitglieder neugierig waren und Interesse zeigten, was in dem »Sterbevorbereitungsseminar« passierte, und er sogar im Rahmen einer Teambesprechung fünf Minuten darüber berichtete.

Gemeinsames Erkennen und Lernen

Arbeitslebensbilanzierung und Arbeits- und Lebenszukunftsplanung dienen der Bestärkung und Unterstützung einer eigenverantwortlichen Gestaltung des Lebens. Ein bewährter Weg dabei ist, die arbeitsbezogenen Erfahrungs- und Erinnerungsspuren, Wirkungen und konkrete Anliegen in einem kollektiven Rahmen mit Menschen mit der selben Entwicklungsaufgabe reflexiv, anregend und zuversichtgebend zu gestalten. Durch den vertieften Austausch und das Kennenlernen unterschiedlicher Bewältigungsformen anderer Beschäftigter in der selben Arbeits- und Lebenslage im Rahmen eines Gruppensettings erfolgt eine vertiefende Begegnungsform und ebenso oftmals ein Gefühl der Entlastung und des Verstandenwerdens. So berichtete eine Seminarteilnehmerin, dass sie das Thema Pension schon lange beschäftigt, ihr Mann es jedoch schon nicht mehr hören kann und sie von ihren Kollegen wenig Verständnis spüre und dadurch das Thema nicht mehr anspreche. Der Rahmen eines Seminars biete für sie daher die Möglichkeit ihre Anliegen, Gefühle, Erfahrungen mitzuteilen und in einen geschützten Austauschraum einzubringen.

Durch das Auseinandersetzen mit unterschiedlichsten Erfahrungen anderer Reflexionsteilnehmer findet ein intensiver Selbstbeschäftigungs- und Lernprozess statt, der dabei hilft, das Spektrum der Handlungsoptionen für die Bewältigung in dieser Lebens- und Arbeitsphase zu erweitern.

Wenn eine strukturierte Reflexion der Arbeitsbiografie aus unterschiedlichen Gründen (kein entsprechendes Angebot, Scheu/Unlust, sich in einer Gruppe mitzuteilen, negative Gruppenerfahrungen, konfliktbehaftete Beziehungen, ...) nicht in einer Gruppe durchgeführt werden kann, sollte jedoch, sofern Bereitschaft dafür vorhanden ist, nicht darauf verzichtet werden. Für eine individuelle Bearbeitung können im Rahmen von individueller Coachingbegleitung oder mit entsprechenden Arbeitsunterlagen selbstgesteuerte erste Reflexionsschritte durchgeführt werden. Eine Möglichkeit und ein erster Schritt dazu bietet sich durch ein von Führungsverantwortlichen angebotenes freiwilliges Gespräch zur Reflexion der persönlichen Arbeitsgeschichte (siehe Kapitel 3).

Es ist im Interesse jeder Organisation, die Beschäftigungsmotivation und das Wohlbefinden der Mitarbeitenden in der Ausgleitphase zu unterstützen und einen guten Abschluss der Erwerbsphase zu gestalten. Ein probates Mittel dazu ist, Mitarbeitende in der Ausgleitphase im Rahmen der Personalentwicklung zur Inanspruchnahme eines entsprechenden freiwilligen Angebotes zu informieren, zu ermutigen und motivieren. Führungsverantwortliche und betriebliche Entscheidungsträger, Verantwortliche für Gesundheit und Multiplikatoren (Präventivdienst, Personalvertretung, Beauftragte für Gesundheitsförderung und -management) bieten sich dafür als Partner an. In zahlreichen Organisationen sind persönlichkeitsstärkende Angebote für Mitarbeitende in Übergängen vielfach unbekannt. Ebenso ist es auch für Mitarbeitende mitunter befremdlich, ein persönlich-reflexives Fortbildungsangebot in Anspruch zu nehmen. Die Inanspruchnahme von arbeitsbiografischen Reflexionsangeboten wirkt einerseits unterstützend auf die persönliche und betriebliche Übergangsgestaltung des betroffenen Mitarbeiters, andererseits zeigt sie ebenso eine positive Wirkung auf die »verbleibenden« Mitarbeitenden im unmittelbaren Arbeitsumfeld des sich in der Ausgleitphase befindlichen Kollegen. Den Beschäftigten wird dadurch signalisiert, dass die Organisation ein konstruktives Ausstiegs- und Abschiedsmanagement praktiziert. Dies stärkt die Bindung zur Organisation.

In diesem Zusammenhang ist darauf hinzuweisen, dass die arbeitsbiografische Reflexion ein freiwilliges zeitlich begrenztes Angebot (z. B. im Rahmen eines Seminars oder eines Coachings) ist und keinen therapeutisch-reflexiven kontinuierlich begleiteten Prozess darstellt. Es ist eine Einladung an interessierte Beschäftigte mit Themen, die im Zusammenhang mit der Veränderung der Lebens- und Arbeitssituation stehen, sich angeleitet zu beschäftigen und sich durch Impulse für die weitere Arbeits- und Lebenszukunft anregen zu lassen. Eine Durchführung von angeleiteter strukturierter arbeitsbiografischer Reflexion sollte durch fachkundige Personen mit entsprechendem Hintergrundwissen zur Entwicklungspsychologie von älteren Menschen, Fachwissen für altersgerechte Arbeitsgestaltung und Erfahrung in der professionellen Gesprächsführung erfolgen.

Instrument:

- Gespräch zur persönlichen Arbeitsgeschichte

Fazit

Entgegen dem Stellenwert und Bedeutung von Arbeit im Leben jedes Beschäftigten wird dzt. der Rückschau auf das Arbeitsleben wenig Beachtung geschenkt. Arbeitsbiografische Reflexion bietet eine Möglichkeit, dass die unterschiedlichen Facetten des beruflichen Lebens und Wirkens eines Menschen gesehen und gewürdigt werden und dadurch eine Anerkennung seiner Leistung und Bewältigungs- und Erfahrungskompetenz erfolgt. Der Reflexionsprozess trägt dazu bei, den Blick auf die gegenwärtigen Anforderungen und auf Zukünftiges zu richten und Ressourcen und Potenziale für die persönliche Weiterentwicklung in der späten Berufsphase und für die nächste Lebensphase zu mobilisieren. Die arbeitsbiografische Reflexion ermöglicht eine Standortbestimmung, unterstützt und fördert die persönlichkeitsstärkende und planende Selbststeuerungskompetenz und ist demnach ein Beitrag zur Stabilisierung und Förderung der psychischen Gesundheit und schafft gute Voraussetzungen zur gelingenden persönlichen und betrieblichen Übergangsbewältigung.

Chancen für den Betrieb	Chancen für den Beschäftigten
• Vermittlung und Ausdruck der Wertschätzung gegenüber Beschäftigten • Ausbau der Veränderungskompetenz • Erhalt der Beschäftigungsmotivation • Stärkung der Bindung an die Organisation (wird v.a. bedeutsam für eine potenzielle Weiterbeschäftigung nach Pensionsantritt) • Botschaft als attraktiver Arbeitgeber für die gesamte Belegschaft • Aktives Abschieds- und Austrittsmanagement • Aktive Gesundheitsförderung	• Standortbestimmung und Orientierung für die nächsten Entwicklungsschritte • Gefühl der Wertschätzung • Unterstützungs- und Entlastungsangebot • Stärkung eines positiven Selbstverständnisses • Stärkung der Verbundenheit mit der Organisation • Stärkung der Beschäftigungsmotivation • Aktive Gestaltung der Austritts- und Abschiedsphase • Beitrag zur Gesundheit

Tab. 17: Überblick der Chancen für Betrieb und Beschäftigte

3 Werkzeuge betrieblichen Übergangsmanagements

Nichts ist so praktisch wie eine gute Theorie.
Kurt Lewin (1890 – 1947)

Im Folgenden stellen wir Werkzeuge zur Unterstützung und Handhabbarkeit des betrieblichen Übergangsmanagements vor. Diese Werkzeuge sind von uns praxiserprobt, bauen auf entsprechend begründeten Annahmen auf und eignen sich für die konkrete Anwendung. Manche der angeführten Instrumente sind ohne entsprechende Vorkenntnisse zu gebrauchen, andere wiederum benötigen jedoch eine entsprechende Methodenkenntnis. Diese bunte Werkzeugkiste stellt eine exemplarische Auswahl von Instrumenten dar und orientiert sich dabei am 5-Ebenen-Modell des betrieblichen Übergangsmanagements. Für manche Handlungsebenen gibt es mehrere Instrumente, hingegen für die Handlungsebene arbeitsbiografische Reflexion findet sich nur ein Instrument, da der Schwerpunkt dieser Handlungsebene v.a. eine persönliche reflexionsorientierte Ausrichtung hat. Die Werkzeuge sind im Steckbriefformat beschrieben und bieten einen Überblick über den Zweck, den Zeitbedarf und die konkrete Durchführung. Gesprächsinstrumente können unter Voraussetzung der Kenntnis und Anwendung der Regeln für die Durchführung von Mitarbeitergesprächen direkt angewendet werden. Einige Werkzeuge, wie z. B. zur Altersstrukturanalyse, haben wir aufgenommen, die von Experten bzw. Expertenorganisationen entwickelt wurden und zur kostenfreien Anwendung zur Verfügung stehen. Im Rahmen des Serviceangebotes SP-mybook des Schäffer-Poeschel Verlags stehen dargestellte Werkzeuge (außer jene mit gesondertem Link-Verweis) digital zur Verfügung. Den Link und den nötigen Buchcode für das SP-mybook-Angebot finden Sie ganz vorne im Buch.

Viel Erfolg bei der Anwendung!

3.1 Tools für Strategieplanung und Mitarbeiterführung

3.1.1 Betriebliche Altersstrukturanalyse und -prognose (strategische Führung)

Zweck:
Darstellung der Ist-Situation bzgl. Alterszusammensetzung, der Austrittszeitpunkte, der notwendigen Nachfolgeplanung, des zukünftigen Rekrutierungs- und Qualifkationsbedarfes und der Notwendigkeit des Einsatzes von Wissenstransfermethoden u. a.m. Die Altersstrukturanalyse hat die Funktion eines Frühwarnsystems, liefert Prognosedaten der zukünftigen Altersstruktur und Entscheidungsgrundlagen für das Personalmanagement für die nächsten 5 – 10 Jahre.

Zeitbedarf:
Es ist abhängig von der vorhandenen Datenstruktur und der gewünschten Analysetiefe.

Material:
Es stehen verschiedene kostenfreie Anwendungstools zur Verfügung. Hier sind beispielhaft Hinweise mit Abrufdatum 10.8.2021:
- https://altersstrukturcheck.auva.at
- https://www.bgw-online.de/DE/Arbeitssicherheit-Gesundheitsschutz/Demografischer-Wandel/Altersstrukturanalyse.html
- https://demobib.de/bib/

Durchführung:
Es wird durch das Personalmanagement bzw. von anderen Unternehmensbereichen durchgeführt.

Die Schritte sind:
1. Festlegung der Einheiten, die untersucht werden
2. Berechnung und Darstellung
3. Interpretation der Ergebnisse
4. Ableitung von strategischen Maßnahmen

3.1.2 Internes Audit »Betriebliches Übergangsmanagement« (strategische Führung)

Zweck:
Erhebung des Status von organisationalen Bedingungen, die die Bewältigung des mehrjährigen Übergangsprozesses beeinflussen. Das Audit stellt eine Grundlage für die interne Meinungsbildung von Entscheidungsträgern dar und bildet auf den Dimensionen
- Altersgerechte Führungs- und Organisationskultur
- Altersgerechte Arbeitsgestaltung
- Altersgerechte Laufbahngestaltung
- Wertschätzender und -schöpfender Wissenstransfer
- Arbeitsbiografische Reflexion

vorhandene Stärken und Entwicklungsbereiche ab.

Zeitbedarf:
Das Einzelgespräch dauert ca. 1 Stunde.

In der Gruppe dauert die Ermittlung und Einschätzung durch anschließende Diskussion ca. 2–3 Stunden.

Durchführung:
Die Schritte im Einzel- oder Gruppengespräch sind:
1. Fragebogen ausfüllen

2. Zusammenfassung, Auswertung und Interpretation des Audits
3. Diskussion von strategischen Maßnahmenvorschlägen und -ansätzen

Material:
Den Link und den nötigen Buchcode für dieses SP-mybook-Angebot finden Sie ganz vorne im Buch.

Autoren:
Wilhelm Baier & Brigitta Gruber in Anlehnung an BKK Bundesverband (1999)

3.1.3 Abschlussdialog – anlassbezogenes Führung-Mitarbeiter-Gespräch (operative Führung)

Zweck:
Die Führungskraft vermittelt durch den Abschlussdialog Interesse am guten Gestalten des Abschlusses der Erwerbsarbeit, indem auf Herausragendes, gemeinsam Erreichtes, auf konkrete Themen der Abschiedsgestaltung bzw. auf Perspektiven der nächsten Lebensphase eingegangen wird. Der Abschlussdialog wird ca. 4 – 1 Monate vor dem geplanten Austritt geführt.

Zeitbedarf:
Das Gespräch kann zwischen 30 und 60 Minuten dauern.

Material:
Das leitfragengestützte Gespräch beinhaltet:
- Ich danke dem Mitarbeiter für ....
- Welche Pläne für die nachberufliche Phase haben Sie?
- Was sind aus Ihrer Sicht die herausragenden, positiven Situationen des Arbeitskontexts? (ggf. priorisiert im Sinne 1., 2., 3. ...)
- Was wollen Sie mir noch sagen, damit Sie sich gut verabschieden können?
- Haben Sie Pläne wie die Verabschiedung im Team/in der Abteilung gestaltet sein soll?
- Wie gestalten wir die Übergabe der Arbeitsmittel, Schlüssel ...?
- Wie kann ich Sie bei Ihrer Verabschiedung im Team/in der Abteilung unterstützen? (z. B. organisatorisch ...)
- Wollen Sie Ihre Talente, Stärken und Erfahrungen (ggf. in einem für Sie passenden Ausmaß in Ihrer neuen Lebensphase) anderen Menschen zur Verfügung stellen?
- Dürfen wir Sie kontaktieren, wenn wir Fragen haben?
- Haben Sie Interesse an einem Treffen mit ehemaligen Beschäftigten?
- ...

Durchführung:
Der Abschlussdialogtermin wird mit dem Beschäftigten vereinbart und findet in einem störungsfreien Rahmen statt.

Material:
Den Link und den nötigen Buchcode für dieses SP-mybook-Angebot finden Sie ganz vorne im Buch.

Autoren:
Wilhelm Baier & Gabriele Deutsch

3.1.4 Führung-Mitarbeiter-Gesprächs-Baustein »Anerkennender Erfahrungsaustausch« (operative Führung)

Zweck:
Das Gespräch(smodul) dient der Sichtbarmachung von Anerkennung des Vorgesetzten dem Gesprächspartner gegenüber: Ein achtsames Interesse der Führungskräfte dokumentiert sich im Nachfragen, was für den Mitarbeiter aktuell bedeutsame Stärken und was aktuell Schwachpunkte für die Arbeitsbewältigung sind. Der Raum für die Nachfrage, was sich der Mitarbeiter vom Vorgesetzten zur Aufrechterhaltung der Arbeitsbewältigung wünscht und was er selbst dazu beitragen will und kann, bringt die Verhütung von Arbeitsbewältigungskrisen und erhöht die Wahrscheinlichkeit, dass Arbeitszufriedenheit bleibt oder wieder eintritt.

Zeitbedarf:
Das Gesprächsmodul kann mindestens 20 Minuten dauern.

Material:
Gesprächs- und Erinnerungsnotiz mit den sechs Leitfragen (je drei mit Stärken- und je drei mit Schwächen-Benennung), die vertraulich bei Führungskraft und Mitarbeiter bleiben.

Anerkennender Erfahrungsaustausch	Datum:
Stärken/Ressourcen 1. Was gefällt bei der Arbeit (am meisten)? 2. Auf was sind Sie stolz im Unternehmen? 3. Was macht das Unternehmen für die Gesundheit /Arbeitsbewältigung der Mitarbeiter aus Ihrer Sicht?	
Schwächen/Entwicklungsthemen 1. Was belastet und stört (am meisten)? 2. Was würden Sie an meiner Stelle als Erstes weiter verbessern? 3. Was können Sie persönlich zu Verbesserungen beitragen?	

Tab. 18: Leitfragen des Anerkennenden Erfahrungsaustauschs

Material:
Den Link und den nötigen Buchcode für dieses SP-mybook-Angebot finden Sie ganz vorne im Buch.

Durchführung:
Die Umsetzung des Anerkennenden Erfahrungsaustauschs besteht aus mehreren Schritten:

a) Aufklärende Kommunikation und Einladung zum besonderen Dialog
b) Austausch der angedachten Erhaltungs-, Förder- und Unterstützungsmaßnahmen
c) Interesse an wechselseitigem Feedback zeigen und umsetzen.

Autoren:
Heinrich Geißler, Torsten Bökenheide, Holger Schlünkes & Brigitta Geißler-Gruber (Geißler et al., 2007)

3.2 Tools für altersgerechte Arbeitsgestaltung

3.2.1 Arbeitsfähigkeitscoaching® für betriebliches Eingliederungsmanagement (BEM) bzw. bei Wiedereingliederung nach längerem Krankenstand (ausgebildete Beauftragte)

Zweck:
Das Arbeitsfähigkeitscoaching® ist ein betriebliches Angebot an Beschäftigte nach längerer Arbeitsunfähigkeit. Es wird durch ausgebildete Beauftragte des Betriebes durchgeführt. Beschäftigte werden unterstützt, wieder im Betrieb Fuß zu fassen. Im Mittelpunkt steht der Wiederaufbau einer Balance zwischen Arbeitsanforderungen und individueller Kondition. Der Nutzen umfasst: Prävention von Leistungsminderungen, damit Sicherung der Wettbewerbsfähigkeit, Verbesserung der Zufriedenheit und Motivation, Verbesserung der Unternehmenskultur in außergewöhnlichen Arbeitssituationen und Steigerung der Attraktivität des Unternehmens.

Zeitbedarf:
Der Eingliederungsprozess – vom Erstgespräch bis zur Wirkungsüberprüfung der Maßnahmen – erfordert je nach Komplexität des Einzelfalls zwei bis zehn Coachingtermine. Die jeweilige Sitzung dauert ca. eine Stunde; alle Sitzungen erfolgen in einem Zeitraum von zwei bis sechs Monate.

Durchführung:
Der Beauftragte sorgt für den Wiedereinstieg eines vorher Langzeiterkrankten auf mehreren Ebenen:

- Betriebliche Ebene: Hier werden Strukturen im Betrieb geschaffen, die Wiedereingliederung als Aufgabe in das vorhandene Gesundheitsmanagement mit Arbeitsschutz, in die Arbeitsgestaltung und Personalarbeit integriert.
- Überbetriebliche Ebene: Zielführend ist zudem die Einrichtung und Nutzung eines Unterstützungsnetzwerks mit z. B. Integrationsämtern, Gesundheitskassen, Wiedereingliederungsteilzeit- und anderen sozialpolitischen Instanzen.
- Individuelle Ebene: Hier werden die Eingliederungsinteressenten in ihrer aktiven Rolle bei der Wiederherstellung, dem Erhalt und der Förderung ihrer konkreten, aber gewandelten Arbeitsfähigkeit unterstützt. Kernstück ist die gemeinsame Entwicklung von Maßnahmen.

Der Prozess der Eingliederung wird von dem Beauftragten auch evaluiert.

Materialien:
Informationen, Kenntnisse und Fertigkeiten sowie Materialien werden in Ausbildungen der dafür betrieblichen Beauftragten vermittelt.

Entwickler/Ausbilder:
Tobias Reuter, Anja Liebrich, Marianne Giesert (Reuter et al., 2017); Institut für Arbeitsfähigkeit mit Abrufdatum 10.8.2021: https://www.arbeitsfaehig.com/de/

3.2.2 Ermittlung alterskritischer Arbeitsbedingungen »55 plus« durch »Leitfaden zur Arbeitsplatzbeobachtung« (ausgebildete Beauftragte)

Zweck:
Ermittlung und Einschätzung alterskritischer Arbeitsbedingungen älterer Beschäftigter. Die Ergebnisse liefern Hinweise, ob und in welchen der Handlungsfelder

- Körperliche Anforderungen der Arbeit
- Arbeitszeit
- Arbeitsumgebung
- Arbeitsplatz
- Arbeitsorganisation
- Leistungsanforderungen
- …

aktueller Gestaltungsbedarf besteht. Es erfolgt eine auf die jeweilige Person bezogene Analyse, inwieweit die Anforderungen mit den individuellen körperlichen und psychischen Voraussetzungen (un-)kritisch sind. Durch das Vorgehen erfolgt auch eine Sensibilisierung aller Beteiligten für altersgerechte Arbeitsgestaltung.

Zeitbedarf:
Die Arbeitsbegleitung zur Beobachtung und das Einzelgespräch zur Ermittlung können von 30 bis 120 Minuten dauern.

Material:
Das Material findet sich auf http://www.ageingatwork.eu/resources/leitfaden_arbeitsplatzbeobachtung_tool-baua.pdf mit Abrufdatum 10.8.2021.

Durchführung:
Die Durchführung hat durch qualifizierte Personen zu erfolgen und besteht aus folgenden Schritten:

1. Information des Beschäftigten
2. Beobachtung bei der Ausführung der Arbeitstätigkeit
3. Gespräch von Arbeitsplatzbeobachter mit Beschäftigten, führungsverantwortlicher Person und Bewertung des Arbeitstätigkeit hinsichtlich der definierten Kriterien

Autoren:
Martina Morschhäuser, Ingrid Matthäi

3.3 Tools für altersgerechte Laufbahngestaltung

3.3.1 Alter(n)sgerechte Arbeitskarrieren (Beauftragte)

Zweck:
»Alter(n)sgerechte Arbeitskarrieren« haben das Ziel, für jede Lebensphase die passende Arbeit zu finden und zu gestalten. Das Arbeitsleben eines Beschäftigten wird nicht dem Zufall überlassen, sondern in der Aushandlung zwischen betrieblichen und persönlichen Notwendigkeiten vorrangig innerhalb des Unternehmens oder mit Partnerbetrieben entwickelt. Diese Laufbahnplanung sieht vor, dass gesundheitsbezogener Belastungswechsel und Entwicklungsmöglichkeiten im gesamten Berufsleben möglich werden. Die Umsetzungsmodule umfassen innovative Beschäftigungsmodelle und proaktive Personalentwicklung für alle Alters- und Belegschaftsgruppen. In diesem Sinne auch im späteren Erwerbsleben. Die Karrieren können vertikalen und vorrangig horizontalen Charakter haben. Eine belastungs- und anforderungsorientierte Arbeitslandkarte, die spezifisch in dem Unternehmen erarbeitet wird, ist für alle Beteiligten eine Orientierungsgrundlage für Zukunftsgespräche.

Zeitbedarf:
- Die Arbeitsanalyse zur Entwicklung der Arbeitslandkarte wird durch ausgebildete Beauftragte durchgeführt und dauert pro Arbeitstätigkeit zwischen 30 und 120 Minuten.
- Das Perspektiven-Gespräch mit dem Mitarbeiter wird vom unmittelbaren Vorgesetzten im Rahmen des Jahres-Mitarbeiter-Gesprächs oder einem Beauftragten durchgeführt.
- Grundsätzlich bringt dieser Karriereprozess Qualifizierungs-, Wissenstransfer- und Einführungszeiten mit sich.

Materialien:
Die Arbeitslandkarte enthält mindestens vier Arbeitsplatz-Kategorien:

△	**Einstiegs-Arbeitsplatz (AP)** mit relativ kurzer Einarbeitungszeit bei entsprechender Qualifizierung
◔	**Entwicklungs- oder Umstiegs-AP** zum Belastungswechsel und zur beruflichen Weiterentwicklung
⧈	**Verweil-AP** mit alternsgerechter Anpassbarkeit der Tätigkeit, abwechslungsreichen Aufgaben – bis Regelpensionsalter bewältigbar
◇	**Ausstiegs-AP** mit erfahrungsgeleiteten Arbeitsaufgaben und altersgerechten Arbeitsbedingungen

Tab. 19: Arbeitsplatzlandkarte

Checklisten für die Arbeitsanalyse und Leitfäden für Arbeitnehmerbefragung finden sich in Handbüchern (Abrufdatum 10.8.2021):

- Geißler-Gruber, B. / Geißler, H. & Frevel, A. (2005): Alternsgerechte Arbeitskarrieren. Ein betriebliches Modell zur Erhaltung der Arbeitsbewältigungsfähigkeit. Beratungshandbuch. Im Auftrag der Beratungsstelle Humane Arbeitswelt und dem nationalen Träger Allgemeine Unfallversicherungsanstalt (AUVA), gefördert vom Bundessozialamt im Rahmen der Beschäftigungsoffensive der Österreichischen Bundesregierung und des Europäischen Sozialfonds. Wien, Juli 2005. https://www.arbeitsleben.at/wp-content/uploads/Beratungshandbuch-Alternsgerechte-Arbeitskarrieren.pdf
- Frevel, A. & Geißler, H.: Grünes Licht für alle Generationen. https://www.eval.at/alternsgerechte-arbeitsgestaltung

Durchführung:
Es besteht aus mehreren Bausteinen:

- Zuerst werden alle Arbeitstätigkeiten nach Arbeitsaufgabe, Arbeitsinhalten, physischen und psychischen Belastungen und Qualifikationsanforderungen etc. erfasst. Es entsteht damit die betriebliche »Arbeitslandkarte« mit einem Vorschlag zur Einstufung der Arbeitsplätze nach ihrem Charakter im Laufe eines Berufslebens: ➔ Einstiegs-, ➔ Umstiegs- oder Entwicklungs-, ➔ Verweil- und ➔ Ausstiegs-Arbeitsplatz.
- Im nächsten Schritt werden die Mitarbeiter bei der Beurteilung der verschiedenen Arbeitsplatztypen und der Beschreibung der derzeitigen und künftig möglichen Karrierewege eingebunden.
- Gleichzeitig wird festgestellt, welcher Qualifizierungsbedarf in Rahmen dieser alter(n)sgerechten Karrieren erforderlich ist.

Unternehmensspezifische Führungsinstrumente stehen auch für die Perspektiven- bzw. Personalentwicklungsgespräche zwischen Führung und Mitarbeitern zur Verfügung.

3.3.2 »Zukunftsgespräch« (Beauftragte/operative Führung)

Zweck:
Das Zukunftsgespräch über die arbeitsbiografischen Perspektiven älterer Beschäftigter findet regelmäßig statt. Dabei geht es um die einvernehmliche Planung des Zeitraums, den der Beschäftigte noch bis zum geplanten Pensions-/Rentenantritt im Unternehmen verbringt. Die Ziele sind, neben der lang- und mittelfristigen Perspektivenplanung den Stellenwert des älteren Mitarbeiters sicht- und spürbar zu machen.

Zeitbedarf:
Das Gespräch dauert inklusive der Vor- und Nachbereitung ca. 3 Stunden.

Material:
Im Zukunftsgespräch kommen folgende Themen zur Sprache:
- Zufriedenheit mit der jetzigen Arbeitssituation,
- gesundheitliche Situation,
- berufliche und private Pläne der Älteren (vorzeitiges Ausscheiden, Arbeiten bis zur Rente etc.),
- Veränderungsbereitschaft und -fähigkeit,
- betriebliche Pläne.

https://www.personalmanagement.info/hr-know-how/fachartikel/detail/das-zukunfts gespraech/ Abrufdatum 10.8.2021

Durchführung:
Die Schritte sind:
1. Absicht verdeutlichen – Information an Mitarbeitende und Belegschaftsvertretung
2. Zur Vorbereitung wird ein Review der Person erstellt. Es enthält eine Auseinandersetzung mit seiner individuellen Situation, seinem Leistungsvermögen, seiner Arbeitsbewältigung und Kompetenz. Es wird durchgeführt von der Führungskraft oder einer beauftragten Person.
3. Durchführung des Gesprächs
4. Schriftliche Zusammenfassung

Das Gespräch findet 1-mal pro Jahr und im letzten Jahr der Ausgleitphase 2-mal statt.

Autor:
Josef Reindl

3.3.3 »Silber-Karriere«-Einladung: Vorbereitung und Gespräch (operative Führung)

Zweck:
Das Planungstool zur Vorbereitung für ein »Silber-Karriere«-Einladungsgespräch dient der Abklärung der Voraussetzungen, Bedingungen und möglicher Bereitschaften für eine »Silber-Karriere«. Dabei werden die organisationalen und individuellen Voraussetzungen betrachtet.

Zeitbedarf:
Diese Planungsarbeiten mögen ca. 1 Stunde dauern.

Material:

Das Vorgehen umfasst die Vorbereitung von Leitfragen und Servicehinweisen:

- aus organisationaler Perspektive
  - Welche Anreize bietet unsere Organisation für eine »Silber-Karriere«?
  - Welche Werthaltungen in der Organisation und Erfahrungen gibt es dazu?
  - Welche Unterstützungsmöglichkeiten gibt es dafür?
  - Zu welchen Zeitpunkt soll bzw. kann die Führungskraft »Silber-Karrieren« thematisieren?
  - Wie flexibel ist die Organisation bei Krankheit, Aussteigen wollen u. a. des Mitarbeiters?
  - Wie wird das Team darauf vorbereitet?
  - Wie wird derzeit die Arbeitsbewältigungsfähigkeit eines potenziellen Mitarbeiters beachtet?
  - Soll die Führungskraft ein solches Gespräch führen, wenn »Silber-Karrieren« im Unternehmen bislang nicht möglich sind?
- aus mitarbeiterbezogener Perspektive
  - Plant der Mitarbeiter die Aufrechterhaltung bestimmter arbeitsbezogener Aktivitäten?
  - Hat der Mitarbeiter Ziele und Pläne hinsichtlich arbeitsbezogener Tätigkeiten in der Tätigkeitsphase nach Pensions-/Rentenantritt? Hat er daran Freude?
  - Plant er diese Aktivitäten in/mit unserer Organisation?
  - Welche Vorteile erwartet sich der Mitarbeiter von einer arbeitsbezogenen Tätigkeit nach Pensions-/Rentenantritt?
  - Welche Nachteile erwartet sich der Mitarbeiter von einer arbeitsbezogenen Tätigkeit im nach Pensions-/Rentenantritt?
  - Wie zuversichtlich ist der Mitarbeiter, eine bestimmte arbeitsbezogene Tätigkeit nach Pensions-/Rentenantritt aufnehmen zu können?
  - Ist der Mitarbeiter überzeugt, diese ausüben zu können?
  - Welche Hindernisse könnten bei der Verwirklichung der arbeitsbezogenen Pläne des Mitarbeiters auftauchen?
  - Wie ist die Arbeitsbewältigung des Mitarbeiters bei der derzeitigen Tätigkeit?
  - Welche Bedürfnisse hat der Mitarbeiter in Bezug auf seine Tätigkeit, Arbeitsanforderung und Arbeitsbewältigung?
  - Welche Unterstützungsressourcen hat der Mitarbeiter?
  - In welchem Ausmaß könnte der Mitarbeiter eine Tätigkeit ausführen?
  - Welche Tätigkeit sollte es sein?

Durchführung:

Dazu gehören individuelle Vorbereitung und vorherige Abstimmung mit dem Personalmanagement.

Autoren:

Wilhelm Baier & Brigitta Gruber in Anlehnung an Leitfragen zum Planungsvorgehen einer »Silver Career« von Anne Marit Wöhrmann et al. 2019, S. 927.

3.4 Tools für personalisierten Wissenstransfer

3.4.1 Tandem-Modell oder Mentoring: Wissenstransfer in temporären Zusammenarbeitszeiten (operative Beteiligte)

Zweck:
Eine Aufgabe wird von Wissensgeber und Wissensnehmer gemeinsam erledigt. Das erforderliche Wissen dazu wird ausgeübt, nachgefragt und ausgetauscht. Gleichzeitig wird das so generierte Wissen für Gegenwart und Zukunft abrufbar dokumentiert. Es handelt sich um eine zeitlich begrenzte Zusammenarbeit. Das Tandem von Wissensgeber und -nehmer ist ein in hohem Maße gleichwertiges Arbeitsverhältnis der künftig von dieser Stelle weggehenden und bleibenden Mitarbeiter. Das Motto des Tandemmodells ist, den Wandel erfolgreich zu gestalten; es gilt, gemeinsam zu gewinnen und dafür voneinander zu lernen.

Das Mentoring bringt erfahrene Mitarbeiter an die Seite unerfahrener (neuer) Mitarbeiter, um fachliche aber auch persönliche Fragen zur Arbeit und zum Unternehmen zu beantworten. Beide zielen auf Förderung von Geschäftserfolg, Wertschätzung von Erfahrungswissen und Aufbau von Arbeitsbewältigung.

Zeitbedarf:
Oftmals orientiert sich der Wissenstransfer zeitlich an den spezifischen Aufgabenabläufen und den Führungsentscheidungen über das Ausmaß überschneidender Beschäftigung.

Material:
Sequenziell arbeiten die Mitarbeiter in ihren Rollenzuschreibungen dialogorientiert und in einem methodisch unterstützten Prozess zusammen. Der Beauftragte oder Unterstützer tut gut daran, zur Wirksamkeit Vorgehensweisen und Transferprinzipien anzukündigen. Es bewähren sich drei Phasen zur Einstimmung, zur Wissenstransferarbeit und zu einem Abschluss. Zum Phasenhöhepunkt kann es mindestens vier Wochen erfordern.

Durchführung:
Diese spezifischen Wissensaustausch-Partnerschaften finden höchstens zwischen drei Mitarbeitern statt, um mit- und voneinander zu lernen. Sie gelingen mit hoher Wahrscheinlichkeit, wenn die Beteiligten, ...

- ... einander respektieren,
- ... ein persönliches Interesse am Erfolg des Wissenstransfers mit diesen Modellen haben,
- ... auch die Verantwortung für das Gelingen übernehmen,
- ... die Zusammenarbeit und das Wissenstransfer-Projekt selbstständig nach eigenen Bedürfnissen mitgestalten,
- ... hohe Bereitschaft zeigen, Erfahrungen auszutauschen und kennenlernen zu wollen,
- ... sich gegenseitig beim Transfer unterstützen und – wenn nötig – konstruktives Feedback geben können.

Diese Voraussetzungen sollen durch die Führungskraft, der auch die personalwirtschaftliche Entscheidung dafür getroffen hat, oder durch einen Beauftragten eingeleitet, ggf. moderiert und allgemein unterstützt werden.

Autoren und Literaturhinweise:

- Institut für Zukunftsfähige Arbeit Rheinland-Pfalz: Implizites Mitarbeiterwissen, http://www.implizites-mitarbeiterwissen.de/methoden/lerntandem/ Abrufdatum: 20.05.21.
- Mittelmann, Angelika (2011): Werkzeugkasten Wissensmanagement. Norderstedt.

3.4.2 Wissensorientiertes Mitarbeitergespräch (operative Führung)

Zweck:

Das wissensorientierte Mitarbeitergespräch enthält die Wissensziele der Arbeitsstelle aus Sicht des Mitarbeiters und sein wissensorientiertes Verhalten. Dieser Gesprächsbaustein soll beim Mitarbeiter das Bewusstsein für sein Erfahrungswissen sowohl im gemeinsamen Umgang damit als auch in der Weiterentwicklung stärken. Gleichzeitig kann der Mitarbeiter erleben, dass sein Erfahrungswissen durch Nachfragen, Sichtbarmachen und Anerkennen im Unternehmen als wettbewerbsentscheidender Faktor bedeutsam ist.

Zeitbedarf:

Der Zeitbedarf richtet sich nach der Anzahl der Fragen und der mehr oder weniger offenen Beantwortung. Ein etwa 30-minütiges Gespräch ist denkbar.

Material:

Dieser Gesprächsbaustein kann folgende Leitfragen beispielhaft enthalten:

a) Zur Anerkennung und Förderung der wissensorientierten Fähigkeiten des Mitarbeiters für den Wissenstransfer:
   - Welche Kenntnisse/Erfahrungen haben Ihnen in der letzten Zeit bei Ihrer täglichen Arbeit geholfen?
   - Bei welchen Aufgaben haben Sie Ihrer Einschätzung nach das meiste oder beste Erfahrungswissen, das die anderen noch nicht haben?

b) Zur Förderung des wissensorientierten Verhaltens des Mitarbeiters:
   - Gibt es Arbeitssituationen anderer, wo Sie aktiv nach Hilfe gefragt werden oder mit Ihrem Erfahrungswissen helfen könnten?
   - Wie können Sie Ihr Erfahrungswissen sichern und gezielt anderen weitergeben?
   - Was braucht es, damit Sie Ihre Kenntnis der Zusammenhänge übersichtlich aufbereiten und weitergeben können und wollen?

Durchführung:
Das wissensorientierte Gespräch kann in das regelmäßige Mitarbeitergespräch integriert werden.

Autor und Literaturhinweise:
Mittelmann, Angelika (2011): Werkzeugkasten Wissensmanagement. Norderstedt.

3.4.3 Übergabegespräch: Wissenstransfer in moderiertem Dialog (operative Führung/Beauftragter)

Zweck:
Dabei handelt es sich um einen moderierten Prozess, in dessen Verlauf der Wissensnehmer (oftmals Nachwuchskraft) und der Wissensgeber (ältere bzw. ausscheidende Arbeitskraft) auf vorbereitende Einladung hin in einen aktiven Dialog treten, um wichtige Wissensbestände auszutauschen. Die Funktion des Moderators besteht darin, die Punkte zu thematisieren, die dem wissensvermittelnden Mitarbeiter durch seine Erfahrung als »normal« und daher möglicherweise vorerst als nicht besonders relevant erscheinen.

Zeitbedarf:
Das Ausmaß des Wissenstransfers ist unterschiedlich, weil anlassbezogen.

Material:
Das implizite Wissen der Mitarbeiter, das nicht in Dokumenten vorweg gefunden werden kann, steht bei dieser Art des Wissenstransfers im Mittelpunkt des Dialogs. Es handelt sich um implizite Erfahrungen wie Wissen über erforderliche Personen, Gruppen bzw. Netzwerken, spezielle Ereignisse, ungeschriebene Regeln und Gewohnheiten, damit verbundene Intuition und Gefühle und ggf. Konfliktpotenziale bei der Erfüllung von Aufgaben, Tätigkeiten oder Arbeitsprojekten. Das sind alles Aspekte, die ansonsten oftmals nur explizit in Stellenbeschreibungen, Einführungs- und Fortbildungsdokumenten oder Datenspeichern beschrieben sind.

Durchführung:
Ein Moderator sorgt für einen strukturierten Ablauf. Es sind auch Einzelgespräche vom Moderator mit jeweils dem Wissensgeber und dem Wissensnehmer denkbar, um Vertrauen zu schaffen und die Ausgangssituation zu klären. Die Übergabegespräche können Impulse durch folgende beispielhafte Fragen bekommen:

- Wie hat sich der Bereich in der letzten Zeit entwickelt und welche Aufgaben und Herausforderungen stehen in nächster Zeit an?
- In welchen Bereichen arbeitet der Wissensgeber bzw. sein Team besonders erfolgreich? Welche Kompetenzen und Arbeitsweisen tragen dazu bei?
- In welchen Situationen oder welchen Aufgaben besteht die Gefahr, dass kritische Situationen entstehen? Was sind die Bewältigungserfahrungen?
- Wo liegen mögliche Konfliktpotenziale?

- Wo liegen Erfolgspotenziale?
- Auf welche Gesichtspunkte sollte besonders geachtet werden?
- ...

Damit sichergestellt wird, dass das Gleiche gemeint wird, baut der Moderator sogenannte Rückmeldeschleifen ein.

Literaturhinweise:

Bundesministerium für Wirtschaft und Technologie & Kompetenzzentrum Fachkräftesicherung (2012): Fachkräfte sichern: Wissens- und Erfahrungstransfer. München, S. 8 f.

3.4.4 Storytelling/Erfahrungsgeschichten: Wissenstransfer mit ritualisiertem Kommunikationshilfsmittel

Zweck:

»Menschen haben sich schon immer gegenseitig Geschichten erzählt. Sie geben Episoden aus ihrem eigenen Leben oder dem anderer zum Besten, um die eigene Sichtweise anderen anschaulich näher zu bringen, oder einfach, um andere zu unterhalten. Storytelling ist die bewusste Pflege dieser uralten Kunst des Geschichten-Erzählens und des Zuhörens in einer Organisation« (Mittelmann, 2011, S. 242).

Zeitbedarf:

Neben den Vorarbeiten zur Auftragsklärung bei Führung, Wissensgeber und -nehmern und anschließender Einladung steht nun eine zeitintensivere Phase an, die vom Moderator unterstützt wird. Dazu gehört Unterstützung des Wissensgebers bei der Geschichtenerzeugung und des Moderators bei der interaktiven Geschichtenerzählung.

Material:

Bewährte Erzähl- und Zielsetzungs-Hilfestellungen, die der Moderator einbringen könnte, beinhalten Anregungen wie ...

- Motivation zur Handlung schaffen,
- Werte vermitteln,
- Zusammenarbeit fördern,
- Gerüchteküche bändigen,
- Kenntnisse und Wissen austauschen und
- Menschen damit in die Zukunft führen.

Durchführung:

Storytelling ist eine leistungsstarke Methode, um Wissen und Erfahrungen auszutauschen und komplexes Wissen verständlich zu machen. Es umfasst zwei Phasen:

- Erfinden der Geschichte: Der Wissensgeber braucht Unterstützung bzw. Hinweise, um Klarheit zu gewinnen, welche Ziele damit erreicht werden sollen. Der Moderator kennt wesentliche Grundprinzipien (von »Struktur einer ›richtigen‹ Erzählung mit Einleitung, Mittelteil und Auflösung« bis hin »Wahrung und Herausarbeitung eines glücklichen, lehrreichen Ausgangs«) und unterstützt damit. Weiter zeichnet der Moderator die Geschichte für die Wissensgeber auf.
- Erzählen der Geschichte: Genauso wichtig wie die Konstruktion der Geschichte ist das Erzählen der Geschichte. Auch hier liefert der Moderator dem Wissensgeber Hilfshinweise für das Anschauungsmaterial beim Erzählen und Ausführungstipps für die Erzähl- und Aussageweise. Der Moderator achtet in den Momenten der Geschichtenerzählung auch auf Beiträge zur Wissenserzeugung durch die Zuhörer.

Autor und Literaturhinweis:
Mittelmann, Angelika (2011): Werkzeugkasten Wissensmanagement. Norderstedt.

3.4.5 Verabschiedungsfeier mit »Workshop für Gesammelte Erfahrungen/Lessons Learned«

Zweck:
Im Workshop, der Erfahrungswissen gemeinsam sammelt, wirft man einen bewussten Blick in die Vergangenheit. Entweder vorrangig, um Erfahrungen für die Optimierung zukünftiger Projekte zu nutzen oder Fehler, die in der Vergangenheit geschehen sind, in der Zukunft zu vermeiden. Der Moderator unterstützt, indem er die Sammlung kritischer Erkenntnisse mit Sammlung von Erfahrungen über Erfolgsfaktoren der Arbeit kombiniert.

Zeitbedarf:
Es können sich daraus mehrere Veranstaltungen anlass- und themenbezogen oder aufgrund der verschiedenen Netzwerke, in denen der Wissensgeber tätig ist und die kurzerhand nicht vermischt werden können, ergeben. Eine Veranstaltung kann drei Stunden dauern.

Material / Durchführung:
Dieser Wissenstransfer mit professionellem Verabschiedungscharakter erfolgt in mehreren Schritten, die mit einem Moderator vorbesprochen und durchgeführt werden:

- Festlegung und Kommunikation des Workshops mit Führung, Wissensgeber und Wissensnehmern sowie Moderator
- Vorbereitung und Vereinbarung von sozialen Workshop-Spielregeln wie u. a. mit Schwierigkeiten und Fehlern umgegangen wird, wie Vertraulichkeit gewahrt bleibt und Feedback konstruktiven Charakter aufweist.
- Einladung der Teilnehmer

- Bewährte Durchführungspunkte wie Begrüßung und Vorausschau des Workshopablaufs, Erzählung durch den Wissensgeber, Strukturierung der folgenden gemeinsamen Erzählungssammlung entlang von Fragen wie
  - Was haben wir gut gemacht? Was ist gut gelaufen?
  - Was haben wir gelernt?
  - Welche Erfahrungen könnten für die weitere Durchführung hilfreich sein?
  - Was ist weniger gut gelaufen? Was sollten wir nächstes Mal anders machen? Welche Herangehensweisen bieten sich besser an?
  - Was könnte und sollte noch mehr vertieft werden?
- Dokumentation der gesammelten Erfahrungen und Ergebnisse.

Autor und Literaturhinweise:
Bundesministerium für Wirtschaft und Technologie & Kompetenzzentrum Fachkräftesicherung (2012): Fachkräfte sichern: Wissens- und Erfahrungstransfer. München, S. 9.

3.4.6 Wissenslandkarte: Wissenstransfer mit einer dialoggeeigneten Visualisierungstechnik (Beauftragte/operativ Beteiligte)

Zweck:
Eine Wissenslandkarte (oder auch Wissenskarte oder Knowledge mapping) ist eine strukturierte Form der Wissensidentifikation. Sie dient dazu, die individuelle Informationsfülle aufzubereiten und die so strukturierte Darstellung von Erfahrungs- und Handlungswissen wahrnehmbar zu machen und ist damit eine Vorbereitungshilfe für den kommenden dialogischen Wissenstransfer. Gleichzeitig können Wissenslandkarten auch selbst im dialogischen Wissenstransfer sowohl im Vier-Augen-Modus als auch im Workshop-Modus strukturierend und visualisierend eingesetzt werden. Wissenslandkarten können den spezifischen Bedürfnissen der Organisation und der Wissensgeber und -nehmer angepasst werden.

Zeitbedarf:
Zeitbedarf ist je nach Analysetiefe und gewähltem Transfersetting unterschiedlich.

Material:
Bei Wissenslandkarten kommt Mappingtechnik in Papier-, Pinnwand oder digitaler Mindmap-Version zum Einsatz. Es gibt eine Vielzahl an Mappingtechniken; einen Überblick liefert Ott (2003, S. 29), aus dem wir nun exemplarisch vier Beispiele vorstellen:

Name	Beschreibung	Visualisierungsbeispiel
Offenes Mind-Mapping oder Mind-Mapping mit Clustering	Ausgehend von einem Hauptthema werden zugehörige Unterthemen in Zweigen angeführt oder in teilweise vorgegebenen Komponenten zugefügt.	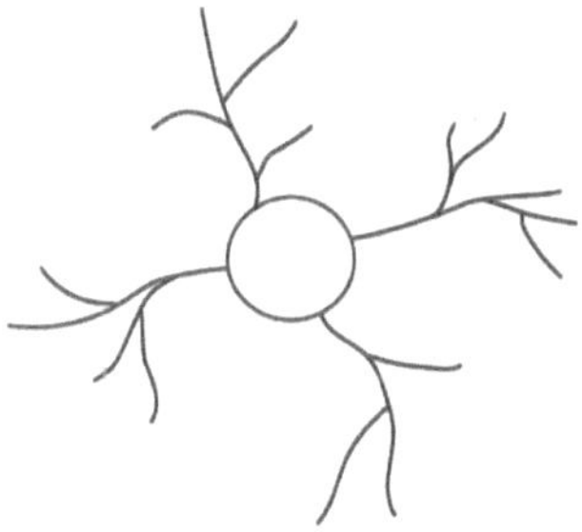
Baumdarstellungen	Baumdiagramme eignen sich dazu, Wissensbestände zu verfeinern bzw. vertiefend zu strukturieren. Oft wird diese Technik auch bei der Planung der Zielerreichung eingesetzt.	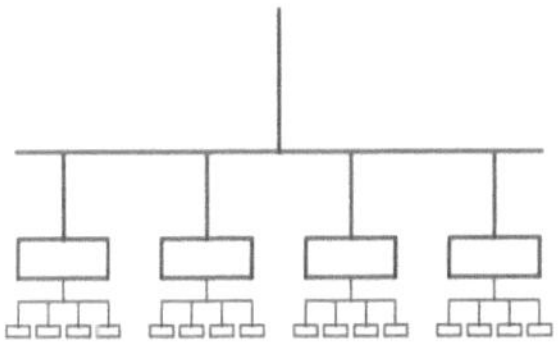
Netz	Mit Hilfe eines Netzes wird im Speziellen die Beziehungsstruktur der verschiedenen Wissenssäulen und der vielfältigen Erfahrungen zueinander dargestellt.	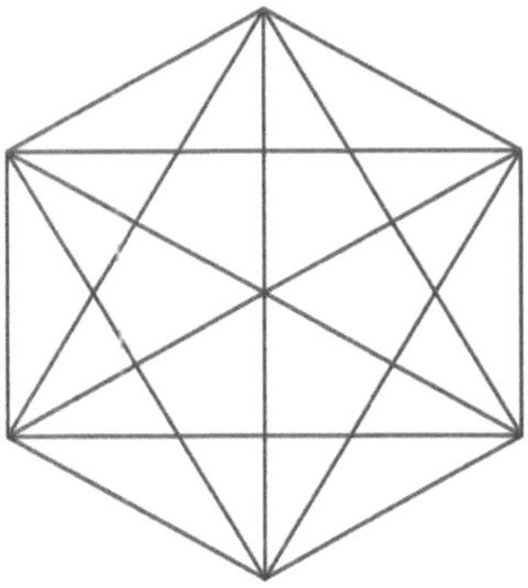
Metaphoric Maps	Bei dieser Mappingtechnik werden gewünschte Metaphern wie ein Haus oder ein Schiff oder ein für den konkreten Wissenstransfer allgemein gültiges Bild verwendet. Dieses Metapher wird als Navigationsstruktur genutzt.	

Tab. 20: Überblick über Visualisierungsformen

Im Wissensmanagement verfolgen Wissenslandkarten neben der Identifikation und Transparenzerhöhung auch das Ziel der Wissensdokumentation nach vorgegebenen Überschriften wie Wissensträgerkarte, Wissensbestandskarte, Wissensanwendungskarte, Wissensentwicklungskarte, … . Das erleichtert, die gesendeten Informationen anschließend auch zum kollektiven Austausch im Computerspeicher zusammenzubringen.

Ein Gesprächs- oder Moderations-Leitfaden hilft beim Sichtbarmachen des Erfahrungswissens im unmittelbaren Wissenstransfer und kann auch ein »Wissenserfassungs-Leitfaden« zur Vorbereitung des Wissensgebers für den kommenden Wissenstransfer sein. Diese Leitfragen können anschließend Strukturierungs-Überschriften im dialogischen Wissenstransfer und in seiner Visualisierung mittels Wissenslandkarten liefern. Als allgemeines Beispiel greifen wir den Leitfaden Job-Map der Initiative Neue Qualität der Arbeit (Rosetti & Langhoff, 2016) auf und kristallisieren mögliche Strukturierungs-Überschriften für die Wissenslandkarte heraus:

- Was sind Ihre Hauptaufgabenfelder? (➔ Aufgaben)
- Welche Kenntnisse und Erfahrungen helfen Ihnen bei Ihrer täglichen Arbeit in diesen Aufgabenfeldern? (➔ Hilfreiche Kenntnisse/Erfahrungen)
- Wie schaut der typische Ablauf bei diesen Arbeitsaufgaben aus? (➔Arbeitsabläufe)
- Mit wem arbeiten Sie bei der Erfüllung der Aufgaben zusammen? (➔Netzwerke)
- Wie können sie Probleme auf der Arbeit lösen? (➔ Problemlösungen)

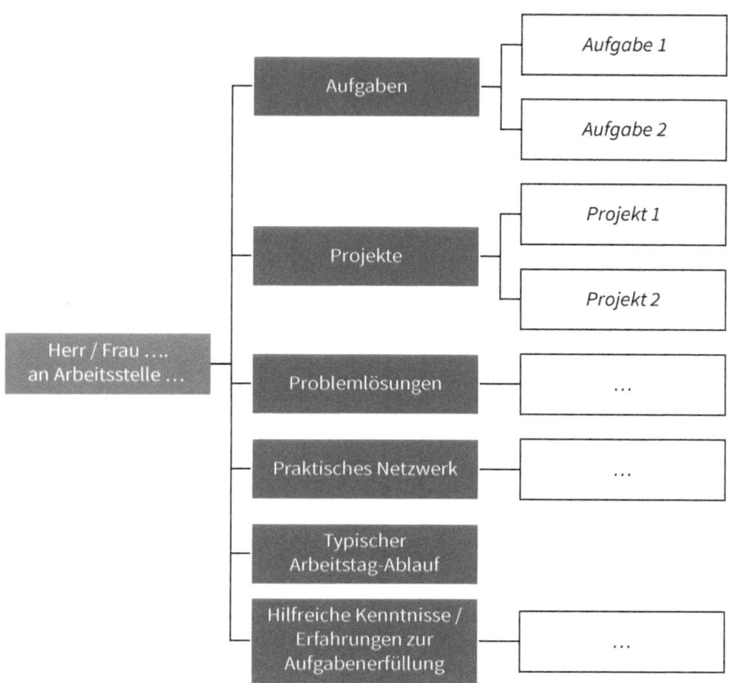

Abb. 17: Entwurf einer Wissenslandkarte

Durchführung:
Die Auswahl dieser Technik ist situations- und wunschabhängig.

Autoren und Literaturhinweise:

- Ott, Florian (2003): Wissenslandkarten als Instrument des kollektiven Wissensmanagement. Diplomarbeit an der Wirtschaftsuniversität Wien.
- Kraemer, Susanne (2005): Projektpapier »Wissenslandkarten im Wissensmanagement«. Universität des Saarlandes.
- Mittelmann, Angelika (2011): Werkzeugkasten Wissensmanagement. Norderstedt.
- Rosetti, K. & Langhoff, T. (2016): Interne Potenziale. Kompetenzen von Mitarbeiterinnen und Mitarbeitern erkennen, nutzbar machen, entfalten. Hrsg. von Geschäftsstelle der Initiative Neue Qualität der Arbeit / c/o Bundesanstalt für Arbeitsschutz und Arbeitsmedizin. Berlin.

3.4.7 Wissensbaum: Wissenstransfer mit einer dialoggeeigneten Moderations- und Visualisierungstechnik

Zweck:
Die Metapher eines Wissensbaums regt zur Beschreibung und Visualisierung des individuellen beruflichen Werdegangs, der Kompetenzen und der aktuellen Vorgehensweisen im Unternehmen an. Das Erfahrungswissen des ausscheidenden Beschäftigten kann auf diese Weise ganzheitlich und anregend geschildert und betrachtet werden. Gleichzeitig wird durch den dialogischen Wissenstransfer mit der Darstellung und Schilderung des Wissensbaumes vom Abgänger eine Grundlage und Orientierung für Nachfolgende geschaffen. Der Wissensbaum eignet sich ebenso, um Entwicklungspotenziale aufzuzeigen.

Zeitbedarf:
Für die Erstellung des Wissensbaums sollten mindestens 30 Minuten eingeplant werden.

Material:
Die Metapher Baum lässt sich vielfältig zur Verfügung stellen. Hier ist eine Darstellung, die als Download auf http://www.implizites-mitarbeiterwissen.de/methoden/wissensbaum/ schnell nutzbar ist. Abrufdatum 10.8.2021

Abb. 18: Die Wissensbaum-Metapher

Durchführung:
Der erfahrene Mitarbeiter reflektiert seine Kompetenzen und beschreibt diese metaphorisch als Baum. Das kann eine Vorbereitung sein und es ist konkretes Vorgehen zur Wissensübergabe des dialogischen Wissenstransfers im moderierten Vier-Augen-Gespräch oder in einem Gruppenworkshop.

Der Wissensbaum besteht aus drei Elementen, die die Moderation bzw. den Ablauf des Wissenstransfers strukturiert:

- Wurzeln: Es wird der berufliche Bildungsweg mit Aus- und Weiterbildung und Einarbeitungsphase, inklusive vorheriger Tätigkeiten bei anderen Unternehmen, beschrieben. Kurzum: Die berufliche Identität kommt damit zur Sprache. Eine offene Frage ist: »Was sind die Wurzeln meiner/Ihrer beruflichen Kompetenzen?« Die Frage lässt breiten Raum für die Beantwortung. Eine grafische Darstellung der Antworten folgt im Bild.
- Stamm: Beschreibung der Kernkompetenzen, Erfahrungen und Kenntnisse, welche sich beispielsweise von anderen Mitarbeitenden unterscheiden oder schlicht sich für die Erfüllung der Aufgaben als hilfreich erwiesen haben. Unter Kernkompetenzen sind herausragende berufliche Fertigkeiten und Spezialisierungen zu verstehen.
- Krone: Die Krone beschreibt die ganz persönliche Ausgestaltung und Entfaltung der Kernkompetenzen einer Person und die daraus gewachsenen Früchte. Es gibt Raum für Geschichten über erfolg- oder lernreiche Erfahrungen und Erlebnisse. Dadurch ergibt sich ein Bild über das Fachwissen und der individuellen Ausprägungen der Kompetenzen. Durch gezielte Moderation kann der Unterschied zwischen Stamm und Krone verdeutlicht werden.

Literaturhinweise:

- Institut für Zukunftsfähige Arbeit Rheinland-Pfalz, Implizites Mitarbeiterwissen, http://www.implizites-mitarbeiterwissen.de/methoden/wissensbaum/
- Mittelmann, Angelika (2011): Werkzeugkasten Wissensmanagement. Norderstedt.

3.5 Tool für arbeitsbiografische Reflexion

3.5.1 Achtsames Gespräch zur persönlichen Arbeitsgeschichte (operative Führung/Beteiligte)

Zweck:

Einladung zum Einstieg in die aktive Reflexion der persönlichen Arbeitsgeschichte, da der arbeitsbiografische Rückblick im Arbeitsalltag oftmals nur ein Randthema im Zuge des Ausscheidens des Mitarbeiters ist. Das Gespräch eignet sich als Impulsgeber im Rahmen eines Gespräches zwischen Führungskraft und Mitarbeiter, zeigt wertschätzendes Interesse am Mitarbeiter, unterstützt den Ausbau eines positiven Selbstverständnisses in der Übergangsphase. Das Gespräch stellt einen ersten Schritt zu einer weiteren vertiefenden arbeitsbiografischen Reflexion dar. Im Gespräch werden bewusst keine problematisierenden Themenbereiche vertiefend besprochen. Das Gespräch soll eine selbstwert- und ressourcenstärkende Wirkung erzielen.

Zeitbedarf:

Für die Durchführung sollten ca. 30 – 60 Minuten geplant werden.

Material:

Das Gespräch wird anhand von Leitfragen geführt.

Fragen:

- Wenn Sie auf Ihr bisheriges Arbeitsleben zurückblicken:
  - Welche Stationen gab es?
  - Was ist alles gelungen?
  - Welche herausragenden Situationen gibt es?
  - Was ist/war Ihnen wichtig?
- Welchen Einfluss hat/hatte Arbeit auf
  - Ihre Gesundheit/Wohlbefinden?
  - Ihre sozialen Beziehungen?
  - Ihr Wissen und Ihre Bildung?

Durchführung:

Die Durchführung erfolgt entweder im Rahmen eines vertraulichen freiwilligen Gespräches ca. 1 – 12 Monate vor dem tatsächlichen Ausscheiden aus dem Unternehmen oder in einem Gruppensetting mit den Kollegen des unmittelbaren Arbeitsbereiches. Die teilnehmenden Beschäftigten werden im Vorfeld über das Ziel des Gesprächs und den Ablauf informiert. Die Fragen können in bestehende Gesprächsinstrumente integriert werden.

Material:
Den Link und den nötigen Buchcode für dieses SP-mybook-Angebot finden Sie ganz vorne im Buch.

Autoren:
Wilhelm Baier & Brigitta Gruber

Anregung: Zum Abschluss des Gespräches und als Geschenk zur weiteren vertiefenden persönlichen Beschäftigung mit Vergangenem, Gegenwärtigem und Künftigem eignet sich das »Pensions-/Rentenschachterl« von Susi Steidl. Nähere Infos unter www.notenpinsel.at

4 Fallbeispiel und Übung zur Ermutigung

Es ist nicht genug zu wissen – man muss auch anwenden.
Es ist nicht genug zu wollen – man muss auch tun.
Johann Wolfgang von Goethe (1749 – 1832)

Sie werden ein Übergangsmanagement in Ihrer Organisation einführen, ausbauen, weiterentwickeln und nutzen, wenn konkrete Situationen dafür Anlass geben. Die Auswirkungen des demografischen Wandels bieten vermutlich auch in Ihrem Unternehmen dafür Gelegenheit. Wir stellen nun dazu ein Fallbeispiel vor und laden Sie in einem weiteren Schritt zu einer Übung mit Anregungen für ein Übergangsmanagement in Ihrer Organisation ein.

Fallbeispiel: »Übergänge managen«
Der Backwarenhersteller mit rund 500 Mitarbeitern betreibt schon seit mehr als einem Jahrzehnt betriebliche Gesundheitsförderung. Der Personalmanager will für seine älteren Mitarbeiter, die sich 4 – 0 Jahre vor dem Pensionsantritt befinden, ein zielgruppenabgestimmtes und bedürfnisorientiertes Angebot vorbereiten. Die demografische Entwicklung beschäftigt den Personalmanager schon seit längerer Zeit, da diese mittlerweile für die kommenden Jahre steil nach oben zeigt und in den nächsten 2 Jahren ca. 15 % Mitarbeiterabgänge erfolgen werden. Damit werden Know-how-Verlust, eine größere Anzahl von älteren Mitarbeitern mit längerer Abwesenheit aufgrund von Krankheit oder vorzeitigem Ausscheiden aus dem Betrieb befürchtet. Dies veranlasst Personalabteilung und Geschäftsführung, weitere geeignete Lösungsansätze für die angenommenen personalwirtschaftlichen Schwierigkeiten zu überlegen. Neben den bisherigen Schwerpunkten zur ergonomischen Gestaltung von Arbeitsplätzen und Arbeitszeitmodell-Angeboten für ältere Mitarbeiter gab es bisher keine weiteren auf die älteren Beschäftigten fokussierten Programme. Ebenso wurde vor einigen Jahren im Rahmen eines BGF-Projektes das Thema »Gesundes Führen« bearbeitet. Es wurde entschieden, die Strategie betrieblichen Übergangsmanagements im Rahmen des demografieorientierten Personalmanagements zu integrieren. Die Strategie wurde bei einem Meeting des Managementteams (welches mittlerweile auch in die Jahre gekommen war) vorgestellt und intensiv diskutiert. Im Sinne der Fortführung der langjährigen positiven Erfahrungen von betrieblicher Gesundheitsförderung, des Ausbaus einer unterstützenden Führungs- und Unternehmenskultur und der Sicherung des Wissens ausscheidender Mitarbeiter wurde die Strategie betrieblichen Übergangsmanagements als anschlussfähig bewertet.

Wir stoppen vorerst die weiterführende Darstellung des Fallbeispiels, denn nun möchten wir Sie mit einer Übung praktisch zu einer Planung der Einführung und Umsetzung eines betrieblichen Übergangsmanagements anregen.

Übungsfall: »Wie wird Übergangsmanagement zielführend eingeführt und umgesetzt?«
Stellen Sie sich vor, Sie sind an der Einführung, dem Auf- und Ausbau des betrieblichen Übergangsmanagements interessiert oder dazu beauftragt. Wir geben Ihnen eine Liste von Handlungen[25], die in solch einer Situation durchgeführt werden können. Lesen Sie diese Empfehlungen durch und überprüfen Sie, ob und wann diese Handlungen bzw. Ideen relevant werden könnten. Gehen Sie die Liste durch und geben Sie jeder angeführten Handlung einen Buchstaben, der auf eine der folgenden Einschätzungskategorien Ihrer Meinung nach zutrifft:

A = Sehr zielführend, das sollte **sofort** durchgeführt werden.

B = Eine zielführende Idee, die **mehr Zeit für Planung** braucht.

C = Könnte zielführend sein: Es **hängt von der Art und Weise der Umsetzung/Nutzung ab.**

D = Nein, das könnte nicht zielführend, **vielleicht kontraproduktiv** sein.

___ Mit Blick auf die positiven Erfahrungen mit eigener betrieblicher Gesundheitsförderung, dem erfolgten Aufbau unterstützender Führungs- und Unternehmenskultur und mit einem Pilotprojekt zur Sicherung des Wissens wird die Strategie betriebliches Übergangsmanagement mit vorhandenen Strukturen eingeschätzt, beschlossen und systematisch aufgebaut.

___ Im Rahmen eines zweitägigen Seminars werden alle Führungskräfte fit für das betriebliche Übergangsmanagement gemacht.

___ Für die Umsetzung wurde unter Leitung des Beauftragten eine Steuerungsgruppe ins Leben gerufen.

___ Beauftragter erarbeitet mit einer Alters-IST-Analyse und -Prognose für das gesamte Unternehmen und nach Abteilungen eine Entscheidungsgrundlage für das betriebliche Übergangsmanagement und ihr Angebotsausmaß.

___ Arbeitsbewältigungs-Coaching-Angebot an Zielgruppe der 50plus-jährigen Mitarbeiter wird gestartet und dazu eingeladen (Mindestteilnahmeanzahl für die Durchführung ist 50 %).

___ Fortbildungsangebot zur arbeitsbiografischen Reflexion mit Seminar »Vorbereitung auf die Pension/Rente und Tätigkeitsphase nach Pensions-/Rentenantritt« wird der Zielgruppe in der Ausgleitphase zugesagt.

___ Bestehende Gesundheitsbeauftragte werden auf Fortbildung geschickt, um in Zukunft mit älteren Beschäftigten Fokusgruppen zur altersgerechten Arbeitsgestaltung durchzuführen.

___ Wissenstransfer-Veranstaltung wird in einer Pilotabteilung bei Personen mit überlappender Nachfolge angepeilt und evaluiert.

25 In Anlehnung an Bridges & Bridges, 2018, 16 ff.

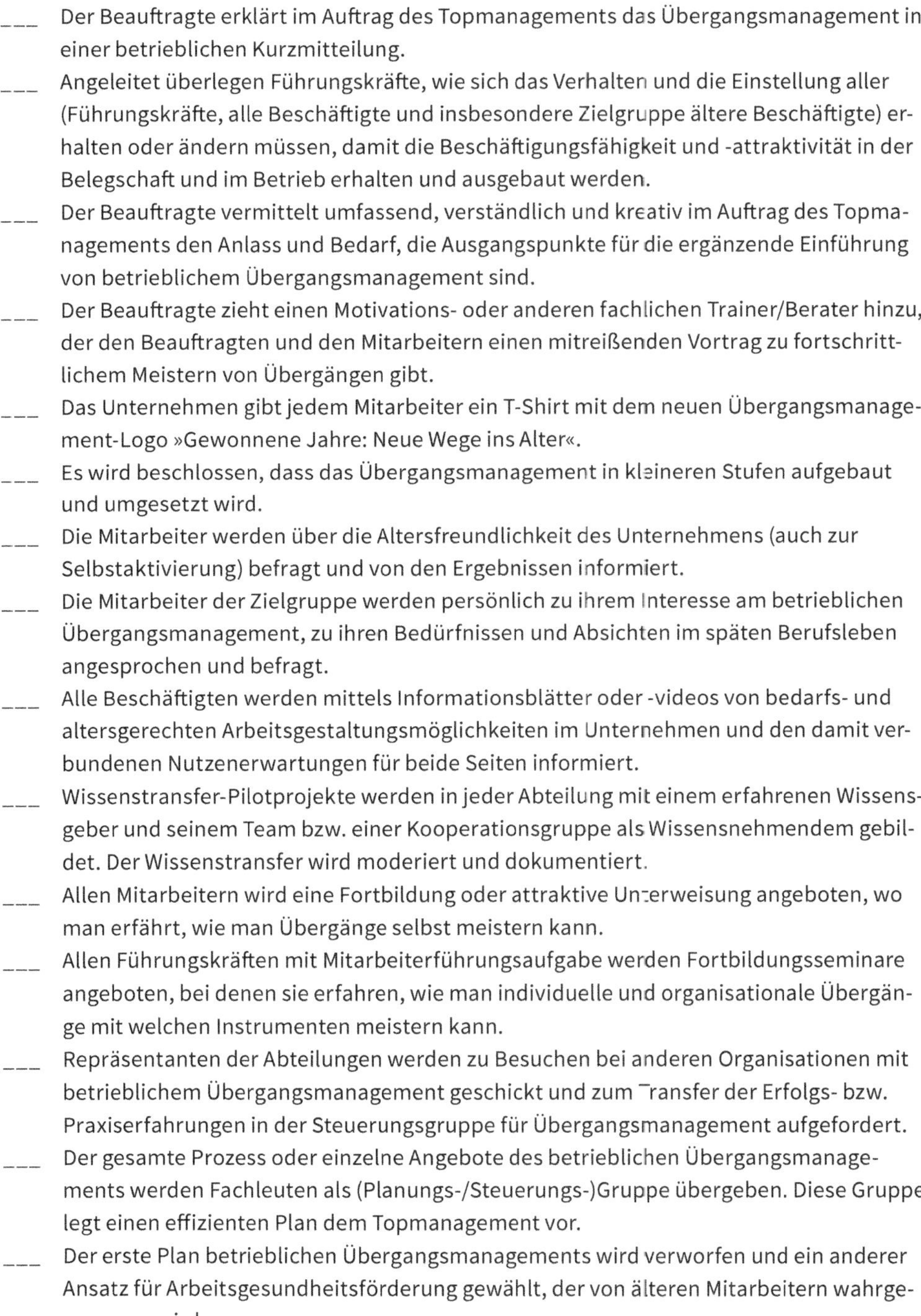

___ Der Beauftragte erklärt im Auftrag des Topmanagements das Übergangsmanagement in einer betrieblichen Kurzmitteilung.

___ Angeleitet überlegen Führungskräfte, wie sich das Verhalten und die Einstellung aller (Führungskräfte, alle Beschäftigte und insbesondere Zielgruppe ältere Beschäftigte) erhalten oder ändern müssen, damit die Beschäftigungsfähigkeit und -attraktivität in der Belegschaft und im Betrieb erhalten und ausgebaut werden.

___ Der Beauftragte vermittelt umfassend, verständlich und kreativ im Auftrag des Topmanagements den Anlass und Bedarf, die Ausgangspunkte für die ergänzende Einführung von betrieblichem Übergangsmanagement sind.

___ Der Beauftragte zieht einen Motivations- oder anderen fachlichen Trainer/Berater hinzu, der den Beauftragten und den Mitarbeitern einen mitreißenden Vortrag zu fortschrittlichem Meistern von Übergängen gibt.

___ Das Unternehmen gibt jedem Mitarbeiter ein T-Shirt mit dem neuen Übergangsmanagement-Logo »Gewonnene Jahre: Neue Wege ins Alter«.

___ Es wird beschlossen, dass das Übergangsmanagement in kleineren Stufen aufgebaut und umgesetzt wird.

___ Die Mitarbeiter werden über die Altersfreundlichkeit des Unternehmens (auch zur Selbstaktivierung) befragt und von den Ergebnissen informiert.

___ Die Mitarbeiter der Zielgruppe werden persönlich zu ihrem Interesse am betrieblichen Übergangsmanagement, zu ihren Bedürfnissen und Absichten im späten Berufsleben angesprochen und befragt.

___ Alle Beschäftigten werden mittels Informationsblätter oder -videos von bedarfs- und altersgerechten Arbeitsgestaltungsmöglichkeiten im Unternehmen und den damit verbundenen Nutzenerwartungen für beide Seiten informiert.

___ Wissenstransfer-Pilotprojekte werden in jeder Abteilung mit einem erfahrenen Wissensgeber und seinem Team bzw. einer Kooperationsgruppe als Wissensnehmendem gebildet. Der Wissenstransfer wird moderiert und dokumentiert.

___ Allen Mitarbeitern wird eine Fortbildung oder attraktive Unterweisung angeboten, wo man erfährt, wie man Übergänge selbst meistern kann.

___ Allen Führungskräften mit Mitarbeiterführungsaufgabe werden Fortbildungsseminare angeboten, bei denen sie erfahren, wie man individuelle und organisationale Übergänge mit welchen Instrumenten meistern kann.

___ Repräsentanten der Abteilungen werden zu Besuchen bei anderen Organisationen mit betrieblichem Übergangsmanagement geschickt und zum Transfer der Erfolgs- bzw. Praxiserfahrungen in der Steuerungsgruppe für Übergangsmanagement aufgefordert.

___ Der gesamte Prozess oder einzelne Angebote des betrieblichen Übergangsmanagements werden Fachleuten als (Planungs-/Steuerungs-)Gruppe übergeben. Diese Gruppe legt einen effizienten Plan dem Topmanagement vor.

___ Der erste Plan betrieblichen Übergangsmanagements wird verworfen und ein anderer Ansatz für Arbeitsgesundheitsförderung gewählt, der von älteren Mitarbeitern wahrgenommen wird.

___ Den Mitarbeitern wird gesagt, dass sie das betriebliche Übergangsmanagement nicht blockieren sollen, ansonsten würden disziplinarische Gespräche geführt werden.

___ Es wird über Übergänge zwischen Lebens- und Unternehmensphasen informiert und aufgeklärt. Die Absicht der Einführung betrieblichen Übergangsmanagements wird kundgemacht. Die Mitarbeiter werden motiviert, Beschäftigungs- und Lebensjahre damit zu gewinnen.

___ ......

Wir haben Sie zur Sichtung der verallgemeinerten Handlungsliste zur Einführung und Umsetzung des betrieblichen Übergangsmanagements eingeladen. Sie werden Bezug genommen haben auf Ihre einzigartige Organisation. Wir erkennen Ihre Reflexionsübung mit hoher Wertschätzung an und möchten Ihnen nun jeweils nur zwei mögliche Beispiele für jede Einschätzungskategorie anbieten und praktisch erläutern. Das bleibt vorerst unabhängig von Ihrer einzigartigen Organisation; es soll und kann Ihnen für Ihre spezifischen Überlegungen und Planungen Anregungen und Unterstützung geben.

A-Einschätzungskategorie: Sehr zielführend, das sollte sofort getan werden.
Auswahl einer Handlungsempfehlung: *Es wird über Übergänge zwischen Lebens- und Unternehmensphasen informiert und aufgeklärt. Die Absicht der Einführung betrieblichen Übergangsmanagements wird kundgemacht. Die Mitarbeiter werden motiviert, Beschäftigungs- und Lebensjahre damit zu gewinnen.*

Erläuterung: Jeder kann von einem Verständnis von Übergangsprozessen profitieren. Eine Führungskraft wird besser mit ihren Mitarbeitern umgehen, wenn sie versteht, welchen Prozess sie durchlaufen. Wenn die Beschäftigten selbst verstehen, wie sich ein Übergang im späteren Berufsleben anfühlt, werden sie erkennen, dass sie nicht in die falsche Richtung gehen. Sie werden auch verstehen, dass mögliche Probleme aus dem Übergangsprozess und nicht aus dem Altern und Lebenswandel selbst entstehen.

Auswahl einer Handlungsempfehlung: *Die Mitarbeiter werden über die Altersfreundlichkeit des Unternehmens (auch zur Selbstaktivierung) befragt und von den Ergebnissen informiert.*

Erläuterung: Wenn in einer Organisation individuelle Probleme und organisationale Risiken auftauchen oder befürchtet werden, dann sagen Manager und die Mitarbeiter oftmals, dass sie wissen, was ungünstig läuft oder der Belastungsfaktor ist. Oftmals sind diese Wahrnehmungen und Einschätzungen nicht repräsentativ. Die Befragung aller zum Thema erlaubt einerseits eine gute IST-Untersuchung als Basis für die Planung und stellt andererseits eine Einladung zur Mitwirkung bei der Einführung sowie einen Impuls zur Selbstreflexion und -aktivierung dar. Das ist also ein erster gemeinsamer Schritt ins betriebliche und persönliche Übergangsmanagement.

B-Einschätzungskategorie: Eine zielführende Idee, die mehr Zeit für Planung braucht.
Auswahl einer Handlungsempfehlung: *Mit Blick auf die positiven Erfahrungen mit eigener betrieblicher Gesundheitsförderung, dem erfolgten Aufbau unterstützender Führungs- und Unternehmenskultur und mit einem Pilotprojekt zur Sicherung des Wissens wird die Strategie betrieblichen Übergangsmanagements mit vorhandenen Strukturen eingeschätzt, beschlossen und systematisch aufgebaut.*

Erläuterung: Wenn in einer Organisation schon wirksame Personalarbeit betrieben wird, gilt es, diese Angebote insbesondere für die Zielgruppe der 50plus-Jährigen nach ihren Bedarfen einzuschätzen und anzupassen. Eine spezifische Bestandsaufnahme über Altersfreundlichkeit oder Altersstrukturanalyse kann dafür eine Planungsgrundlage liefern. Die Akteure dieser Personalarbeit werden für die Mitarbeiter im späteren Berufsleben sensibilisiert und zu Übergangsmanagement motiviert und befähigt. Mit Planung wird Aufbau und Umsetzung des betrieblichen Übergangsmanagements wirksam und nachhaltig.

Auswahl einer Handlungsempfehlung: *Allen Führungskräften mit Mitarbeiterführungsaufgabe werden Fortbildungsseminare angeboten, bei denen sie erfahren, wie man individuelle und organisationale Übergänge mit welchen Instrumenten meistern kann.*

Erläuterung: Das betriebliche Übergangsmanagement und die spezifische Führungsverantwortung bei Mitarbeitern im späten Berufsleben ist bislang kein Standard. Nun kann die Zeit zwischen dem Ende der alten Praxis und dem Beginn der neuen Führungspraxis nach Beschluss des Topmanagements bzw. des Inhabers verwirrend sein. Leicht kann etwas übersehen oder auch wegen angenommener Nicht-Vorrangigkeit der Zielgruppe oder des Themas abgelehnt werden. Es kann wirksamer werden, wenn die Führungskräfte mehr erfahren und die Erklärungen über die Aufforderung zu betrieblichem Übergangsmanagement erhalten. Dieser Planungsprozess findet pragmatisch und vor der Betriebskommunikation statt.

C-Einschätzungskategorie: Könnte zielführend sein: Es hängt von der Art und Weise der Umsetzung/Nutzung ab.
Auswahl einer Handlungsempfehlung: *Bestehende Gesundheits- / Präventionsbeauftragte werden auf Fortbildung geschickt, um in Zukunft mit älteren Beschäftigten Fokusgruppen zur altersgerechten Arbeitsgestaltung durchzuführen.*

Erläuterung: Diese Herangehensweise ist eine sinnvoll partizipative, doch noch nicht alleine die Lösung bei altersgerechter Arbeitsgestaltung. Die hier erarbeiteten Vorschläge müssen durch kundige Gesundheitsbeauftragte angeregt und so aufbereitet werden, dass die Steuerungsgruppe diese beschließt und die anschließenden jeweiligen Maßnahmen von interessierten Beschäftigten und ihren Kollegen angenommen werden. Das erfordert für die Gesundheitsbeauftragten Fach- und Sozialkompetenz, das sich angeeignet und untereinander ausgetauscht werden kann.

Auswahl einer Handlungsempfehlung: *Wissenstransfer-Pilotprojekte werden in jeder Abteilung mit einem erfahrenen Wissensgeber und seinem Team bzw. einer Kooperationsgruppe als Wissensnehmenden gebildet. Der Wissenstransfer wird moderiert und dokumentiert.*

Erläuterung: Das Wissensmanagement im Unternehmen kann schon auf Tradition und technische Infrastruktur bauen. Dennoch setzt das betriebliche Übergangsmanagement neben der Ermittlung und Dokumentation von Fachwissen auch auf Erfahrungswissen. Dieses hat einen impliziten, d. h. vorbewussten Anteil, der praktisch wertvoll ist. Der Wissenstransfer-Beauftragte ist sich dem bei der Vorbereitung und Moderation bewusst. Neben der Dokumentation liegt der Nutzen des Wissenstransfers auch im Prozess selbst: Es unterstützt Wertschöpfung in der Zukunft und verdeutlicht Wertschätzung der gegenwärtigen Akteure.

D-Einschätzungskategorie: Nein, das könnte nicht zielführend, vielleicht kontraproduktiv sein.
Auswahl einer Handlungsempfehlung: *Den Mitarbeitern wird gesagt, dass sie das betriebliche Übergangsmanagement nicht blockieren sollen, ansonsten würden disziplinarische Gespräche geführt werden.*

Erläuterung: Drohungen sind nicht motivierend. Dadurch entsteht eher Feindseligkeit, als dass es zu positiven Ergebnissen führt. Zweifellos ist eine klare Kommunikation über die Erwartungen bedeutsam. Den Mitarbeitern, die der Unterstützung durch betriebliches Übergangsmanagement (sowohl als Betroffene als auch als Kollegen eines Betroffenen) nicht gerecht werden, ist das Ziel, verständlich zu kommunizieren.

Sie haben einen Übungsfall durchgespielt und exemplarische Erläuterungen erhalten. Nun möchten wir Sie wieder mit dem bekannten Fallbeispiel des Lebensmittelherstellers in Verbindung bringen und Ihnen seine Beschlüsse zur Einführung bekannt machen.

Fortsetzung des organisationalen Fallbeispiels »Übergänge managen«
Der Personalmanager hat das Topmanagement überzeugt: Er konnte den demografischen Wandel in ihrem Unternehmen in Gegenwart und Zukunft greifbar machen. Die personalwirtschaftlichen Risiken in Zusammenhang mit insbesondere ungeplanten Beschäftigungsabbrüchen und langwierigen Personalnachfolgen kam in der Diskussion zur Sprache. Dies alles war Grundlage für die personalwirtschaftliche Entscheidung, den Personal-Schwerpunkt »Übergangsmanagement für ältere Mitarbeiter« zu prüfen. In der nächsten Topmanagement-Besprechung sollte ein Einführungs- wie Umsetzungskonzept vorgestellt werden. Der Personalmanager wurde dazu beauftragt. Seine Zuständigkeit in betrieblicher Gesundheitsförderung und Personalentwicklung in seinem Unternehmen brachte ihm bedeutsamen Kontakt zu Vorsorge-Akteuren

und zu bestehenden Programmpunkten, die sich um Leistungsfähigkeit, Arbeitsbewältigungsfähigkeit und Beschäftigungsmotivation der Beschäftigten kümmern. Sein erster Planungsschritt war ein kompakter Workshop mit ausgewählten Vorsorge-Akteuren, Betriebsrat und Führungskräftevertretung. Im Workshop wurde das Konzept des betrieblichen Übergangsmanagements von einem externen Berater vorgestellt, der anschließend die Diskussion moderierte. Das Workshop-Ergebnis wurde das gewünschte Konzept. Es enthält folgende Meilensteine der Einführungsphase und der ersten Umsetzungsrunde:

- Einrichtung einer Steuerungsgruppe zur Planung und Anleitung der Eigenumsetzung, Kommunikation und Evaluation der ersten zwei Jahre des aktiven betrieblichen Übergangsmanagements.
- Entwicklung und Umsetzung eines 2-tägigen Führungskräfte-Seminars zu Zweck, Kommunikation und Anwendung angepasster Führungsinstrumente im Rahmen des Übergangsmanagements.
- Zeitnahe Einladung der Zielgruppe zu einer persönlich-vertraulichen IST-Analyse und Förderbedarfsermittlung durch einen datenschutzverpflichteten Berater mit dem Instrument Arbeitsbewältigungs-Coaching. Wenn mindestens 50 % der Zielgruppe dieses Angebot in Anspruch nimmt, dann würde ein vertraulicher Bedarfsbericht an die Steuerungsgruppe zur Anpassung und Entwicklung von Fördermaßnahmen erfolgen.
- Aufnahme und Entwicklung eines Seminars »Vorbereitung auf die Pension/Rente und Tätigkeitsphase nach Pensions-/Rentenantritt« in das Fortbildungsprogramm der Personalentwicklung im Unternehmen für die Zielgruppe.
- Durchführung einer Ausbildung für die betrieblichen Gesundheitskontaktpersonen, um in Zukunft mit älteren Beschäftigten Fokusgruppen zur altersgerechten Arbeitsgestaltung durchzuführen. Im Anschluss sollten sie von Führungskräften und Mitarbeitern für Anpassungsgespräche und Anpassungen kontaktiert werden.
- Festsetzung eines Erfahrungswissenstransfer-Moduls in einer Pilotabteilung mit Moderator und Evaluator aus dem Wissensmanagement.
- Die Wirksamkeit des betrieblichen Übergangsmanagements bei der teilnehmenden Zielgruppe sollte durch die datengeschützte Wiederholung des Arbeitsbewältigungs-Coachings nach 2 Jahren evaluiert werden.
- Dieses Einführungskonzept erhielt die Genehmigung des Topmanagements und die Zustimmung der Arbeitnehmervertretung. Die Investitionen in externe und interne Personalkosten für betriebliches Übergangsmanagement stellten sich übersichtlich und effizient dar. Das war möglich, weil die vorhandenen betrieblichen Akteure sinnvoll für die Zielgruppe der älteren Beschäftigten gewonnen und ihre Angebote dafür ausgerichtet wurden.

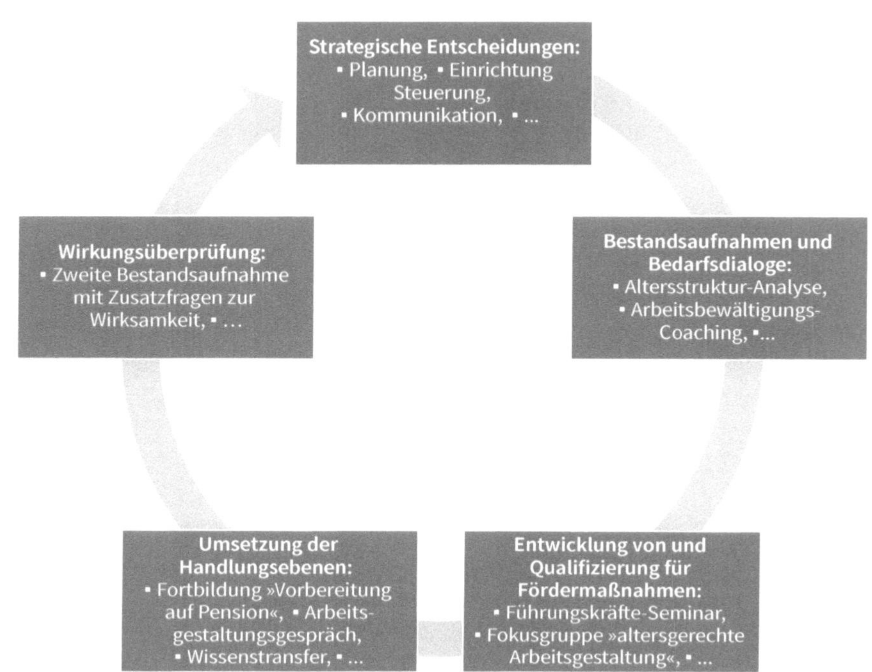

Abb. 19: Das Einführungskonzept im Fallbeispiel des Lebensmittelherstellers

Nun kennen Sie die organisationalen Vorbereitungen, Entscheidungen und Einführungsaktivitäten theoretisch und praktisch von einem exemplarischen Unternehmen der Lebensmittelproduktion.

Das betriebliche Übergangsmanagement trägt Agilität in sich, um neue Personalwirtschafts- und Erwerbslebenssituationen meistern zu können. Alles Gute!

Literatur

Vorwort:

Bury, S./Decker, E. & Piorr, R. (2019): Der Übergang von der Erwerbs- in die Nacherwerbsphase – Gestaltungsaufgaben und -möglichkeit für das Personalmanagement. Ressourcenmanagement in Übergangspassagen. In: Hermeier, B./Heupel, T. & Fichtner-Rosada, S. (Hrsg.): Arbeitswelten der Zukunft. Wie die Digitalisierung unserer Arbeitsplätze und Arbeitsweisen verändert. Wiesbaden, S. 443–458.

Literatur 1.1:

Amann, A. (2004): Die großen Alterslügen. Generationenkrieg – Pflegechaos – Fortschrittsbremse? Wien.

Deutscher Industrie- und Handelskammertag e. V. (2020): DIHK-Report Fachkräfte 2020. Fachkräftesuche bleibt Herausforderung. https://www.dihk.de/resource/blob/17812/f1dc195354b02c9dab098fee4fbc137a/dihk-report-fachkraefte-2020-data.pdf Abrufdatum: 20.05.2021.

Fuchs, J. & Weber, B. (2018): Fachkräftemangel: Inländische Personalreserven als Alternative zur Zuwanderung. IAB-Discussion Paper 7/2018. http://doku.iab.de/discussionpapers/2018/dp0718.pdf Abrufdatum: 20.5.2021.

Kay, R./Hoffmann, M./Kranzusch, P./Ptok, S. & Suprinovic, O. (2018): Der Umgang kleiner und mittlerer Unternehmen mit den demografischen Herausforderungen: Eine Trendstudie. IfM-Materialien, No. 269, Institut für Mittelstandsforschung (IfM), Bonn. https://www.econstor.eu/bitstream/10419/181239/1/1028495161.pdf Abrufdatum: 20.05.2021.

Klinger, S. & Fuchs, J. (2020): Wie sich der demografische Wandel auf den deutschen Arbeitsmarkt auswirkt. In: IAB-Forum 02.06.2020, https://www.iab-forum.de/wie-sich-der-demografische-wandel-auf-den-deutschen-arbeitsmarkt-auswirkt/?pdf=16303 Abrufdatum: 20.05.2021.

Kranzusch, P./Suprinovic, O. & Wallau, F. (2010): Absatz- und Personalpolitik mittelständischer Unternehmen im Zeichen des demografischen Wandels – Eine empirische Bestandsaufnahme. www.researchgate.net/publication/251149171 Abrufdatum: 20.05.2021. In: Salzmann, Th./Skirbekk, V. & Weiberg, M. (Hrsg.): Wirtschaftspolitische Herausforderungen des demografischen Wandels. Wiesbaden, S. 223–248.

Morschhäuser, M. (2003): Gesund bis zur Rente? Ansatzpunkte einer alternsgerechten Arbeits- und Personalpolitik. In: Badura, B. et al. (Hrsg.): Fehlzeitenreport 2002 – Demografischer Wandel. Herausforderung für die betriebliche Personal- und Gesundheitspolitik. Berlin, S. 59–71.

Schmiederer S. (2020): Frühausstieg aus und Weiterverbleib im Erwerbsleben älterer Beschäftigter im Zusammenhang mit Gesundheit. Dortmund, baua Fokus. https://www.baua.de/DE/Angebote/Publikationen/Fokus/Erwerbsausstieg.pdf?__blob=publicationFile&v=5) Abrufdatum: 20.05.2021.

Statistik Austria: Statistik des Bevölkerungsstandes und Bevölkerungsveränderung. https://www.statistik.at/web_de/statistiken/menschen_und_gesellschaft/bevoelkerung/bevoelkerungsstand_und_veraenderung/index.html Abrufdatum: 20.05.2021.

Statistik Austria: Bevölkerung. http://www.statistik.at/web_de/statistiken/menschen_und_gesellschaft/bevoelkerung/index.html Abrufdatum: 20.05.2021.

Statistisches Bundesamt, https://www.destatis.de/DE/Themen/Querschnitt/Demografischer-Wandel/_inhalt.html Abrufdatum: 20.05.2021.

Wolf, R., Langley, G. & Finke, R. (2014). Baby, It's Over: The Last Boomer Turns 50. Technical Report. München: Allianz SE. https://www.researchgate.net/publication/272826812_BABY_IT%27S_OVER_THE_LAST_BOOMER_TURNS_50 Abrufdatum: 20.05.2021.

Literatur 1.2:

Antonovsky, A. & Sagy, S. (1990): Confronting developement tasks in the retirement transitions. The Gerontologist, 30(3), pp. 362 – 368.

Bender, K. A. (2012): An analysis of well-being in retirement: the role of pensions, health, and »voluntariness« of retirement. In: The Journal of Socio-Economics, 41, S. 424 – 433. Zit. nach Bundeszentrale für gesundheitliche Aufklärung (Hrsg.): Franke, A./Heusinger, J./Konopik, N./Wolter, B. (2017): Kritische Lebensereignisse im Alter – Übergänge gestalten. Forschung und Praxis der Gesundheitsförderung, Band 49, Köln.

Bundeszentrale für gesundheitliche Aufklärung (Hrsg.)/Franke, A./Heusinger, J./Konopik, N. & Wolter, B. (2017): Kritische Lebensereignisse im Alter – Übergänge gestalten. Forschung und Praxis der Gesundheitsförderung, Band 49, Köln.

Eisele, F. (2016): Die Theorie der Ressourcenerhaltung in der Arbeitswelt. Dissertationsschrift. https://core.ac.uk/download/pdf/33795231.pdf Abrufdatum: 20.05.2021.

Erikson, E.H. (1966): Identität und Lebenszyklus. Frankfurt a. M.

Graf, A. (2008): Lebenszyklusorientierte Personalentwicklung. Handlungsfelder und Maßnahmen. In: Thom, N. & Zaugg, R.J. (Hrsg.): Moderne Personalentwicklung. Wiesbaden, S. 267 – 280.

Hasselhorn, H. M./Garthe, N./Ebener, M. & Ruhaas, R. (2019): Ergebnisse der Kohortenstudie lidA 2019 zu Arbeit, Alter, Gesundheit und Erwerbsteilhabe bei älteren Erwerbstätigen in Deutschland. https://arbeit.uni-wuppertal.de/fileadmin/arbeit/Brosch%C3%BCre_und_Flyer/lidA_Brosch%C3%BCre.pdf Abrufdatum: 07.08.2021.

Hauptverband der österr. Sozialversicherungsträger (2019): Statistisches Handbuch der österreichischen Sozialversicherung 2019. Wien. https://www.sozialversicherung.at/cdscontent/load?contentid=10008.555191 Abrufdatum: 20.05.2021.

Hübner, I. (2017): Subjektive Gesundheit und Wohlbefinden im Übergang in den Ruhestand. Eine Studie über den Einfluss und die Bedeutsamkeit des subjektiven Alterns und der sozialen Beziehungen. Wiesbaden.

Körber-Stiftung (2019): (Gem)einsame Stadt? Kommunen gegen soziale Isolation im Alter. Fakten, Trends und Empfehlungen für die Praxis von Berlin-Institut für Bevölkerung und Entwicklung und Körber-Stiftung.

Mayrhuber, Ch./Lutz, H. & Mairhuber, I. (2021): Erwerbsaustritt, Pensionsantritt und Anhebung des Frauenpensionsantrittsalters ab 2024. Potentielle Auswirkungen auf Frauen, Branchen und Betriebe. Wien. Österreichisches Institut für Wirtschaftsforschung. https://www.wifo.ac.at/jart/prj3/wifo/resources/person_dokument/person_dokument.jart?publikationsid=67348&mime_type=application/pdf Abrufdatum 30.7.2021

Pinquart, M. & Schindler, I. (2007): Changes of life satisfaction in the transition to retirement: a latent-class approach. Psychology and Aging, 22, pp. 442 – 455. Zit. nach Schmitt, A. (2018): Übergang in und Anpassung an den Ruhestand als Herausforderung aus psychologischer Perspektive. In: Organisationsberatung, Supervision, Coaching. 25, S. 337 – 347. https://doi.org/10.1007/s11613 – 018 – 0555 – 3 Abrufdatum: 20.05.2021.

Seniors4Success & Telemark-Marketing-Umfrage 2014, 2016 und 2019: »Wie denkt Österreich über die Pension?«. https://www.seniors4success.at/umfragen-projekte Abrufdatum: 20.05.2021.

Wang, M. (2007). Profiling retirees in the retirement transition and adjustment process: examining the longitudinal change patterns of retirees' psychological well-being. In: Journal of Applied Psychology, 92, pp. 455 – 474. Zit. nach Schmitt, A. (2018): Übergang in und Anpassung an den Ruhestand als Herausforderung aus psychologischer Perspektive. Organisationsberatung, Supervision, Coaching, 25, S. 337 – 347. https://doi.org/10.1007/s11613 – 018 – 0555 – 3 Abrufdatum: 20.05.2021.

Literatur 1.3:

Böhle, F. (2004): Erfahrungsgeleitetes Arbeiten und Lernen – Ein anderer Blick auf einfache Arbeit und Geringqualifizierte. In: Loebe, H. & Severing, E. (Hrsg.): Zukunft der einfachen Arbeit – von der Hilfstätigkeit zur Prozessdienstleistung. Bielefeld, S. 99 – 109.

Davenport, T.H. & Prusak, L. (1998): Wenn ihr Unternehmen wüsste, was es alles weiß … — das Praxisbuch zum Wissensmanagement. Landsberg/Lech.

Erlach, Ch./Orians, W. & Reisach, U. (2013): Wissenstransfer bei Fach- und Führungskräftewechsel. Erfahrungswissen erfassen und weitergeben. München.

Nordakademie & Von Studnitz Management Consultants (2008): Studie Wissensmanagement. Wissenstransfer und Arbeitsmarktwandel. Executive Summary. https://docplayer.org/13237550 – Studie-wissensmanagement.html Abrufdatum: 20.5.2021.

North, K. (2005): Wissensorientierte Unternehmensführung. Wertschöpfung durch Wissen. Wiesbaden.

Palass, B. (1997): Der Schatz in den Köpfen. In: Manager Magazin, 1/1997, S. 112 – 121.

Pawlowsky, P./Gözalan, A. & Schmid, S. (2011): Wettbewerbsfaktor Wissen: Managementpraxis von Wissen und Intellectual Capital in Deutschland. Eine repräsentative Unternehmensbefragung zum Status quo. Chemnitz. https://www.bmwi.de/Redaktion/DE/Publikationen/Studien/studie-wissensmanagement.pdf?__blob=publicationFile&v=3 Abrufdatum: 20.5.2021.

Probst, G./Raub St. & Romhardt, K. (2010): Wissen managen. Wie Unternehmen ihre wertvollste Ressource optimal nutzen. 6. Auflage. Wiesbaden.

Schnalzer, K./Schletz, A./Bienzeisler, B. & Raupach, A.-K. (2012): Fachkräftemangel und Know-how-Sicherung in der IT-Wirtschaft. Lösungsansätze und personalwirtschaftliche Instrumente. Fraunhofer-Institut für Arbeitswirtschaft und Organisation IAO. Stuttgart. https://wiki.iao.fraunhofer.de/images/studien/fachkraeftemangel-und-know-how-sicherung-in-der-it-wirtschaft.pdf Abrufdatum: 20.05.2021.

Spitzer, M. (2012): Digitale Demenz. Wie wir uns und unsere Kinder um den Verstand bringen. München.

Strauch, B. (2011): Da geht noch was. Die überraschenden Fähigkeiten des erwachsenen Gehirns. Berlin.

Wah, L. (1999): Can knowledge be measured? In: Management Review, Vol. 88, Mai.

Literatur 1.4:

Badura, B./Schröder, H. & Vetter, C. (Hrsg.) (2008): Fehlzeiten-Report 2007. Arbeit, Geschlecht und Gesundheit. Berlin-Heidelberg.

Hasselhorn, H. M./Garthe, N./Ebener, M. & Ruhaas, R. (2019): Ergebnisse der Kohortenstudie lidA 2019 zu Arbeit, Alter, Gesundheit und Erwerbsteilhabe bei älteren Erwerbstätigen in Deutschland. https://arbeit.uni-wuppertal.de/fileadmin/arbeit/Brosch%C3 %BCre_und_Flyer/lidA_Brosch%C3 %BCre.pdf Abrufdatum: 07.08.2021.

Lehr, U. (2003): Psychologie des Alterns. Wiebelsheim. 10., korrigierte Auflage.

Leoni, Th. (2020): Fehlzeitenreport 2020. Krankheits- und unfallbedingte Fehlzeiten in Österreich. Wien. Österreichisches Institut für Wirtschaftsforschung. https://www.wifo.ac.at/jart/prj3/wifo/main.jart?rel=de&content-id=1454619331110&publikation_id=66636&detail-view=yes&sid=1 Abrufdatum: 20.05.2021.

Literatur 1.5:

Bridges, W. & Bridges, S. (2018): Managing Transitions. Erfolgreich durch Übergänge und Veränderungsprozesse führen. München, 4. Auflage.

Merleau-Ponty, M. (1966): Phänomenologie der Wahrnehmung. Berlin.

Reinmann, G. & Eppler, M. (2008): Wissenswege. Methoden für das persönliche Wissensmanagement. Bern.

Saeverin, P.F. (2003): Zum Begriff der Schwelle. Philosophische Untersuchung von Übergängen. In: Dröge-Modelmog, I./Kraiker, G. & Müller-Dohm, S.: Studien zur Soziologie- und Politikwissenschaft. Oldenburg.

Literatur 2.2.1:

Bauer, J. (2013): Arbeit. Warum unser Glück von ihr abhängt und wie sie uns krank macht. München.

Buer, F. (2012): Über die Wertschätzung der Wertschätzung in Organisationswelten. Oder: Wie man sein Glück in der Arbeit verspielen kann. In: Organisationsberatung, Supervision, Coaching, 19, S. 237 – 247.

Decker, C. & Van Quaquebecke, N. (2014): Respektvolle Führung. In: Felfe, J. (Hrsg.): Trends der psychologischen Führungsforschung. Neue Konzepte, Methoden und Erkenntnisse. Göttingen, S. 89 – 101.

Eppler-Hattab, R./Doron, I. & Meshoulam, I. (2020): Development and Validation of a Workplace Age-Friendliness Measure. In: Innovation in Aging, Vol. 4, No. 4, pp. 1 – 13. https://doi.org/10.1093/geroni/igaa024 Abrufdatum: 20.05.2021.

Geißler, H./Bökenheide, T./Schlünkes, H. & Geißler-Gruber, B. (2007): Faktor Anerkennung. Betriebliche Erfahrungen mit wertschätzenden Dialogen. Frankfurt/Main.

Hüther, G. (2015): Etwas mehr Hirn, bitte. Eine Einladung zur Wiederentdeckung der Freude am eigenen Denken und der Lust am gemeinsamen Gestalten. Göttingen.

iga.Fakten 4 (2012): Restrukturierung: Gesunde und motivierte Mitarbeiter im betrieblichen Wandel. 1. Auflage 10/2012. https://www.iga-info.de/fileadmin/redakteur/Veroeffentlichungen/iga_Fakten/Dokumente/Publikationen/iga-Fakten_4_gesunde_Restrukturierung.pdf Abrufdatum: 07.08.2021.

Ilmarinen, J. & Tempel, J. (2002): Arbeitsfähigkeit 2010 – Was können wir tun, damit Sie gesund bleiben? Hamburg.

Schmetkamp, S. (2012): Respekt und Anerkennung. Paderborn.

Van Quaquebeke, N./Zenker, S. & Eckloff, T. (2009): Find out how much it means to me! The importance of interpersonal respect in work values compared to perceived organizational practices. In: Journal of Business Ethic, 89, pp. 423 – 431.

Wöhrmann, A. M./Fasbender, U. & Deller, J. (2017): Does More Respect from Leaders Postpone the Desire to Retire? Understanding the Mechanisms of Retirement Decision-Making. In: Frontiers in Psychology, 8, Article 1400, pp. 1 – 11. https://www.frontiersin.org/articles/10.3389/fpsyg.2017.01400/full Abrufdatum: 20.05.2021.

Yu, S./Nakata, A./Gu, G./Swanson, N.G./He, L./Zhou, W. & Wang, S. (2013). Job Strain, Effort-Reward Imbalance and Neck, Shoulder and Wrist Symptoms among Chinese Workers. In: Industrial Health, Vol. 51 (2), pp. 180 – 192. https://www.jstage.jst.go.jp/article/indhealth/51/2/51_MS1233/_article Abrufdatum: 20.05.2021.

Zwack, M./Muraitis, A. & Schweitzer-Rothers, J. (2011). Wozu keine Wertschätzung? Zur Funktion des Wertschätzungsdefizits in Organisationen. In: Organisationsberatung, Supervision, Coaching, 18, S. 429 – 443.

Literatur 2.2.2:

Amlinger-Chatterjee, M. (2016): Psychische Gesundheit in der Arbeitswelt – Atypische Arbeitszeiten, Dortmund.

Bellmann, L./Dummert, S. & Leber, U. (2018): Nur eine Minderheit der Betriebe führt spezifische Personalmaßnahmen für Ältere durch. In: IAB-Forum 8. Oktober 2018. https://www.iab-forum.de/nur-eine-minderheit-der-betriebe-fuehrt-spezifische-personalmassnahmen-fuer-aeltere-durch/ Abrufdatum: 20.05.2021.

Costa, G. & Sartori, S. (2007): Ageing, working hours and work ability. In: Ergonomics 50 (11), S. 1914 – 1930.

Czepek, J./Dummert, S./Kubis, A./Müller, A./Leber, U. & Stegmaier, J. (2015): Betriebe im Wettbewerb um Arbeitskräfte. Bedarf, Engpässe und Rekrutierungsprozesse in Deutschland. Nürnberg, IAB-Bibliothek, 352.

Gruber, B. & Frevel, A. (2012): Arbeitsbewältigungs-Coaching®. Der Leitfaden zur Anwendung im Betrieb. BAuA Nr. 38. Berlin, 2. Auflage.

Kobi, J.-M. (2012): Personalrisikomanagement – Strategien zur Steigerung des People Value. Wiesbaden.

Ilmarinen, J. (2005): Towards a Longer Worklife! Ageing and the Quality of Worklife in the European Union. Helsinki: Finnish Institute of Occupational Health & Ministry of Social Affairs and Health.

Ilmarinen, J. & Tempel, J. (2012): Arbeitsleben 2025: Das Haus der Arbeitsfähigkeit im Unternehmen bauen. Hamburg.

Hasselhorn, H. M. & G. Freude (2007): Der Work Ability Index – ein Leitfaden. Bremerhaven. Schriftenreihe der Bundesanstalt für Arbeitsschutz und Arbeitsmedizin, Sonderschrift.

Lück, M./Hünefeld, L./Brenscheidt, S./Bödefeld, M. & Hünefeld, A. (2019): Grundauswertung der BIBB/BAuA-Erwerbstätigenbefragung 2018. Vergleich zur Grundauswertung 2006 und 2012. Dortmund: Bundesanstalt für Arbeitsschutz und Arbeitsmedizin, 2. Auflage. https://www.baua.de/DE/Angebote/Publikationen/Berichte/F2417-2.html Abrufdatum: 20.05.2021.

Marquié, J.C./Tucker, P./Folkard, S./Gentil, C. & Ansiau, D. (2015): Chronic effects of shift work on cognition: findings from the VISAT longitudinal study, In: Occupational and Environmental Medicine, 72, pp. 258–264.

Mühlenbrock, I. (2017): Alterns- und altersgerechte Arbeitsgestaltung Grundlagen und Handlungsfelder für die Praxis. Dortmund, Bundesanstalt für Arbeitsschutz und Arbeitsmedizin (BAuA), 2., durchgesehene Auflage, https://www.baua.de/DE/Angebote/Publikationen/Praxis/Arbeitsgestaltung.html Abrufdatum: 20.05.2021.

Ng, T.W. & Feldman, D.C. (2015): The moderating effects of age in the relationships of job autonomy to work outcomes. In: Work, Aging and Retirement 1 (1), S. 64–78.

Richert, G. & Mühlenbrock, I. (2018): Herausforderungen und Handlungsbedarfe einer alterns- und altersgerechten Arbeitsgestaltung. In: WSI-Mitteilungen, 71. Jg., 1, S. 28–35. https://www.wsi.de/data/wsimit_2018_01_richter.pdf Abrufdatum: 20.05.2021.

Spirduso, W. (2004): Physical Dimensions of Aging. USA, 2. Auflage.

Tuomi, K. (1994): Work Ability Index. Occupational health care, Band 19 Institute of Occupational Health, Helsinki.

Von Bonsdorff, M. E./Rantanen, T./Törmäkangas, T./Kulmala, J./Hinrichs, T./Seitsamo, J./Nygård, C.-H./Ilmarinen, J. & Von Bonsdorff, M.B. (2016): Midlife work ability and mobility limitation in old age among non-disability and disability retirees – a prospective study. In: BMC Public Health 2016, 16, p. 154 ff.

Von Bonsdorff, M.B./Seitsamo, J./Ilmarinen, J./Nygård, C.-H./Von Bonsdorff, M.E. & Rantanen, T. (2012): Work ability as a determinant of old age disability severity: evidence from the 28-year Finnish Longitudinal Study on Municipal Employees. In: Aging Clinical and Experimental Research, 24, pp. 354–360.

Literatur 2.2.3

BAuA – Bundesanstalt für Arbeitsschutz und Arbeitsmedizin (2019): Arbeiten im Ruhestand. baua: Praxis kompakt. Dortmund. https://www.baua.de/DE/Angebote/Publikationen/Praxis-kompakt/F92.pdf?__blob=publicationFile&v=5 Abrufdatum: 20.05.2021.

Büsch, V./Zohr, K./Brusch, M./Deller, J./Schermuly, C.C./Stamov-Roßnagel, Ch. & Wöhrmann, A. M. (2015): Wer möchte im Ruhestand weiterarbeiten? Muster von Weiterbeschäftigungsneigungen bei 55- bis 70-Jährigen. In: Schneider, N./Mergenthaler, A./Staudinger, U. & Sackreuther, I. (Hrsg.): Mittendrin? Lebenspläne und Potenziale älterer Menschen beim Übergang in den Ruhestand. Beiträge zur Bevölkerungswissenschaft 47. Opladen, Berlin, Toronto, S. 181–194. https://www.jstor.org/stable/j.ctvbkk1ns Abrufdatum: 20.05.2021.

Haun, V. & Rigotti, T. (2019): Gesunde Laufbahnentwicklung. In: Kauffeld, S. & Spurk, D. (Hrsg.): Handbuch Karriere und Laufbahnmanagement. Berlin, S. 1025–1052.

Hirschi, A. (2015): Konzepte zur Förderung von Laufbahnentwicklung im 21. Jahrhundert. In: Zihlmann, R. (Hrsg): Berufswahl in Theorie und Praxis. Bern, 4. Auflage.

Kim, H. & Feldman, D.C. (2000). Working in retirement: The antecedents of bridge employment and its consequences for quality of life in retirement. In: Academy of Management Journal, 43, pp. 1195 – 1210.

Lippke, S./Strack, J. & Staudinger, U.M (2015): Erwerbstätigkeitsprofile von 55- bis 70-Jährigen S. 72 ff. In: Schneider, N./Mergenthaler, A./Staudinger, U. & Sackreuther, I. (Hrsg.): Mittendrin? Lebenspläne und Potenziale älterer Menschen beim Übergang in den Ruhestand. Beiträge zur Bevölkerungswissenschaft 47. Opladen, Berlin, Toronto, S. 67 – 94. https://www.jstor.org/stable/j.ctvbkk1ns Abrufdatum: 20.05.2021.

Mergenthaler, A./Wöhrmann, A. M. & Staudinger, U.M. (2015): Produktivitätsspielräume der 55- bis 70-Jährigen: Kohortenunterschiede, Cluster und Determinanten. In: Schneider, N./Mergenthaler, A./Staudinger, U. & Sackreuther, I. (Hrsg.): Mittendrin? Lebenspläne und Potenziale älterer Menschen beim Übergang in den Ruhestand. Beiträge zur Bevölkerungswissenschaft 47. Opladen, Berlin, Toronto, S. 217 – 251. https://www.jstor.org/stable/j.ctvbkk1ns Abrufdatum: 20.05.2021.

Nimrod, G. (2007): Expanding, reducing, concentrating and diffusing: Post retirement leisure behavior and life satisfaction. In: Leisure Sciences, 29, pp. 91 – 111.

Okamoto, S./Okamura, T. & Komamura, K. (2018): Employment and health after retirement in Japanese men. In: Bulletin of the World Health Organization 96, pp. 826 – 833.

Pimertz, J. & Stettes, O. (2020): Silver Worker – Beschäftigung jenseits der Regelaltersgrenze aus Arbeitnehmer- und Arbeitgeberperspektive. IW-Trends 2/2020. Köln, Institut der deutschen Wirtschaft Köln e. V.

Rousseau, Denise M. (1995): Psychological Contracts in Organizations. Understanding Written and Unwritten Agreements. Thousand Oaks, London, New Delhi.

Schröber, J./Micheel, F. & Cihlar, V. (2015): Übergangskonstellationen in die Altersrente – Welche Rolle spielen Humankapital und betrieblicher Kontext? In: Schneider, N./Mergenthaler, A./Staudinger, U. & Sackreuther, I. (Hrsg.): Mittendrin? Lebenspläne und Potenziale älterer Menschen beim Übergang in den Ruhestand. Beiträge zur Bevölkerungswissenschaft 47. Opladen, Berlin, Toronto, S. 195 – 216. https://www.jstor.org/stable/j.ctvbkk1ns Abrufdatum: 20.05.2021.

Seniors4Success & Telemark-Marketing-Umfrage 2014, 2016 und 2019: »Wie denkt Österreich über die Pension?«. https://www.seniors4success.at/umfragen-projekte Abrufdatum: 20.05.2021.

Siegrist, J. (2015). Arbeitswelt und stressbedingte Erkrankungen. Forschungsevidenz und präventive Maßnahmen. München.

Stenholm, S./Westerlund, H./Salo, P./Hyde, M./Pentti, J./Head, J. et al. (2014): Age-related trajectories of physical functioning in work and retirement: the role of sociodemographic factors, lifestyle and disease. In: Journal of Epidemiology and Community Health, 68, pp. 503 – 509. https://jech.bmj.com/content/68/6/503 Abrufdatum: 20.05.2021.

Wickrama, K./O'Neal, C.W./Kwag, K.H. & Tae, K.L. (2013): Is working later in life good or bad for health? An investigation of multiple health outcomes. In: Journal of Gerontology, 68, 5, S. 807 – 815.

Wöhrmann, A. M./Pundt, L. & Deller, J. (2019): Silver Careers: Laufbahngestaltung im Ruhestand. In: Kauffeld, S. & Spurk, D. (Hrsg.): Handbuch Karriere und Laufbahnmanagement. Berlin, S. 913 – 934.

Zacher H. (2019): Berufliche Veränderungen: Wenn Erwerbstätige sich neu orientieren. In: Kauffeld, S. & Spurk, D. (Hrsg.): Handbuch Karriere und Laufbahnmanagement. Berlin, S. 585 – 607.

Literatur 2.2.4:

Michel-Alder, E. (2019): Schlaue Silberfüchse im beruflichen Dschungel. In: Bachmaier, H. (Hrsg.): Erfahrungswissen und Lebensplanung. Spätberufliche Qualifikationen und Aktivitäten. Göttingen.

Probst, G./Raub, St. & Romhardt, K. (2006): Wissen managen. Wie Unternehmen ihre wertvollste Ressource optimal nutzen. Wiesbaden.

Nonaka, I. & Takeuchi, H. (1995): The Knowledge-Creating Company: How Japanese Companies Create the Dynamics of Innovation. New York.

Picot, A. & Fiedler, M. (2000): Der ökonomische Wert des Wissens. In: Boos, M. & Goldschmidt, N. (Hrsg.): WissensWert!?: ökonomische Perspektiven der Wissensgesellschaft. 3. Freiburger Wirtschaftssymposium 1999. https://www.iom.bwl.uni-muenchen.de/forschung/veroeffentlichungen/veroeffen_pdf/wissen.pdf Abrufdatum: 20.05.2021.

Erlach, Ch./Orians, W. & Reisach, U. (2013): Wissenstransfer bei Fach- und Führungskräftewechsel. Erfahrungswissen erfassen und weitergeben. München.

Literatur 2.2.5:

Bauer, J. (2013): Arbeit. Warum unser Glück von ihr abhängt und wie sie uns krank macht. München.

Flüter-Hoffmann, Ch./Hammermann, A. & Stettes, O. (2020): Wandel mit alternden Belegschaften gestalten – Chancen und Barrieren erkennen. IW-Trends 47. Jg., Nr. 1. Institut der deutschen Wirtschaft Köln e. V. https://www.iwkoeln.de/studien/iw-trends/beitrag/christiane-flueter-hoffmann-andrea-hammermann-oliver-stettes-ergebnisse-aus-dem-iw-personalpanel-2019 – 467519.html Abrufdatum: 20.05.2021.

Klingenberger, H. (2003): Lebensmutig. Vergangenes erinnern, Gegenwärtiges entdecken, Künftiges entwerfen. München.

Mergenthaler, A./Sackreuther, I. & Micheel, F. (2015): Übergänge, Lebenspläne und Potenziale der 55- bis 70-Jährigen: Zwischen individueller Vielfalt, kulturellem Wandel und sozialen Disparitäten, S. 21. In: Schneider, N./Mergenthaler, A./Staudinger, U. & Sackreuther, I. (Hrsg.): Mittendrin? Lebenspläne und Potenziale älterer Menschen beim Übergang in den Ruhestand. Beiträge zur Bevölkerungswissenschaft 47. Opladen, Berlin, Toronto, S. 15 – 47. https://www.jstor.org/stable/j.ctvbkk1ns Abrufdatum: 20.05.2021.

Seiferling, N./Michel, A. (2017): Building Resources for Retirement Transition: Effects of a Resource-Oriented Group Intervention on Retirement Cognitions and Emotions. In: Work, Aging and Retirement. Vol. 3, No. 4, pp. 325 – 342.

Seniors4Success & Telemark-Marketing-Umfrage (2014, 2016 und 2019): »Wie denkt Österreich über die Pension?«. https://www.seniors4success.at/umfragen-projekte Abrufdatum: 20.05.2021.

Literatur 3:

BKK Bundesverband – European Information Centre (1999): Healthy Employees in Healthy Organisations. Good Practice in Workplace Health Promotion (WHP) in Europe. Questionnaire for self-assessment. https://www.enwhp.org/resources/toolip/doc/2018/10/31/1_-quality-questionnaire_03.pdf Abrufdatum: 18.09.2021.

Bundesministerium für Wirtschaft und Technologie & Kompetenzzentrum Fachkräftesicherung (2012): Fachkräfte sichern: Wissens- und Erfahrungstransfer. München, S. 8 f.

Frevel, A. & Geißler, H. (2018): Grünes Licht für alle Generationen. https://www.eval.at/alternsgerechte-arbeitsgestaltung Abrufdatum: 20.05.2021.

Geißler, H./Bökenheide, T./Schlünkes, H. & Geißler-Gruber, B. (2007): Faktor Anerkennung. Betriebliche Erfahrungen mit wertschätzenden Dialogen. Frankfurt/Main.

Geißler-Gruber, B./Geißler, H. & Frevel, A. (2005): Alternsgerechte Arbeitskarrieren. Ein betriebliches Modell zur Erhaltung der Arbeitsbewältigungsfähigkeit. Beratungshandbuch. Im Auftrag der Beratungsstelle Humane Arbeitswelt und dem nationalen Träger Allgemeine Unfallversicherungsanstalt (AUVA), gefördert vom Bundessozialamt im Rahmen der Beschäftigungsoffensive der Österreichischen Bundesregierung und des Europäischen Sozialfonds. Wien. https://www.arbeitsleben.at/wp-content/uploads/Beratungshandbuch-Alternsgerechte-Arbeitskarrieren.pdf Abrufdatum: 20.05.2021.

Institut für Zukunftsfähige Arbeit Rheinland-Pfalz: Implizites Mitarbeiterwissen, http://www.implizites-mitarbeiterwissen.de/methoden/lerntandem/ Abrufdatum: 20.05.2021.

Kraemer, S. (2005): Projektpapier ›Wissenslandkarten im Wissensmanagement‹. Universität des Saarlandes – FR 5.6 Informationswissenschaft. https://wissensmanagement.infowiss.net/docs/wissenslandkarten.pdf Abrufdatum: 20.05.2021.

Mittelmann, A. (2011): Werkzeugkasten Wissensmanagement. Norderstedt.

Ott, F. (2003): Wissenslandkarten als Instrument des kollektiven Wissensmanagements. Diplomarbeit am Institut für Unternehmensführung der Wirtschaftsuniversität Wien. https://www.factline.com/fsDownload/DA_Wissenslandkarten.pdf?forumid=286&v=1&id=166113 Abrufdatum: 20.05.2021.

Reuter, T./Liebrich, A. & Giesert, M. (2017): Das Arbeitsfähigkeitscoaching® bei der Betrieblichen Eingliederung – ein wichtiger Baustein der Prävention. In: Giesert, M. et al. (Hrsg.): Arbeitsfähigkeit 4.0. Eine gute Balance im Dialog gestalten. Hamburg, S. 108 – 118.

Rosetti, K. & Langhoff, T. (2016): Interne Potenziale. Kompetenzen von Mitarbeiterinnen und Mitarbeitern erkennen, nutzbar machen, entfalten. Hrsg. von Geschäftsstelle der Initiative Neue Qualität der Arbeit / c/o Bundesanstalt für Arbeitsschutz und Arbeitsmedizin. Berlin, http://www.interne-rekrutierung.de/wp-content/uploads/interne-potenziale-ireq_INQA-Layout.pdf Abrufdatum: 20.05.2021.

Wöhrmann, A. M./Pundt, L. & Deller, J. (2019): Silver Careers: Laufbahngestaltung im Ruhestand. In: Kauffeld, S. & Spurk, D. (Hrsg.): Handbuch Karriere und Laufbahnmanagement. Berlin, S. 913 – 934.

Literatur 4:

Bridges, W. & Bridges, S. (2018): Managing Transitions. Erfolgreich durch Übergänge und Veränderungsprozesse führen. München, 4. Auflage.

Stichwortverzeichnis

W

Z

Autoren

Wilhelm Baier

Wilhelm Baier ist seit über 25 Jahren als selbstständiger Arbeits- und Organisationspsychologe im deutschsprachigen Raum tätig. Sein Arbeitsschwerpunkt in der Personal- und Organisationsentwicklung umfasst das Themenfeld Betriebliches Gesundheits- und Arbeitsfähigkeitsmanagement mit dem Fokus auf gesundheitswirksame Organisations-, Führungs- und Teamkultur. Er beschäftigt sich in seiner Beratungstätigkeit in den verschiedensten Branchen seit zahlreichen Jahren mit der Gestaltung betrieblicher und persönlicher Übergänge und ist Vortragender, Autor, Konferenzentwickler, Mitentwickler des BGF-UnternehmerInnenmodells Gesundes Führen® und in der Qualifizierung von Multiplikatoren tätig sowie Gründungsmitglied der Salzburger Gesellschaft für partnerschaftliche und gesundheitsfördernde Unternehmenskultur und der Plattform zur Förderung persönlicher und organisationaler Übergänge. Ein besonderes Anliegen ist dem ausgebildeten Handwerker mit Führungserfahrung die Verbindung zwischen Theorie und Praxis.

Brigitta Gruber

Brigitta Gruber ist Arbeits-, Organisations- und Sozialpsychologin und seit mehr als 25 Jahren selbstständige Organisationsberaterin in Deutschland und Österreich. In ihren Beratungen stehen folgende Themen im Mittelpunkt: Gesundheitsfördernde Mitarbeiter- und Selbst-Führung, Arbeitsbewältigungs- und Alternsmanagement, Partnerschaftliche Organisationskultur- und Führungskräfteentwicklung, Arbeits- und Beziehungsgestaltung, Konfliktklärungshilfe. Zu ihren Entwicklungen gehört: Das Führungs-Mitarbeiter-Gespräch Anerkennender Erfahrungsaustausch, das Beratungsinstrument Arbeitsbewältigungs-Coaching ab-c®, das Laufbahnplanungsmodell Alternsgerechte Arbeitskarrieren, das BGF-UnternehmerInnenmodell Gesundes Führen® und der Plattform zur Förderung persönlicher und organisationaler Übergänge. Sie ist Vortragende, Autorin, Konferenzmacherin, Entwicklerin und Unternehmerin von arbeitsleben gruber e. U. sowie Gründungsmitglied der Salzburger Gesellschaft für partnerschaftliche und gesundheitsfördernde Unternehmenskultur.

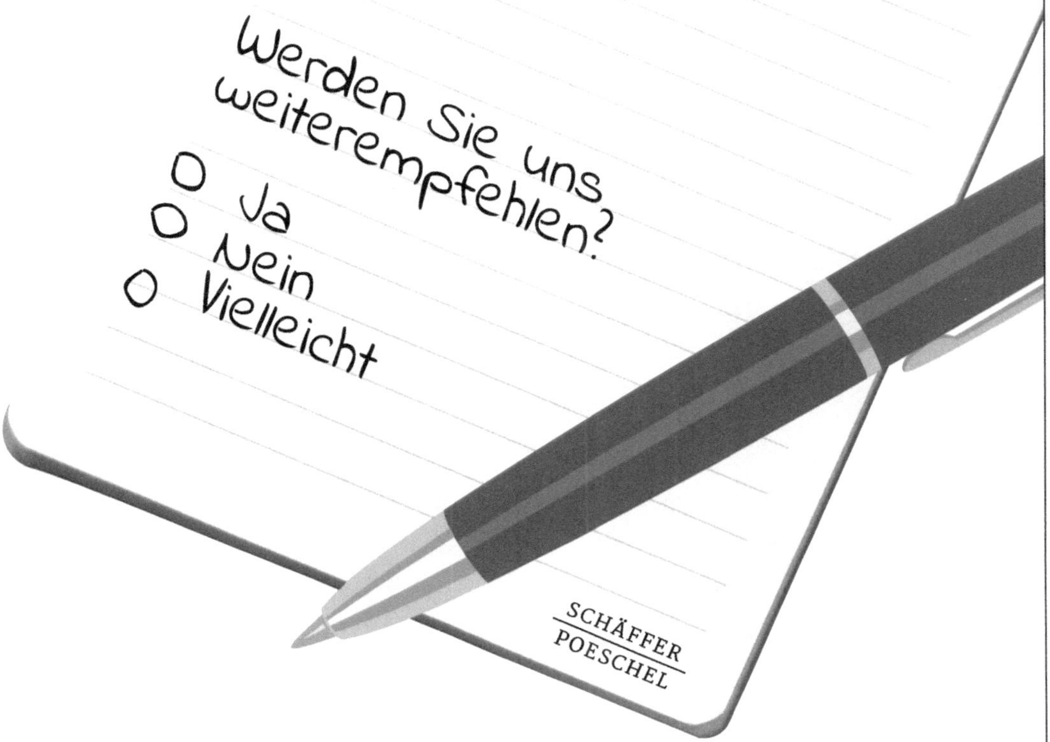

Werden Sie uns weiterempfehlen?
O Ja
O Nein
O Vielleicht

SCHÄFFER POESCHEL

Ihr Feedback ist uns wichtig!
Bitte nehmen Sie sich eine Minute Zeit:

www.schaeffer-poeschel.de/feedback

Lernen und Bildung als Wettbewerbsfaktor

Verschaffen Sie sich ein Verständnis dafür, wie sich Trends auf Lernumgebungen und Konzepte auswirken, welche Entwicklungslinien erfolgversprechend sind und wie sich jedes Unternehmen ebenso wie jede:r Einzelne entwicklungsorientiert aufstellen kann.

Prof. Dr. Jutta Rump gehört zu den „40 führenden Köpfen des Personalwesens" und den 8 wichtigsten Professor:innen für Personalmanagement im deutschsprachigen Raum

Rump / Eilers
DIE ZUKUNFT DES BETRIEBLICHEN LERNENS
2021. 243 S. Geb. € 39,95
ISBN 978-3-7910-4969-4

Bequem online bestellen:
www.schaeffer-poeschel.de/shop

SCHÄFFER
POESCHEL

Das neue Instrument der Personaldiagnostik

Persönlichkeitsmodelle analysieren bestenfalls die persönlichkeitsbezogene Eignung. Für die themen- und fachspezifische Beratungsleistung, die Führungskräfte und Personalentscheider erwarten, liefern die vorhandenen Modelle jedoch keine Lösung.

Affinitätenprofile sind das erste Konzept, das für diese Perspektive der Personaldiagnostik ein transparentes Instrument bietet. Anhand zahlreicher ausführlicher Praxisbeispiele schildert das Buch diverse Einsatzfelder und macht somit den Leser mit dem Affinitäten-Modell selbst und den Anwendungsmöglichkeiten der darauf aufbauenden Affinitätenprofile vertraut.

Schuchna
INNOVATIVES POTENZIAL- UND KOMPETENZMANAGEMENT
2020. 140 S. Geb. € 39,95
ISBN 978-3-7910-4899-4

Bequem online bestellen:
www.schaeffer-poeschel.de/shop